조직정치와 합동성

ORGANIZATIONAL POLITICS AND JOINTNESS

조직정치와 합동성 – 조직의 탐욕은 국가안보를 어떻게 저해하는가

2017년 5월 25일 초판 인쇄
2017년 5월 30일 초판 발행

지은이 | 황선남
교정교열 | 정난진
펴낸이 | 이찬규
펴낸곳 | 북코리아
등록번호 | 제03-01240호
주소 | 13209 경기도 성남시 중원구 사기막골로 45번길 14
　　　우림2차 A동 1007호
전화 | 02-704-7840
팩스 | 02-704-7848
이메일 | sunhaksa@korea.com
홈페이지 | www.북코리아.kr
ISBN | 978-89-6324-544-7(93390)

값 20,000원

조직정치와 합동성

ORGANIZATIONAL POLITICS AND JOINTNESS

조직의 탐욕은 국가안보를 어떻게 저해하는가

황선남 지음

북코리아

서문

　마음 한편에는 더 큰 공부를 하고 싶은 욕망이 가득했습니다. 그러나 군 생활에서의 미래에 대한 욕구 때문에 다른 곳으로는 눈을 돌리지 못한 채 1994년도에 석사 공부를 마친 이래로 군에서 그저 앞만 보고 달리기만 했습니다. 때로는 과로로 쓰러지기도 했고, 얼굴은 언제나 피곤함으로 가득했습니다. 20여 년이 지난 지금 몸과 마음을 추스르고 먼 길을 돌아서 다시 만학의 길로 들어섰습니다.

　그 과정에서 '조직정치와 합동성 강화'라는 작은 돌부리가 발길에 걸렸습니다. 그 내용이 궁금하여 처음에는 호미를 들고 돌부리를 캐기 시작했습니다. 호미로 땅을 파내고 파내도 돌부리의 끝을 찾기가 어려웠습니다. 호미 대신에 삽과 괭이로 바꾸어 또다시 파기 시작했지만, 돌부리는 점점 끝을 알 수 없는 커다란 바위가 되어갑니다. 아직도 그 끝을 알 수 없고 부족하기는 하지만, 지천명의 나이를 넘어선 지금, 용기를 내어 박사학위 논문을 부분 수정하고 보완하여 책을 발간하게 되었습니다.

　본 연구를 시작한 계기는 "한국군은 합동성 강화를 위해 국방개혁을 지속적으로 추진했음에도 불구하고 왜 아직까지도 합동성을 제대로 강화하지 못하고 있는가?"라는 의문점에서 출발했습니다. 육·해·공군 모두 국방개혁을 통해 합동성을 강화하는 강군 건설의 필요성에 대해서는 이해하고 공감합니다. 그러나 군 구조를 조직화하는 국방개혁과정에서 각 군은 서로 다른 관점과 이익에 따라 격렬한 논쟁을 벌였고, 이러한 논쟁은 국방개혁과정에 내재된 비합리성으로 인해 더욱 치열해졌습니다. 결과적으로 국방개혁과정은 그렇게 만족할 정도로 성공적이지 못했습니다.

국방개혁과정에 나타난 비합리성의 문제점이 무엇인지 탐구하기 위해 제프리 페퍼와 제럴드 샐런식의 자원의존이론에 주목했고, 국방개혁과정의 비합리성을 설명하기 위해 '조직정치'라는 개념을 차용해 왔습니다.

자원의존이론의 기본시각은 "조직은 인간의 욕구와 맥락을 같이 한다"는 점입니다. 인간은 기본적으로 남을 지배하려는 권력욕구가 있고, 타인에게 의존하지 않으려 하며, 가능하다면 타인을 지배하고자 하는 열망을 지니고 있습니다. 이러한 인간의 심리적 행위는 합리적 인간이라는 개념으로 설명되지만은 않습니다. 때로는 감정적이며 충동적인 인간, 비합리적이며 비계산적인 인간, 주관적이며 인지적인 인간이기도 합니다.

조직은 인간이 만든 구성체이고, 인간이 운용의 주체입니다. 따라서 조직이 인간의 욕구가 투영되어 비합리적으로 조직의 이익을 위해 움직일 때,"특정 사람이 조직 내에서 공식적으로 부여된 행동을 제외하고 자신의 이득을 얻고자 영향을 미치는 행동인 조직정치가 나타납니다." 조직정치는 개인들 및 내·외부의 조직 등이 각 이해당사자들과의 갈등을 해결할 때, 순수한 행동이 아닌 정치적 행동입니다. 이해당사자가 자신에게 부여된 권력을 이용하여 자신의 이해관계에 얽힌 의사결정에 영향을 미치는 비합리적인 행동을 의미합니다.

　조직 내의 조직정치는 합리적으로 "첨단 과학기술이 동원되는 미래전쟁의 양상에 따라 총체적인 전투력의 상승효과를 극대화하기 위해 육·해·공군의 전력을 효과적으로 통합·발전시키는 합동성을 강화"하는 영역에 영향을 미치게 됩니다. 결국은 합동성을 강화하는 국방개혁 과정에서 비합리적 행위를 촉발하는 원인이 되기도 합니다. 이러한 비합리적 행위가 국방운영의 비효율성을 초래하고 결국은 국가안보를 위태롭게 하는 이유가 됩니다.

　한정된 국방자원 환경하에서 국방환경의 변화는 군사조직에 긍정적인 면과 부정적인 영향으로 나타납니다. 환경의 변화가 군사조직에 부정적인 영향만 끼친다면, '해당 조직'은 생존성과 자율성을 심각하게 위협받게 됩니다. 따라서 그 군사조직은 생존성과 자율성을 확보하기 위해 해당 조직의 생존에 유리한 쪽으로 이끌 목적으로 국방환경에 대한 통제력을 확보하는 방향으로 움직이게 됩니다. 이러한 조직정치 행위가 국가의 이익과 일치할 때는 괜찮지만, 역행할 때는 국가의 이익에 막대한 영향을 미치고 국가의 생존에 치명적인 손해를 끼치기도 합니다.

　제2차 세계대전 시 마지노선에 고착된 프랑스군은 새로운 변화를 읽지 못했습니다. 반대로 독일군은 전차와 항공기라는 새로운 무기체계의 효과에 주목했고, 항공기와 전차를 활용한 간접접근전략으로 마지노선을 우회하는 전격전을 통해 프랑스군을 괴멸시켰습니다. 현대 과학기술의 발달로 인해 그 전차가 은빛 날개를 달고 '항공기'라는 이름으로 3차원 공간을 향해 날아올랐습니다.

우리는 그 힘을 '항공력'이라 명명합니다. 항공력은 스텔스성, 정밀성, 신속성, 융통성을 가지고 효과기반작전(EBO), 신속결정작전(RDO), 네트워크중심전(NCW)의 개념을 구상할 수 있는 힘을 가지게 되었습니다. 항공력은 걸프전을 통해 전쟁의 핵심 전력으로 현실화되었고, 이라크전을 통해 더욱 정밀해졌으며, 코소보전을 통해 항공력 중심의 전쟁수행이 가능하다는 것을 보여주었습니다. 이제 현대 항공력에 의해 적의 지상군에 대한 직접적인 압박, 파괴가 가능해짐에 따라 미 공군에서는 적 지상군이 아측 지상군과 교전하기 전에 항공력에 의해 적을 분쇄하는 '제어단계(Halt Phase)'라는 개념을 발전시켰습니다.

각 군은 지상과 바다와 하늘에서 각 군 나름대로의 군사사상과 무기체계를 발전시켜왔습니다. 이것은 각 군의 문화가 되었고 전장을 바라보는 방식이 되었습니다. 이러한 방식은 합동전장을 서로 다른 관점에서 이해하게 합니다. 그리고 합동성은 이렇게 다른 각 군의 힘을 효과 중심으로 통합하는 것입니다. 그러나 새로운 변화를 거부하고, 합동전역을 바라보는 방식을 자군 중심의 시각으로 보는 것을 고집할 경우, 그 실천과정은 비합리성을 내재할 수밖에 없게 됩니다.

이제 우리 군도 새로운 힘의 변화에 주목해야 합니다. 제2차 세계대전 시 프랑스군의 과오를 되풀이해서는 안 됩니다. 새로운 힘을 활용할 수 있도록 작전개념을 발전시키며, 전력을 건설해야 합니다. 그리고 각 군의 힘은 각 군의 환경에 맞도록 더욱더 특성화되고 전문화되어야 합니다. 이렇게 양성된 각 군의 전력을 바탕으로 전략적·작전적·전술적 차원에서 전장의 안개와 마찰을 이겨낼 수 있는 '합동전력의 운용성'을 강화해야 합니다.

국방개혁과정에서 합리성 이면에 존재하는 조직의 비합리성인 조직정치 현상도 이해할 필요가 있습니다. 왜냐하면 조직은 사람이 구성한 것으로, 각 조직 간의 관계는 인간관계의 속성에서 벗어날 수 없기 때문입니다. 조직운영도 항시 합리적으로만 설명될 수 없기 때문에 국방개혁이라는 것도 합리적 의사결정과 선택을 토대로 해서만 건설되는 것이 아니라, 환경의 불확실성과 의사결정자들의 한정된 역량, 그리고 이런 제한된 합리성에 더하여 비이성적인 조직정치가 반영될 수밖에 없습니다.

본 연구에서는 미군의 국방개혁과정을 모델로 하여 한국군의 국방개혁과정과 비교 설명을 통해 조직정치가 합동성 강화에 미친 영향을 분석하고, 이를 바탕으로 한국군의 국방개혁 추진에 도움이 되는 시사점을 도출하고자 했습니다. 그 이유는 다음과 같습니다. 첫째, 미군과 한국군 모두 각 군이 처한 환경에 따라 전통적으로 합동성 강화를 바라보는 시각의 차이가 있었습니다. 이에 따라 그것을 구현하는 방법도 달랐습니다. 둘째, 미군과 한국군 모두 국방개혁과정에서 '자군 이기주의'라는 공통된 비판을 받았습니다. 따라서 한미 양국의 국방개혁과정에서 일어난 개혁의 당위성에 대한 지지의 논리와 그에 대한 반박의 논리를 비교한다면 국방개혁이 미진한 원인과 이유를 설명할 수 있다고 생각했습니다. 셋째, 미군은 전훈분석을 바탕으로 합동성을 추진한 반면에 한국군은 월남전 참전 이후 전쟁경험이 없었고, 계속되는 북한의 국지도발에 대해 육·해·공군이 합동성을 제대로 발휘하지 못했다는 비판이 있었습니다. 따라서 전쟁에 직접 참여하고 그것을 교리와 제도에 반영한 미국의 국방개혁 추진경험은 한국군의 국방개혁과정에 도움이 되는 시사점을 도출할 수 있다고 판단했습니다.

연구결과를 간략히 제시하면 다음과 같습니다. 첫째, 합동성은

'전투력의 상승효과를 위한 전력의 통합운용'이라는 말로 설명할 수 있는데, 통합은 'integration'과 'unification'이라는 의미 중에서 전자의 의미로 운용을 통한 효과성의 추구이며, 조직 구조를 통일하는 단일화의 의미는 아니었습니다.

둘째, 미군은 각 군의 조직정치 현상을 제한함으로써 통합활동이 상부구조에서 합참의장을 중심으로 유연하게 운영되도록 했습니다. 합참의장은 각 군과의 협력을 통해 통합군사령부를 지원하고, 통합활동의 결과가 하부구조에서 구현되도록 전투사령관이 통합활동의 중심점이 되도록 '군 운용성'을 강화하여 전쟁을 수행할 수 있도록 했습니다.

셋째, 한국군의 경우 합참은 육·해·공군의 시각과 전문성을 바탕으로 다양한 시각으로 합동전장을 바라볼 수 있도록 조직화될 필요성이 있었습니다. 합참은 육·해·공군의 균형 잡힌 체계를 구성하여 상호 협조하에 부족한 부분은 서로 협력하도록 했어야 했습니다. 한국의 합참은 이러한 전문성 보강이나 운영성 향상이 시급한 문제였습니다. 국방개혁안은 실질적으로 작전 효율성을 천명했지만 방식은 구조화의 맥락으로 접근했습니다.

합동성은 목표 그 자체가 아니라 미래 및 현재 위협의 불확실성에 신속하게 대처하기 위한 수단임을 인식해야 합니다. 따라서 합동전장의 변화에 따라 조합방식은 언제든지 변화할 수 있는 술(art)의 영역입니다. 최상의 전투효과를 산출하기 위해서는 육·해·공군이 보유한 역량을 효율적·효과적으로 통합(integration)할 수 있는 인적요소의 질이 보장되어야 하며, 각 군 간의 신뢰와 이해 그리고 존중은 진정한 합동성의 기초가 될 수 있습니다.

한국군이 처한 위협은 항공력의 전략적 마비와 동시에 지상전력의 근접전투가 동시에 발발할 수 있는 전장구조입니다. 현실적으로 미군의 전력 지원 없이 한국군이 확보한 전력을 가지고 두 가지 작전을 동시에 수행하기에는 전력이 부족한 것도 사실이며, 항공력뿐만 아니라 지상전력, 해상전력 모두 중요하지 않은 전력이 없습니다. 따라서 한정된 국방자원을 가지고 작전개념을 입안하고 전력을 건설할 때, 지상전력과 항공력의 균형과 조화는 다른 어느 국가보다 중요합니다.

그럼에도 불구하고 한국군은 여전히 지상군 중심으로 편중된 공지전투 개념에서 벗어나지 못하고 있습니다. 작전계획 5015 또한 지상군 중심으로 수행할 수 있는 지상군의 독자적인 작전개념이 아니며, 전군 차원에서 육·해·공군이 합동전투 개념으로 접근해야 합니다. 공군이나 해군은 육군의 보조 또는 지원전력이 아니라 한국군으로서 하나의 팀으로 함께 싸워야 합니다.

따라서 작전지역을 결정하고 화력지원협조선으로 대표되는 화력지원협조선 조치를 수행하는 것과 연관된 합동교리는 지상전력보다 적을 효과적으로 공격할 수 있는 항공력을 이용하도록 수정되어야 합니다. 그리고 종심공격에서 육군의 공격헬기와 육군전술유도탄체계(ATACMS)의 유용성은 미군의 전훈분석을 토대로 재평가되어야 합니다. 육군이 합동군 사령관을 대신하여 군단 중심의 작전적 교리를 바탕으로 종심작전을 통제해왔던 권한을 공군구성군 사령관에게 다시 위임해야 한다고 주장합니다.

한국군이 미군에게서 배워야 할 점은 첫째, 미군이 전쟁을 통해 획득한 전쟁의 생생한 교훈입니다. 둘째, 전쟁경험을 통해 끊임없이 전쟁수행능력을 발전시키고 강군이 되기 위해 노력하는 미군의 태도입니다.

최종적으로 합동성을 강화하기 위해서는 상부구조의 구조화보다는 하부구조의 운용성을 향상시켜야 한다고 생각합니다. 하부구조의 운용성 향상은 인적자원의 질이 핵심입니다. 그중에서도 군종을 넘어서 군사력을 활용하여 국가이익을 창출하는 전투사령관의 헌신과 노력의 질적 수준입니다.

언제나 열정적으로 가르쳐주시고 연구과정에서 촌철의 말씀으로 권면해주신 한남대학교 및 타 대학의 모든 교수님들, 특히 김종하 지도교수님께 진심으로 감사의 말씀을 올립니다. 또 만학의 기회를 열어준 대한민국 공군과 연구 자료를 찾도록 해주신 공군사관학교 도서관 직원분들, 그리고 늦은 공부를 헌신적으로 성원해준 직장동료들과 가족들에게도 깊은 감사의 마음을 전합니다.

본 책자가 대한민국이 세계를 향해 나아갈 때, 육·해·공군 모두 하나의 팀이 되어 국가와 국민의 가장 든든한 방패요 창으로서 함께 발전하며, 국가안보의 최후 보루로서 국민으로부터 사랑과 존중을 받는 대한민국 국군으로 성장하는 데 도움이 되고 활용되기를 바랍니다.

2017년 5월
황선남

CONTENTS

제 1 장

서론

제1절
한국군 국방개혁의 문제점

1. 한국군 국방개혁의 문제점

한국군은 2010년 3월 26일 북한군으로부터 천안함 피격을 당했고, 같은 해 11월 23일에는 연평도 포격을 당했다. 이때 한국군의 합동참모본부(이하: 합참)는 북한의 도발에 대한 대응결과에 대해 국민과 언론으로부터 호된 질책과 비판을 받았다.

이런 상황을 개혁하고자 국방부는 작전 효율성을 높이기 위한 하나의 수단으로 상부조직(국방부, 합참, 각 군 본부 등)을 개편하는 국방개혁 307을 추진했다. 그러나 해·공군의 거센 반발을 야기했으며, 예비역을 포함한 민간전문가들까지 가세하는 격렬한 찬반 논쟁을 초래했다. 결과적으로 국방개혁 307의 법제화는 무산되었다.

북한의 현존 및 미래의 잠재적 위협에 대응하기 위해 효과적인 군구조를 건설하고 군사대비태세를 유지하는 것은 한국군의 당면과제임에 틀림없다. 그러나 한국군의 경우 이를 위한 국방개혁은 제대로 이뤄지지 못했다.

노태우 정부의 818계획부터 이명박 정부의 307계획에 이르기까지 새로운 정부가 들어설 때마다 중요한 쟁점으로 부각되었지만 한국군의 국방개혁은 제대로 성공하지 못했다. 그나마 법제화하는 데 성공한 것은 818계획과 국방개혁 2020 정도였다.

한국군의 국방개혁 추진과정에서 육·해·공군은 합동성 강화를 위한 군 구조, 특히 상부구조 변화의 당위성을 인정하면서도 그것을 구체적으로 실천하는 방법을 둘러싸고 각 군의 입장이 상충되는 현상이 빈번하게 일어났다. 여기에는 상충 현상을 불러일으키는 어떤 원인이 내재되어 있지 않나 생각한다.

따라서 이에 대한 원인탐구, 그리고 그것을 해결하기 위한 방안을 마련하는 것이 성공적인 국방개혁 추진과 국방운영의 효율성을 높여 굳건한 안보태세를 확립하고 국민의 사랑과 존중을 받기 위해 절실히 필요한 상황이라 생각한다. 따라서 이를 위해 미군의 국방개혁 성과를 연구하고, 한·미 국방개혁과정과 그 성과를 비교하여 한국군의 국방개혁에 주는 시사점을 도출하는 것은 매우 의미가 있다고 판단된다.

그 이유는 한국군의 창군 초기부터 그리고 성장기까지, 그리고 현재에도 한미동맹, 전시작전통제권 전환과 한미연합사 해체 등 한미관계는 한국의 국가안보와 군사력 건설에 직간접적으로 영향을 끼쳐왔으며, 또한 미국은 최근까지도 전 세계 각지에서 직접 전쟁을 수행해왔고, 전훈분석을 통해 그 결과를 국방개혁에 반영하여 의미 있는 군사혁신을 이뤘다고 평가하기 때문이다.

2. 연구목적

국방환경의 변화가 어느 한 국가의 국방조직에 미치는 영향은 긍정적인 면과 부정적인 면으로 나타난다. 그것이 부정적인 영향만 끼친다면, 그 '조직'[1]은 생존성과 자율성을 심각하게 위협받게 된다. 그러므로 국방조직은 국가의 생존성과 자율성을 확보하기 위해 환경의 변화에 적절하게 반응해야 한다. 이에 제대로 적응하지 못한다면, 이는 국가의 생존과 번영에 중대한 영향을 미치게 된다.[2]

국방환경의 변화는 군사조직이 국방을 둘러싼 외부환경의 변화에 탄력적인 대응이 가능하도록 군사전략을 변화시키고, 또 이런 전략을 효과적으로 실행하기 위해서는 군 구조도 변화시켜야 한다.[3] 그러나 군사조직은 그 본질상 매우 보수적이며 관료적 타성을 가지고 있어[4] 외부의 강제적인 압력에 의하지 않고는 자율적 변화가 쉽지 않다는 데 문제가 있다.

---

1) 조직에 대한 정의는 다양하다. 오석홍은 "인간의 집합체로서 일정한 공동목표의 추구를 위해 의식적으로 구성된 사회적 체제. 조직은 규모가 크고 복잡하며, 어느 정도 공식화된 분화와 통합의 구조 및 과정 그리고 규범을 내포하고, 지속적인 성격을 가진다. 조직은 경계를 가지고 있으며 경계 밖의 환경과 교호작용을 한다"고 했다. 오석홍, 『조직이론』(서울: 박영사, 2014), pp. 64-70. 이창원은 "공동의 목표를 가지고 있으며, 이를 달성하기 위해 의도적으로 정립한 체계화된 구조에 따라 구성원들이 상호작용하며, 경계를 가지고 외부 환경에 적응하는 인간의 사회적 집단으로서 조직화(organizing) 과정의 산물로 이해할 수 있다"고 정의하고 있다. 이창원·최창현·최천근 공저, 『새조직론』(서울: 대영문화사, 2013), p. 46.

2) 이선호, 『한국군 무엇이 문제인가』(서울: 팔복원, 1992), p. 40, p. 53.

3) 이선호, 『국방행정론』(서울: 고려원, 1985), p. 276.

4) 현대 군대조직은 전문직업 군대로서의 관료제적 성격을 지닌다. 이선호 외, 『국방조직의 체제론적 접근』(서울: 국방대학원, 1982), pp. 78-79; 이동희, 『민군관계론』(서울: 일조각, 1990), pp. 37-38.

이러한 조건에서 국방개혁을 통해 평시에는 국방운영의 효율성을 제고하고, 전시에는 효과적인 전투능력을 향상시키기 위해 육·해(해병)·공군의 합동성 강화는 필수적이며, 이를 위한 군 구조 개혁은 합리적으로 추진되어야 한다. 그러나 국방개혁과정에서 각 조직은 상위 조직의 이익 또는 경쟁하는 상대 조직들보다 해당 조직의 생존성과 확장성을 제고하고, 자신들에게 유리한 여건을 조성하기 위해 '상위 조직의 이익(국가이익)'을 저해할 정도까지 자신들의 조직 이익을 위한 조직정치를 유발한다.[5]

따라서 국방개혁과정에서 나타나는 조직정치를 극복하고, 국방개혁에 성공하기 위해서는 각 국가의 국방환경에 적합한 합동성을 강화하기 위한 방법론을 찾아야 한다.[6]

본 글에서 합동성이란 "첨단 과학기술이 동원되는 미래전쟁의 양상에 따라 총체적인 전투력의 상승효과를 극대화하기 위해 육·해·공군의 전력을 효과적으로 통합·발전시키는 것"[7]을 의미한다. 조직정치란 "특정 사람이 조직 내에서 공식적으로 부여된 행동을 제외하고 자신의 이득을 얻고자 영향을 미치는 행동을 말한다."[8] 조직정치는 개인

<hr />

5) 조선의 붕당정치 폐해에서 이러한 사례를 찾을 수 있다. 일본의 침략 의도를 확인하기 위해 조선 조정에서는 1590년(선조 23년)에 일본의 내정과 히데요시의 꿍꿍이를 살피고자 일본에 외교사절을 파견했다. 1591년 음력 3월 통신사 편에 보내온 히데요시의 답서에는 정명가도(征明假道)의 문자가 있어 침략의 의도가 분명했으나, 당시 서인을 대표했던 통신사 황윤길은 "반드시 병화(兵禍)가 있을 것"이라고 한 반면에 동인을 대표했던 부사 김성일은 이에 반대했다. 백성의 안위와 국가안보보다는 백성이 동요하면 자신들이 향유하던 권력에 초래될 변화를 두려워했던 동인이 장악한 조선 조정은 김성일의 의견을 좇았다.

6) 이성만·김용재, 『국가안보의 이론과 실재』(서울: 오름, 2013), pp. 359-360.

7) 『국방개혁에 관한 법률』, 법률 제10217호, 2010. 3. 31. 합동성은 실제 전쟁에서 적용할 때, 실천 방법 또는 범위가 모호한 경우가 있다. 제2장에서 세부적으로 다시 설명하겠다.

8) 임창희·홍용기, 『조직론』(서울: 비엠앤북스, 2013), p. 486.

들 및 내·외부의 조직 등이 각 이해당사자들과의 갈등을 해결할 때, 순수한 행동이 아닌 정치적 행동으로, 이해당사자가 자신에게 부여된 권력을 이용하여 자신의 이해관계에 얽힌 의사결정에 영향을 미치는 행동을 말한다.

따라서 합동성을 강화하기 위해 군 구조를 개혁하려면, 올바른 합동성 개념을 바탕으로 조직정치를 최소화하여 개혁의 방향과 과정을 합리적으로 구성해야 한다. 특히 개혁의 방향성, 그리고 양병과 용병이 균형과 조화를 이루게 하면서 효과적인 방법론을 찾아야 한다.

이와 같은 이유로 국방개혁을 둘러싼 군 구조화 논쟁에는 겉으로 드러나는 외형적인 명분도 중요하지만, 그 이면에 존재하는 육·해·공군 각 군이 해당 조직의 생존성과 자율성을 확보하기 위해 이익을 추구하는 조직정치 현상에도 주목할 필요가 있다. 왜냐하면 조직은 사람이 구성한 것으로, 그 운영의 중심에는 인간이 있고 각 조직 간의 상관관계는 이러한 인간관계의 속성에서 벗어날 수 없기 때문이다. 인간의 심리적 행위는 합리적 인간이라는 개념만으로 설명되지 않듯이, 조직운영도 합리적으로만 설명될 수 없다.[9] 이런 견지에서 보면 국방개혁이라는 것도 항시 합리적 의사결정의 토대로만 선택되고 건설되는 것이 아니라, 환경의 불확실성과 제한된 정보들, 의사결정자들의 한정된 역량 등 여러 가지 사유와 제한된 합리성으로 인해 국방개혁과정에서 비이성적인 조직정치가 나타나게 된다.[10]

---

9) 인간에 대한 접근법은 합리적 사고와 비합리적 사고에 바탕을 둔 것의 두 가지로 대별된다. 인간행위에 대해 전자는 주로 경제적 모델을, 후자는 정치적 모델을 적용하여 설명한다. 전자는 기능적 효율성의 관점에서, 후자는 정치적 권력 관점에서 인간의 행위를 설명하고자 하는 접근법이다. 신유근 외, 『신조직환경론』(서울: 다산출판사, 1998), pp. 267-268.

10) 시요우민(庶酉民)·류원뤼(劉文瑞)·무윈우(幕雲伍), 『조직과 의사결정』, 손지현 역(서

따라서 조직의 자율성과 생존성을 위해 해당 조직의 이익을 위한 조직정치 현상을 줄일 수 있다면 국방개혁과정에서의 합리성을 향상시켜 합동성을 강화할 수 있을 것이다. 즉 합동성 강화를 위한 국방개혁과정에서 조직정치 현상을 줄이면, 국방개혁과정에서의 합리성이 증가될 것이다. 이를 위해 국방개혁 방향은 조직정치가 영향을 미치는 '비합리적 모델의 의사결정 구조'에서 조직정치를 제한할 수 있는 '합리적 모델 의사결정 구조'를 갖도록 군 구조를 개혁하는 것이다. 즉, 군 상부구조의 의사결정체제가 특정 군 중심으로 집권화된 폐쇄형이라면 다양한 의견 수렴이 가능한 개방형 조직구조로 변화시켜 하위 조직의 조직정치 추구가 상위 조직의 효과성과 효율성을 제한하는 현상을 타파할 필요가 있다.

합동성 강화를 위한 국방개혁과정에서 조직정치 현상을 제한하기 위한 방법을 모색하기 위해 구체적으로 지휘구조[11]의 '분권화와 집권화 정도', 작전개념의 '경직성과 유연성 정도', 전력건설의 '획일성과 다양성 정도' 등 3가지 측면에서 한국과 미국의 국방개혁과정을 비교해서 시사점을 도출하여 장차 한국군의 국방개혁과정에서 나타날 수 있는 조직정치 현상을 제한하고 성공적인 국방개혁에 도움이 되고자 한다.

이를 위해 제기한 핵심적인 질문은 다음과 같다. "한국은 합동성 강화를 위해 국방개혁을 지속적으로 추진했음에도 불구하고 왜 아직까

울: 시그마북스, 2011), pp. 72-89.

11) 지휘구조는 군사력을 건설하고 운영하는 의사결정과정에서 권력(power)을 배분하는 핵심 제도다. 작전개념은 어떤 자원을 우선 사용할지를 결정하며, 전력건설은 작전개념 구상을 구체적으로 실현하기 위한 자원을 할당하고 배분하여 실질적으로 수단을 보유하는 주기능이다. 따라서 군사조직의 합동성은 지휘구조, 작전개념, 전력건설 등의 조화와 균형이 전제되어야 한다.

지도 합동성을 제대로 강화하지 못하고 있는가?" 그리고 이를 위해 추가로 제기되는 질문은 다음과 같다.

첫째, 미군과 한국군이 월남전, 이란 인질구출작전, 레바논 사태, 그레나다 침공, 천안함 피격, 연평도 포격 등과 같은 작전에 실패한 이유는 무엇인가?

둘째, 미군과 한국군의 군 지휘구조의 개선과정에서 조직정치가 나타난 이유는 무엇인가?

셋째, 합동성의 실천 영역인 합동전장에서 미군과 한국군의 작전개념 구상과 전력건설 과정에서 조직정치 현상이 나타난 이유는 무엇인가?

넷째, 미국과 한국의 합동성을 위한 국방개혁과정의 비교설명을 통해 나타난 시사점을 주목해야 하는 이유는 무엇인가? 등이다.

미국과 한국의 합동성 강화를 조직이론 측면에서 설명하는 것이 가치 있는 이유는 다음과 같다. 첫째, 미군과 한국군 모두 각 군이 처한 작전환경과 군사문화의 전통에 따라 각 군별로 합동성 강화를 바라보는 시각의 차이가 있으며, 이에 따라 그것을 구현하는 실천방법도 달라지기 때문이다. 좀 더 구체적으로 설명하면 군 구조화의 측면에서 집권화와 분권화의 정도에 대해 각 군별로 견해가 다를 수 있다. 둘째, 미국과 한국 모두 국방개혁과정이 미비한 이유가 자군 이기주의라는 공통된 비판을 받았다. 따라서 한미 두 국가의 국방개혁과정에서 일어난 개혁의 당위성에 대한 지지 논리와 그에 대한 반박의 논리를 비교한다면 국방개혁이 미진한 원인과 이유를 설명할 수 있다고 생각했다. 셋째, 미군은 실제 전투에 참가하여 전투경험의 성공사례와 실패사례를 반영한 전훈분석을 바탕으로 합동성을 추진했다. 반면에, 한국군은 월남전

참전 이후 전쟁경험이 없었고, 대부분 북한의 국지적인 도발에 대응하는 수준이었다. '천안함 피격과 연평도 포격'의 후속 대처과정에서 보듯이 계속되는 북한의 국지도발에 대해 육·해·공군이 만족할 만한 수준의 합동성을 효과적으로 발휘하지 못했다. 또한 한국군의 공식적인 국방개혁 또는 군 구조개혁 방향은 작전환경의 변화에 효과적으로 대응하고자 했으나, 내부적으로 구체적인 군 구조의 문제에서는 추진하는 핵심세력과 그에 반발하는 세력 간의 격렬한 논쟁을 유발했다. 따라서 전쟁에 직접 참여하고 그것을 교리와 제도에 반영한 미국의 국방개혁 추진경험에 대한 연구는 한국군의 국방개혁과정에 도움이 되는 시사점을 도출할 수 있다고 판단했다.

결론적으로, 본 글은 한국과 미국의 국방개혁과정에서 나타난 '조직정치'가 합동성 강화에 미친 영향을 분석하고, 이를 바탕으로 한국의 국방개혁 추진에 도움이 되는 시사점을 도출하는 데 목적이 있다.

제2절
연구범위 및 연구방법

1. 연구범위

본서에서 다루는 연구범위로, 미국의 경우에는 'Barry Goldwater-Nichols Department of Defense Reorganization Act of 1986(이하: G-N법)'을 전후로 한 국방개혁과정, 그리고 한국의 경우에는 '국방개혁 2020'을 중심으로 그 전후에 나타난 국방개혁 내용 등에서 조직정치가 육·해·공군의 합동성에 미친 영향을 분석하는 데 국한시킨다.

미국의 합동성 구현을 위한 국방개혁과정을 살펴보면, 중앙집권화와 분권화, 지역중심과 기능중심 그리고 일반 시각과 특수 시각 등 3가지 기본 갈등이 늘 표출되었다.[12] 이 3가지 유형의 갈등이 국방환경

---

12) 레더먼(Lederman)은 『다원론적인 군사모델: 3가지의 기본갈등』에서 불확실성의 문제를 해결하기 위한 노력은 군 조직의 경우 3가지 기본갈등 형태로 표출된다고 보았다.
첫째, 중앙집권화와 분권화의 문제다. 중앙집권화된 조직의 최고 지휘계층은 주요 의사를 결정하는 데 조직의 말단으로부터 상세 정보를 받아보겠다고 주장한다. 이 같은 조직의 최고 의사결정자는 말단에서 올라오는 엄청난 정보로 인해 어찌할 바를 모르게 되고, 하급제대에서조차 기피하는 상세한 수준의 의사결정을 할 수 없게 된다. 결과적으로 중

의 변화에 따라 끊임없이 지속되는 속성을 가지고 있기 때문에 각각의 장점을 최대로 활용할 수 있도록 국방조직을 변화시켜야 했다. 이 과정에서 미국은 주로 의회의 주도로 이런 갈등을 극복하고 문제를 해결하려고 했는데, 그 결과로 나타난 것이 바로 G-N법의 제정이었다.

G-N법을 통해 합참의장과 전투사령관들 간의 권한과 책임을 명확히 한 것으로, 미군은 이전의 월남전을 비롯한 1980년의 이란 인질 구출작전, 1983년의 레바논 사태와 그레나다 침공작전 등의 군사작전에서 보여주었던 실패와는 달리 이 법을 기반으로 수행되었던 걸프전

양집권화된 조직의 의사결정자는 너무나 많은 시간을 소비하는 관계로 인해 극적인 순간을 포착할 수 없게 된다. 반면에 분권화된 조직의 의사결정자의 경우는 개개 지휘계층에서 진행되는 고루한 형태의 의사결정과정을 하급장교들에게 위임함으로써 상황에 맞는 의사결정을 신속히 할 수는 있다. 하지만 군을 분권적으로 지휘하는 과정에서 책임이 분산되고, 단위 부대 간의 조정이 어려워질 가능성이 있다.

둘째, 지역 중심과 기능 중심의 책임 분배다. 지역 중심으로 책임을 분배하면 군의 지휘 및 통제 체계는 지역에 따라 나눠지게 된다. 장점은 지역 사령관이 특정 지역에 대한 지식과 해당 지역의 군자산에 대한 권한을 가지고 있다. 단점은 개개 지역의 부대들이 모든 형태의 기능 체계를 중복 획득하고자 한다면 '규모의 경제(Economy of Scale)'를 이룰 수 없게 된다. 반면에 권한을 기능 중심으로 분할할 경우 장점은 동일 형태의 군자산을 지구적 차원의 단일 지휘관이 관리한다는 점에서 '규모의 경제'를 이룰 수 있을 것이다. 단점은 군자산을 이들 자산이 활용되는 특정 환경에 맞추는 과정에서 적지 않은 어려움이 따르게 된다. 또한 동일 지역 내의 특정 기능 자산이 여타 기능 자산과 함께 특정 환경에 맞추는 과정에서 적지 않은 어려움이 발생한다. 따라서 동일 지역 내에서 협동작전이 요구되는 경우 여러 기능이 효율적으로 배합되지 못하는 문제가 있다.

셋째, 특수 시각과 일반 시각 간의 문제다. 군 관련 기술이 복잡성을 더해가고 있고, 땅·바다·하늘이라는 각 군의 작전환경이 서로 상이하다는 점으로 인해 오늘날 각 군의 작전환경에 적합한 전술의 숙달에 온갖 노력을 경주할 수밖에 없다. 단점은 특정 시각에 전념하는 경우 좀 더 총괄적인 시각에서 문제에 접근할 수 없게 된다. 반면에 각 군이 일반 시각에 전념하면 단위 기술의 습득이 어려워짐에 따라 해당 작전환경에서의 군의 전문성이 약화될 수 있다.

따라서 군 지휘통제체계의 경우는 앞에서 언급한 3가지 기본갈등을 내포하고 있으며, 이들 개개 갈등은 '물리적 환경', 기술 및 적의 변화를 고려해 적절하게 그리고 끊임없이 조정되어야 한다.

Gordon Nathaniel Lederman, 『합동성 강화: 미 국방개혁의 역사』, 김동기·권영근 역(서울: 연경문화사, 2007), pp. 25-30.

(1991)에서 작전수행에 있어 탁월한 성과를 보여주었다. 이 때문에 G-N법은 1947년 국가안보법을 시행한 이후 미국의 대표적인 국방개혁 법률로 평가받고 있다.

미국의 국방개혁을 G-N법의 제정과정에서 연구해볼 가치는 첫째, 한국군이 국방개혁을 통해 추구한 합동성 강화 및 작전 효율성 제고 등을 위한 국방개혁의 방향이 같고, 둘째 G-N법 제정과정에서 각 군 및 민간 전문가들 사이에 오간 국방개혁을 위한 합동성을 강화하기 위한 실천방법론 논쟁이 한국군의 국방개혁과정에서 각 군 및 전문가들이 주장했던 입장과 그 내용들을 비교할 가치가 있으며, 셋째 G-N법은 비교적 성공했다는 평가를 받고 있어 한국군의 국방개혁에 시사점이 있다고 판단되기 때문이다.[13]

이 책에서는 위와 같은 점들을 염두에 두고 미국의 국방개혁과정을 G-N법 시행 이전과 이후로 구분하여 미국의 국방개혁의 변화과정을 설명하고자 한다. 미국과 한국의 국방체제의 주요 변화 및 관련 사건을 나열하면 〈표 1-1〉과 같은데, G-N법 이전에는 첫째 1947년 국가보안법의 제정과정과 1953년의 국가보안법 개정, 1958년의 국방조직법 개정과정을 살펴보고, 둘째 G-N법 개정과정에서 나타난 논쟁들 그리고 합참의 기능과 역할의 변화, 그리고 셋째 미군이 군사력을 운용할 때 조직정치로 인한 합동성 결여가 작전실패에 미친 영향을 분석했다. G-N법 이후에는 군 지휘구조의 변화, 합동전장에서의 작전개념, 전력건설 등을 중점적으로 분석한다.

---

13) 최수동, "미국의 Goldwater-Nichols 국방개혁 법률과 시사점", 『주간국방논단』, 제1366호(11-26), 2011년 6월 27일, p. 2.

〈표 1-1〉 미국과 한국의 국방체제 주요 변화 및 주요 사건

구분	미국	한국
1950년 까지	1776. 미국 독립선언(7.4) 1789. 전쟁성(육군) 창설 1798. 해군성 창설 1945. 미 공군청 창설 1947. 국가보안법 제정 국가군사기구 설치 공군청 창설 1949. 국가군사기구 → 국방성 개편 공군성 창설 1950. 한국전쟁 참전	1945. 대한민국 광복(8.15) 1945. 군정법령 제28호(11.13) 국방사령부 설치 1948. 정부조직법 공포(7.17) 국방부, 육 · 해군체제 정립(11.30) 1949. 대통령령 제254호 공군 독립 (10.1), 3군 병립제 1950. 육군참모총장이 육 · 해 · 공군 총사령관 겸임(6.30), 통합총참모장체제 1950. 미에 작전지휘권 이양(7.14)
1950 년대	1953. 국가보안법 개정, 합참의장 권한 강화 1954. 한미합의 의사록(10.17) '작전지휘 → 작전통제' 1957. 유엔사 이전 동경 → 서울 1958. 국방조직법 개정, 국방부 장관과 합참의장의 지휘개선 확립, 군정 · 군령 일원화	1952. 임시 합동참모회의 설치(5.9) 1953. 휴전협정 조인(7.23) 합동참모회의가 국방부 소속으로 변경 1959. 한국군 작전부대도 유엔군 해당 구성군사의 작전통제를 받도 록 변경(10.9)[각 군 본부 작전통제 대상 제외]
1960 년대	1960. 월남전 발발	1962. 제3공화국 헌법(12.26)에 국가안보회의 규정 삽입 1964. 국가안보회의 설치(1.8) 1965. 월남전 참전(6.21) 1968. 김신조 침투(1.21)
1970 년대	1975. 월남전 종전, 미군 패전, 국방개혁 필요성 절감함 1978. 한미연합사령부 창설 1980. 이란 인질구출작전 실패(4.24)	1971. 자주국방 강화 필요 1973. 해병대사령부 해체 1975. 합참회의 설치(12.31) 1978. 한미연합사령부 설치 지휘구조 이원화 문제 발생
1980 년대	1983. 그레나다 침공(10.25) 레바논 사태 발생(11~12월) 1984. G-N법 제정 1989. 파나마 침공(12.20)	1980 중반. 넌-워너 수정안, 작전지휘권 회수 준비 필요
1990 년대	1991. 걸프전 발발 1998.2.28~1999.6.10 코소보전 발발	1992. 818계획 수립, 통합군제 추진하다가 합동군제로 결말

구분	미국	한국
2000 년대	2001. 아프가니스탄 전쟁 발발 2003. 이라크전(3.20~4.14) 발발 2014. 아프가니스탄 전쟁 종료(12.28)	2006. 국방개혁 2020 2010. 천안함 피격(3.26) 　　 연평도 포격(11.23) 2011. 국방개혁 307. 상부 지휘구조 　　 개편 추진 2014. 국방개혁 2014-2030 추진

　　한국군의 조직은 정부수립과 함께 1948년 7월 17일 국군조직법을 제정한 후에 동년 11월 30일 육·해·공군의 3군 병립체제로 편성하여 시작되었다. 그 이후, 한국군의 국방개혁과정에서 군 구조의 큰 변화를 경험한 것은 노태우 정부의 818계획과 노무현 정부의 국방개혁 2020 정도에 불과했다.[14]

　　국방개혁 307에서 합동성을 강화하기 위해 단일 지휘관이 군정과 군령을 행사하도록 상부 지휘구조 개편을 추진했지만 무산되었고,[15] 국방개혁에 관한 법률에 의해 추진되는 기본계획 2014-2030이 수립되었다.

　　본 연구에서는 국방개혁 2020을 중심으로 하여 국방개혁 2020에서 다뤄졌던 국방개혁 내용 중 지휘구조와 지상전장 영역 확장의 의미, 국방개혁 307과 국방개혁 기본계획 2014-2030 등을 포함하여 분석하고자 한다. 이유는 그 내용 속에 들어 있는 국방개혁 주체의 의도를 설명할 수 있기 때문이다.

---

14)　김영삼 정부의 경우 통합군제를 검토했으나 군 내부의 공감대 형성에 실패해서 진전되지 못했다. 김대중 정부에서는 육군의 부대구조 개편계획을 검토했으나 역시 계획에 그쳤다. 국방부, "국방개혁 기본법 정부제출 검토보고서", 2005년 12월 2일.

15)　김동한, "이명박 정부의 군 상부 지휘구조 개편 계획과 교훈", 『사회과학연구』, 제39집 1호, 2015, p. 56.

2. 연구방법

본 연구를 위해 조직이론[16] 중에서 페퍼와 샐런식(Jeffrey Pfeffer & Gerald R. Salancik)의 '자원의존이론',[17] 에번(William M. Evan)의 '조직집합'[18] 모델을 기준으로 클라크(Asa A. Clark)의 '조직경쟁이론'[19]을 응용하여 분석의 틀을 구성했다.

연구방법으로는 사회과학 연구분야에서의 문헌조사방법(Document analysis), 역사적 고찰(Historical consideration), 비교검토 및 사례연구(Comparative review and case study)방법 등을 주로 활용했다.

본 연구에서는 3가지 방법론을 활용한다. 우선 문헌조사방법은 합동성 강화를 위해 미군과 한국군의 국방개혁과 관련하여 국내외에서 발간된 단행본, 연구 논문 및 정부간행물을 활용했다. 특히 국회, 국방부 관련 부서 및 산하 연구기관, 합참, 각 군의 합동성에 관련된 자료를 수집하고 분석했다. 1차 자료로 국방부, 합참, 각 군의 공식적인 정부보고서와 정책보고서 그리고 회의록, 각 군의 교범 등을 최대한 활용했고, 2차 자료들로는 기존 연구보고서, 논문, 관련 서적 등을 활용했다.

---

16) 조직이론은 조직현상과 그와 연관된 요인의 상호관계에 관해 기술·설명·처방하는 이론이다. 오석홍(2014), 『조직이론』, pp. 3-4.

17) 자원의존이론(resource dependence theory)은 조직을 단순히 환경에 적응하는 측면이 아니라 환경을 변화시켜 환경의 통제를 극복하고자 하는 조직의 주체적 노력에 대해 탐구하는 것이다. 신유근, 앞의 책, pp. 267-340; Jeffrey Pfeffer & Gerald R. Salancik, 『장외영향력과 조직』, 이종범 외 공역(서울: 정음사, 1998), pp. 5-35; 이근주, "Jeffrey pfeffer와 Gerald R. Salancik의 자원의존이론", 오석홍 외, 『조직학의 주요이론』(서울: 법문사, 2013), pp. 354-362.

18) 오석홍, 『조직이론』, p. 729.

19) Asa A. Clark, Peter W. Chiarelli, Jeffrey S. McKitrick, James W. Reed, *The Defense Reform Debate*(Baltimore: The Johns Hopkins Univ. Press, 1984), pp. 250-271.

둘째, 역사적 접근방법으로 미군의 G-N법과 한국군의 국방개혁에 관한 법률(법률 제10217호)을 제정하는 과정에서 발생한 제도적 접근을 가미하여 국방개혁과정 이면에 내재되어 있는 조직정치가 합동성에 미치는 영향에 대해 분석했다. 즉, 시대적으로 국방개혁 요구가 발생한 원인과 이유 그리고 이 문제의 해결 과정에 내재되어 있는 합리적 선택과 비합리적 선택 가운데 비합리적 선택에 초점을 두는 연구를 수행했다.[20]

셋째, 비교검토 및 사례연구 방법으로는 미국과 한국의 국방개혁 차원에서 개최된 국방개혁 세미나, 회의자료, 그리고 연구 논문 및 단행본 등의 문헌자료들을 종합적으로 검토했다.

이 책은 총 6개의 장으로 구성했다. 먼저 제2장은 이론적 배경과 분석의 틀을 다뤘다. 그 내용은 군사제도와 국방조직, 전쟁의 수준과 국방개혁, 합동성의 개념에 대해 설명하고, 조직이론 중 자원의존이론을 중점으로 분석의 틀을 구성하는 과정을 설명했다.

제3장에서는 '미군의 합동성과 조직정치'라는 주제를 가지고 정치문화가 미군의 합동성에 미친 영향, 미군의 작전실패 사례, 미군의 국

---

20) 허버트 사이먼(Herbert A. Simon)에 따르면 인간의 행동은 매우 합리적이지만 완벽히 합리적이지는 않다고 주장했다. 즉 '제한된 합리성(bounded rationality)'을 가지며, 그 요인은 지식의 한계로 말미암아 비롯된다. 완벽히 합리적인 행위란 행위 주체가 자신의 의사결정에 관련된 모든 지식을 이해하고, 나타날 수 있는 모든 결과를 정확히 예측하는 것을 뜻한다. 그러나 이는 현실적으로 불가능하다. 결과의 좋고 나쁜 정도에 따라 가치의 선호도도 변하기 때문에 행위 주체가 완벽하게 합리적으로 행동하여 실현 가능한 모든 대안을 기초로 결정을 내릴 수 없기 때문이다. 사이먼은 "조직이 어떻게 의사결정의 합리성을 제고시키는가?"와 같은 질문에 대해 조직을 통해 개인이 얻을 수 있는 지식의 한계를 극복할 수 있고, 조직의 틀 안에서 개인은 다른 사람의 행동 패턴을 예측하여 돌출행동을 방지할 수 있으며, 조직은 구성원들에게 공동의 목표를 제시하고 '사명감' 같은 보편적 가치 척도를 마련해준다. 이 때문에 구성원들은 이를 통해 공통된 평가 기준을 갖게 되며 안정된 의사결정을 내릴 수 있다고 보았다. 庶酉民·劉文瑞·幕雲伍, 『조직과 의사결정』, pp. 73-82.

방개혁과 G-N법의 제정에 대해 설명한 후, 미군의 합동성을 위한 국방개혁과정에 대해 분석했다.

제4장에서는 '한국군의 합동성과 조직정치'라는 주제를 가지고 한국군의 군사문화가 합동성에 미친 영향, 한국군의 작전실패 사례, 국방개혁 2020과 국방개혁 307 및 그 이후의 진행과정 등을 설명하고, 한국군의 합동성을 위한 국방개혁과정 등에 대해 분석했다.

제5장에서는 '미군과 한국군의 합동성과 조직정치 비교'를 위해 지휘구조의 집권화와 분권화의 문제, 합동전장에서의 작전개념과 전력건설, 한·미의 국방개혁 비교가 주는 시사점 등에 대해 설명했다.

제3절
선행연구 분석

    1985년부터 2015년까지 군 구조 및 합동성과 관련된 박사학위 논문들로는 이선호(1985), 김건태(1986), 전일평(1993), 윤우주(2004), 안기석(2005), 조영기(2005), 박휘락(2007), 김동한(2009), 김동화(2010), 박재필(2011), 김인태(2011), 이성호(2012), 이양구(2013), 권영근(2013), 배이현(2015), 심세현(2015) 등 대략 16편에 달한다.[21]

---

21) 이선호, "한국 국방체제 발전에 관한 연구: 현대 국방체제의 민군관계를 중심으로", 행정학과 박사학위 논문, 동국대학교 대학원, 1985; 김건태, "국방조직발전 모형에 관한 연구", 경영학 박사학위 논문, 경희대 대학원, 1986; 전일평, "한국과 미국의 국방체제에 관한 비교연구: 조직구조와 행태를 중심으로", 행정학과 박사학위 논문, 단국대학교, 1993; 윤우주, "한국의 군사제도 변천과 개혁에 관한 연구: 상부구조를 중심으로", 행정학과 박사학위 논문, 경기대학교 대학원, 2004; 안기석, "한국군의 군사혁신 추진방향 연구", 외교안보학과 박사학위 논문, 경기대학교 정치전문대학원, 2005; 조영기, "국방조직구조 개혁의 분석틀과 대안연구", 행정학과 박사학위 논문, 원광대학교 대학원, 2005; 박휘락, "정보화시대 국방개혁에 관한 연구", 외교안보학과 박사학위 논문, 경기대학교 정치전문대학원, 2007; 김동한, "군 구조 개편정책의 결정 과정 및 요인 연구: 818계획과 국방개혁 2020을 중심으로", 정치학과 박사학위 논문, 서울대학교 대학원, 2009; 김동화, "군사혁신을 위한 국방정책 2020 추진의 영향요인분석", 행정학과 박사학위 논문, 동국대학교 대학원, 2010; 박재필, "한국 군사력 건설의 주역 결정요인 및 논쟁·대립구조에 관한 연구", 군사학과 박사학위 논문, 충남대학교 대학원, 2011; 김인태, "한국군의 합동성 강화 방안 연구", 외교안보학과 박사학위 논문, 경기대학교 정치전문대학원, 2011; 이성호, "한국군 상부 지휘구조 개편에 관한 연구", 경영학과 박사학위 논문, 경희대학교, 2012;

이 가운데 1980년대 중반부터 1990년대 중반까지의 연구는 총 3편이다. 먼저, 이선호(1985)는 국방조직연구에 따른 당면문제와 관련하여 건전한 국방체제의 이론적 당위성 및 현실적 측면과 역할, 작용, 행태 등 기능적 측면 그리고 과정, 관계, 발전 등 절차적 측면을 하나의 통합체계로 접근하여 파악함으로써 전반적인 국방의 조직과 관리의 틀을 개방체제로 일반화하려고 시도했다.[22]

이선호는 군사조직론을 바탕으로 군사조직의 특성과 유형에 대해 정리했으며, 미국을 비롯한 선진국의 국방체제 실태를 분석하여 한국 국방체제의 시사점을 제시했다. 1985년까지 한국의 국방체제에 대해 '태동기 – 건군기 – 시련기 – 정비기 – 확장기 – 자주국방기'의 5단계로 분류하고 그 특성을 설명했다.

김건태(1986)는 '한국적 국가체제의 발전모형을 제시'하고자 했다. 이를 위해 합동참모총장제를 가장 바람직한 국방체제로 제시했다. 그는 한국 국방체제의 발전과정과 주요국의 국방체제를 비교하면서 합참의 통합성 및 권한강화를 주장했다. 합참이 군령권을 갖지 못하는 합참의장제를 채택함으로써 종합작전지휘체계가 결여된 체제로 인식하고 있었다. 그는 한국의 안보여건 및 입체전, 속전속결, 총력전이라는 현대전의 특성에서 볼 때 3군의 통합전력 발휘는 매우 중요한 과제로서 국방부 장관에 대한 군령보좌 기능만을 수행하는 비통제형 합참의장제

이양구, "국방개혁 정책결정과정 연구: 노무현 정부와 이명박 정부의 비교를 중심으로", 정치외교학과 박사학위 논문, 경남대학교 대학원, 2013; 권영근, "한국군 국방개혁의 변화와 지속: 818계획, 국방개혁 2020, 국방개혁 307을 중심으로", 정치학과 박사학위 논문, 연세대학교 대학원, 2013; 배이현, "한국군 군제발전에 관한 연구", 2015; 심세현, "한국의 자주국방담론과 국방정책: 박정희, 노태우, 노무현 정부의 비교연구", 정치외교학과 박사학위 논문, 중앙대학교, 2015.

22) 이선호, 『국방행정론: 현대 국방체제의 이론과 실제』(서울: 고려원, 1985)

는 개선되어야 한다는 입장을 취했다.

전일평(1993)은 한국의 국방체제 실태 및 당면 과제들을 미국의 국방체제와 비교 분석하여 한국에 맞는 독립적이고 효율적인 국방체제 개선방향을 제시하고 있다. 그는 한국의 국방체제는 규범가치와 세계적 발전추세라는 맥락에서 볼 때 국방체제 발전전략의 부재와 민군관계의 미정립이라는 문제를 안고 있으며, 양적인 팽창은 거듭해왔으나 질적인 변화를 수반하지 못했기 때문에 구조적 불균형과 기능적 부조화체제로 성장했다고 지적했다.

또한 능률성과 민주성의 조화가 결여된 채 파행적으로 발전해왔으며, 행태적인 측면에서는 물질주의, 개인주의와 권위주의, 연고주의, 의식주의와 운명주의가 한국 장병에게서 강하게 나타나고 있어 구조적인 측면과 함께 한국 국방체제의 건전한 발전방향에 커다란 장애요인이 되고 있다고 지적했다.

그는 이러한 두 가지 측면 때문에 조직구성원들의 의식구조의 변화, 가치관의 변화 등 내부적 변화와 외부적 변화를 동시에 추구하면서 점진적인 변화를 유도해야 한다고 주장했다.

2000년 초부터 2010년까지의 연구는 총 6편으로, 우선 윤우주(2004)는 '한국군의 실정에 맞는 군 구조를 택하지 못하고 있는 원인이 어디에 있으며 앞으로 한국군이 어떻게 나아가야 할 것인가?'에 대해 의문점을 갖고 건군과정의 문제점, 상부구조의 변천과정, 세계적인 상부구조 채택 현황, 우리나라의 상부구조 개혁사례, 상부구조의 문제점과 대안을 찾으려고 했다. 그 결과 한국군의 미래지향적인 군사체제로 각군 본부가 국방부에 통합되는 '대국방부형의 합동군체제'를 주장했다.

안기석(2005)의 논문은 군사혁신에 관한 개념을 정리하고 미국의

군사혁신 사례를 분석하여 한국군에 주는 교훈을 도출한 후 미래 한국
군의 군사혁신을 위한 바람직한 추진방향을 제시하는 데 목적이 있었
다. 그의 논문에는 군사전략 수립과 합동전장 운영 개념, 상부구조, 군
병력의 문제, 부대구조, 전력구조 등의 문제에 대해 기술되어 있다. 그
의 핵심적인 주장은 연구결과 군정과 군령의 구분에 대해서는 군사력
운용의 효율성과 융통성을 저하시키기 때문에 이를 탈피해야 한다고
주장했다.

조영기(2005)의 논문은 첫째 국방조직의 현황 분석과 유기적 조직
구조 도입 가능성, 둘째 유기적 조직구조의 도입 가능성을 전제로 국방
조직구조의 사례분석을 통해 성공적 개혁을 위해 어떤 영역에 초점을
두어야 하는지에 대한 방향을 제시하며, 셋째 국방조직에 유기적 조직
구조를 도입하기 위한 조직구조 개혁의 전략 제시 등의 목적을 가지고
기술했다. 그는 국방조직에도 유기적 조직구조 도입이 가속화될 것으
로 전망하지만, 국방조직은 그 특성을 고려하여 체계적인 전략수립과
함께 장기적인 시각에서 점진적으로 개혁할 것을 제안했다.

박휘락(2007)의 논문은 시대적 전환기에 국방개혁에 관한 일반적
개념과 방법론을 이론적으로 분석하고 이를 미국의 군사변혁에 적용하
여 교훈을 도출한 후 한국의 국방개혁에 참고할 수 있는 함의(implication)
를 제시했다. 이를 위해 국방개혁의 추진 강도, 국방개혁의 변화 범위
와 속도, 점증적인 노력을 경주하는 방식 또는 현재 상태의 점진적 개
선방식 비교, 특정 위협에 대응할 수 있는 방향으로 국방개혁을 추진하
는 방법 또는 다른 접근방법을 탐색하려 했다. 그 결과 국방개혁의 성
공을 위해 적합한 지도자 선정과 합리적 모형을 바탕으로 점증적 모형
을 적용할 것을 제안했다.

김동한(2009)의 논문은 군 구조 개편정책의 결정과정 분석을 통해 군 구조 개편문제의 추동 요인, 군 구조 개편정책의 정책결정과정에서 정치과정 혹은 관료정치적 행태의 존재 여부, 군 구조 개편정책의 의회 심의 결과가 앞의 두 사례에 있어 상당한 차이를 나타낸 이유, 군 구조 개편정책의 결정과정에 대한 언론·NGO·여론·학계의 영향력 정도 등의 문제를 조명하고 정책결정과정에 영향을 미치는 핵심적인 정책결정요인들을 규명하고자 했다.

이 논문은 군 구조 개편정책의 결정과정을 '정치과정'[23]이라는 차원에서 분석했는데, 군 구조 개편정책 같은 매우 특수한 국방정책분야의 정책결정과정이나 정책결정요인을 이론적으로 분석했다는 점에서 가치가 있다고 생각된다.

그는 군 구조와 병력구조가 육군 중심으로 과도하게 편성되어 있기 때문에 3군 균형발전을 저해하고 있고, 또한 현대에 적합하지 않은 병력구조이기 때문에 육군의 병력감축과 3군의 균형발전 그리고 현대전에 부합한 군사력 건설이 필요하다고 주장했다.

김동화(2010)는 당시 미군이 겪고 있던 군사혁신의 비판 및 궤도수정 요구가 참여정부가 강행한 '국방개혁 2020'에 미치는 '주요 영향요인 4가지를 추출'[24]하고, 실제 국방개혁에 참가한 인원의 인식, 주요 영향요인이 '국방개혁 2020' 성과달성과 관련된 상관관계의 정도 등을

---

23) 정책결정과정에서 일반적으로 인용되는 앨리슨(Graham T. Allison)의 '관료정치' 개념보다는 외연이 확장된 것이다. 김동한은 정책결정에 참여하는 행위자들을 관료 부문에 한정하지 않고 공식·비공식 행위자들까지 포함시켜 분석했으며, 정책선호에 따른 행위자들 간의 정책연합의 향상까지 포괄하고 있다는 점에서 앨리슨의 관료정치 모델을 확장시켜 적용했다.

24) 전쟁 패러다임에 따른 군사혁신, 한·미 동맹의 재편, 북한의 위협 증가, 지상군의 감축 등. 김동화, "군사혁신을 위한 국방정책 2020 추진의 영향요인분석", p. 6.

분석 및 규명하려고 했다. 그는 국방개혁 2020에 대한 인식·입장·이해 차이를 파악하고 상호 협조적인 분위기로 이끌어야 하며, '전쟁 패러다임 변화에 따른 군사 혁신의 필요성, 북한의 위협, 지상군 감축 등'은 유의미한 값을 갖는다고 분석했다.

2011년도부터 현재까지 총 7편의 연구를 살펴보면, 김인태(2011)의 논문은 한반도 안보위협을 극복하고 전투력의 시너지 효과를 달성하기 위해 합동성의 이론적 접근과 사례분석을 통해 한반도 전장환경에 부합된 한국군의 합동성 강화방안을 제시했다. 이를 위해 합동성에 대한 개념 정립, 합동성 강화와 관련된 외부환경과 국내적인 환경여건 평가, 합동성 강화의 필요성 검토, 그리고 한반도 전장환경에 부합하는 합동성 강화방안 등을 분석했다. 그 결과 상부 지휘구조 개선방안은 합동성에 기초하여 합동기본개념인 효과 중심의 동시·통합작전 구현이 가능하며, 미래 합동작전환경에 적합한 지휘 및 부대구조를 발전시켜야 한다고 주장했다.

박재필(2011)의 논문은 한국 군사력 건설의 주요 결정요인 및 논쟁·대립구조를 규명하고자 했다. 이를 위해 한국 군사력 건설의 결정요인 규명, 도출된 요인별 한국의 군사력 건설에 미친 영향을 시기별·정부별로 규명하고, 한국 군사력 건설의 주요 결정요인과 관련된 논쟁·대립구조를 규명하며, 논쟁·대립구조가 주는 정책적 함의를 탐구하고자 했다. 연구결과 한국군은 북한의 위협에 대응하는 전력 확보에 집중했으며, 지상군 위주의 양적 측면의 군사력 건설에 치중했고, 노태우 정부부터 미래를 위한 군사력 건설 목표와 방향이 나타났으며, 군사력 건설 수준 평가에 있어 객관성 확보에 문제점이 있다고 판단했다.

이성호(2012)의 논문은 작전권 환수에 대비한 상부 지휘구조 개편

방안을 분석하여 그 타당성을 검토하고, 추가적인 개편방안을 모색하려고 했다. 그 결과 전체적으로 문민통제의 원칙을 준수한 상태에서 구조개편이 이뤄지고 있고, 합참의장에게 제한된 군 정권을 부여함으로써 작전의 효율성을 보장했으며, 확대된 권한은 문제가 되지 않는 사항으로 보고 있다. 또한 작전수행능력 극대화 면에서 한국군 상부 지휘구조 개편방안은 운용의 합리화를 모색해볼 필요가 있으며, 합동군사령부 편성을 고려하지 않은 것을 부적절하다고 판단했다. 군 조직 운용의 효율성 면에서 합참의장과 각 군 총장의 작전 지휘계선 상 권한과 책임 한계를 분명히 제시하고, 의사결정 시스템 구축 측면에서 의사결정기구를 활성화하여 자군의 이익을 우선시하는 것을 방지할 필요가 있다고 주장했다.

이양구(2013)의 논문은 국방개혁 2020과 국방개혁 '12 - '30의 정책결정과정에서 영향력을 행사한 다양한 주요 행위자들의 실체는 무엇이며, 그들이 어떠한 영향력을 미쳤는지를 분석했다. 이를 위해 논의과정에서 정책연합의 상호작용을 통해 정책결정에 결정적 영향을 미친 '지배적 권력중추'에 주목했다. 또한 이러한 분석과정을 통해 국방개혁의 정책방향을 예측하고, 정책을 추진함에 있어 성공 및 실패 요인을 규명하며, 이를 위해 정책적 함의를 도출하고자 했다. 그 결과 대통령의 정책선호는 정책수립에 직접적으로 영향을 미쳤으며, 정책 수립 시 해·공군은 개별적 조직의 성향에 의거하여 직간접적인 영향력을 행사했다. 그리고 국회 입법과정에서는 여야 국방위원들의 군 전문성에 기인한 상대적 권력의 차이가 논의과정에 영향을 미쳤다. 정책결정과정에서 주요 정치인들의 정치력 발휘가 요구되었으며, 여론 주도그룹의 영향력이 증대되었다고 보았다.

권영근(2013)의 논문은 위협환경, 동맹환경, 지지세력의 선호에 영향을 받는 대통령 행위자의 선호도, 육군 중심의 비대칭 구조와 육군문화라는 변수로 정의되는 정체성을 갖고 있는 국방부라는 행위자, 육·해·공군 같은 행위자들의 저항을 대통령의 수용 여부 등에 따라 한국군의 국방개혁의 변화와 지속에 끼친 영향을 검토했다. 그 결과 한국군 국방개혁의 변화와 지속은 국제관계 변수와 국가 및 개인 차원 변수 간의 상호작용에 의해 영향을 받고, 대통령의 선호와 무관하게 국방부는 항상 육군이 선호하는 통합군을 대변하며, 국방개혁에 관한 대통령의 최초 선호와 국방 행위자들의 저항에 대한 대통령의 수용 여부에 따라 개개 국방개혁 간에 차이가 생긴다고 밝히고 있다.

배이현(2015)의 논문은 국방개혁이 거론될 때마다 쟁점이 되는 상부 지휘구조를 중심으로 군제발전을 위한 패러다임과 소프트웨어적 요소에 대해 논하고 있다. 그는 오늘날의 선진국 군제발전 추세가 문민통제의 원칙을 준수하는 가운데 3군의 전문성을 기반으로 지휘의 일원화를 지향하고 있다고 파악했다. 이를 위해 지휘구조를 단순화하고, 과도한 권한집중을 예방하며, 3군 균형이 보장될 수 있도록 견제와 균형을 강조하고, 한국군에 적합한 군제는 합동군제이며, 현 합동군제의 취약점을 보완해나가는 것이 최선의 방책이라고 주장했다.

심세현(2015)의 논문은 한국의 역대 정부 가운데 자주국방을 공식적으로 천명한 박정희·노태우·노무현 정부의 자주국방담론이 정책으로 이어지는 일련의 정책과정 내용과 이에 영향을 미친 주요 요인들을 비교·분석했다. 그는 정책적 시사점으로 자주국방정책의 추진과정에서 정책결정자들 사이에서 발생할 수 있는 반목과 갈등을 해소할 수 있는 방안 구상의 필요성과 정책의 지속적인 추진과 집행에 더 많은 관심을 기울일 필요가 있고, 한반도 주변의 안보환경과 동북아 지역 국가들과의 관계 설정방법 및 명확한 정책실현의 우선순위 설정, 자주국방에 소요될 예산문제의 면밀한 검토, 정책결정자들의 국방정책 참여방안 강구 등을 제기했다.

박사학위 논문을 검토한 결과, 국방개혁 2020, 국방개혁 307 등 국가안보문제에 있어 군 구조의 문제에서 첨예한 대립과 논쟁이 발생했음에도 불구하고 군 구조의 문제를 실질적인 학문연구로 상정하여 학술 차원에서 연구하는 노력이 부족했다. 군에서 군 구조의 중요성을 인식하는 정도에 비해 인문사회계열 민간 학자들의 '군 구조 문제'의 중요성에 대한 인식은 미흡했다고 생각된다. 일례로, 검색오차를 감안한다 하더라도 11년간 13건이라는 수치는 군 구조에 대한 민간 전문가들의 관심도가 미미했다는 것을 반증하는 것이라 할 수 있다.[25]

김건태(1986)의 논문 이후 윤우주(2004)의 논문까지 군 구조 관련 박사학위 논문을 찾는 것은 어려운 실정이었다.[26] 대부분의 박사학위 논문 연구가 한국군의 시대별 국방체제의 변화현상에 대해 연구했다. 박사학위 논문 16편 중 11편이 지휘구조에 대해 분석했고, 합동성의 개념과 지휘구조를 연계시킨 논문은 김인태(2011)와 권영근(2013)의 논문 등이 있고, 전력건설의 문제점을 비판한 논문은 박재필(2011)의 논문 정

---

25) 2004년부터 2015년까지 인문계열 11,389, 사회계열 22,568 등 박사학위 논문 총 33,957건 중에서 13건이 군 구조와 관련된 주제를 다루거나 언급했다. "2004년~2015년 인문 · 사회계열 국내 박사학위 취득수" 참고. 출처: 한국교육개발원 교육통계연보(http://www.index.go.kr/potal, 검색: 2015. 12. 30)

26) 2004년부터 2015년까지 11년 동안 13편으로, 연간 약 1.2편의 논문이 집필되었다. 이를 학과별로 분류하면 행정학(4), 경영학(2), 외교안보학(3), 정치외교학(2), 군사학(2), 정치학(2) 등에서 군 구조의 문제를 다뤘다. 국방개혁 중 군 구조, 합동성 강화 등의 문제를 다룬 논문은 석사학위 논문 대비 박사학위 논문에서는 상대적으로 그 빈도가 현저히 부족했다.

도에 불과하며, 나머지 2편은 국방개혁과 관련된 군사혁신, 정책적 담론 등을 다룬 논문이다.

박사학위 논문 이외에 일반 학술논문을 살펴보면 다음과 같다. 첫째, 합동성 강화 개념에 대한 연구의 대부분은 주로 공식기관에서 발행된 교범들이다. 이들 자료는 미 합참 등 공식기관에서 발행된 교범들로 합동성 개념연구의 기초가 되었다.[27]

둘째, 학술지 및 학술지 등재 후보지에 등재된 논문 및 대학기관의 연구지 등을 중심으로 검토했다. 합동성 또는 국방개혁의 개념을 정의하고, 이론을 바탕으로 개혁에 합당한 분석의 틀을 구성하여 국방개혁 현상을 분석한 논문들이다.[28] 그중 김종하·김재엽(2011), 문광건

---

27) 공본, 『공군기준교리 O-2(조직 및 편성)』(계룡: 공본, 2011); 공본, 『공군기준교리 32(작전)』(2011); 공본, 『외국 군 구조 편람』(2013); 공본, 『공군기본교리』(2015); 합참, 『합동기본교리』(서울: 합참, 2009); 합참, 『합동작전』(2010, 2015); FM 100-5, *Operations*(Washington D. C.: HQ, DOA, 1993); FM 1-100, *Army Aviation Operations*(1997); FM 1-112, *Army Helicopter Operations*(1997); FM 3-0, *Operations*(2001); FM 3-0, *Operations*(2008); FM 6-20-30, *Tactics, Techniques, and Procedures for Fire Support for Corps and Division Operations*(1989); JCS, *Department of Defense Dictionary of military and Associated Terms*(Washington D. C.: The Joint of Staff, 1994); JP 0-2. *Unified Action Armed Force*(2001); JP 1, *Joint Warfare of the Armed Forces of the United States*(2000); JP 1, *Doctrine for Armed Forces of the United States*(2013); JP 1, *Doctrine for Armed Forces of the United States*(2013); JP 3-0, *Joint operations*(2006); JP 3-0, *Joint operations*(2010, 2011); JP 3-03, *Joint Interdiction*(2011); JP 3-09, *Joint Fire Support*(2014).

28) 김종하·김재엽, "합동성에 입각한 한국군 전력증강 방향: 전문화와 시너지즘 시각의 대비를 중심으로", 『국방연구』, 제54권 제3호, 2011년 12월호, pp. 191-219; 문광건, "미군의 합동작전과 합동성의 본질", 『군사논단』, 통권 제47호, 2006, pp. 45-71; 문광건, "합동성 이론과 군 구조 발전방향: 합동성의 본질과 군사개혁방안", 『군사논단』 통권 제48호, 2006, pp. 4-28; 황선남, "육·해·공군의 합동성 강화를 위한 '통합'개념의 발전적 논의에 관한 연구", 2015, pp. 5-24; 김동한, "노무현 정부의 국방개혁정책 결정과정 연구: 군 구조 개편과 법제화의 정치과정을 중심으로", 『군사논단』, 제53호, 2008년, pp. 197-222; 김동한, "한국군 구조개편정책의 결정요인 분석", 『한국정치학회보』, Vol.43, No.4, 2009, pp. 351-377; 김동한, "역대 정부의 군 구조 개편 계획과 정책적 함의", 『군사전략』, Vol.17, No.1. 통권 제55호, 2011, pp. 67-92; 김동한, "미국의 안보전략과 한·미 군사관계 변화의 함의: 한국군 구조개편 사례를 중심으로", 『동북아연구』, Vol.27, No.2, 2012,

(2006), 황선남(2015)은 합동성의 개념을 정의하고 그 개선방향을 제시했다. 김동한(2008)은 정책결정과정과 지휘구조개편정책의 결정요인에 대해 연구했다. 그리고 권영근(2013)은 818계획부터 국방개혁 2020, 국방개혁 307을 분석해 상부 지휘구조 개편 관련 시사점을 도출했다.

셋째, 각국의 국방개혁 추진동향에 대해 분석한 논문들이 학술논문의 대부분을 차지했다. 그리고 이론을 바탕으로 하여 분석틀을 구성하여 분석하기보다는 해당 국가들의 국방개혁 추진배경, 주요 내용 등이를 통한 한국의 국방개혁 방향을 소개 또는 교훈을 제시했다.[29]

넷째, 미군의 군사혁신 및 군사변환으로 대표되는 분야에 대한 연구에 치중해 있다.[30]

---

pp. 167-194; 김동한, "이명박 정부의 군 상부 지휘구조 개편 계획과 교훈", pp. 55-84; 권영근, 『한국군 국방개혁의 변화와 지속: 818계획 국방개혁 2020 국방개혁 307을 중심으로』(서울: 연경문화사, 2013); 홍규덕, "안보전략환경의 변화와 국방개혁 추진의 전략적 연계", 『전략연구』, 통권 35호, 2005년 11월호, pp. 7-24; 김재엽, "'대만의 국방개혁'의 관건 및 추진전략", 『중소연구』, 제35권 제2호, 통권 130호, 2011년 여름, pp. 141-170; 이양구, "이명박 정부의 국방개혁 정책결정과 지배적 권력중추의 역할", 『군사』, 제93호, 2014년 12월호, pp. 349-388.

29) 홍규덕, "국방개혁과 군비통제: 독일·프랑스·호주 사례를 중심으로, 『전략연구』, 통권 26권, 2003, pp. 149-183; 홍성균, "프랑스 국방개혁 교훈을 통해 본 한국군 개혁방향", 『신아세아』, 제12권 제4호, 2005, pp. 125-156; 권태영, "21세기 한국적 군사혁신과 국방개혁 추진", 『전략연구』, 통권 35호, 2005, pp. 25-57; 홍성표, "한국군의 합동성 강화와 중장기 전력체계 건설"『21세기 한국군의 개혁: 과제와 전망』(서울: 국방대학교 안보문제연구소, 2006, pp. 1-68); 심경욱, "국방개혁과 합동성의 강화: 한국과 프랑스 사례", 2006년 국방안보학술회의, pp. 61-83; 박창권·이창형·송화섭·박원곤, 『주변국 및 선진국의 국방개혁 추진방향과 시사점』(서울: 한국국방연구원, 2007); 박영준 외, "주요 선진국가의 국방개혁 연구", '11-15호 정책현안연구과제, 국방대학교 안보문제연구소, 2011; 박휘락, "이명박 정부의 군 상부 지휘구조 개편 분석: 경과, 실패 원인, 그리고 교훈", 『입법과 정책』, 제4권 제2호, 2012년 12월, pp. 1-28; 박휘락, "이명박 정부의 군 상부 지휘구조 개편 정책의 교훈", 『한국의회학회보』, 창간호, 2012년 5월호, pp. 51-67; 박휘락, "이명박 정부의 '국방개혁' 접근방식 분석과 교훈: 정책결정모형을 중심으로", 『평화학연구』, 제14권 5호, 2013, pp. 225-250.

30) 권태영, "21세기 한국적 군사혁신과 국방개혁 추진", 『전략연구』, 제12권 제3호 통권 35호, 2005, pp. 25-57; 고상두, "미국의 군사변환과 주독 미군의 철수", 『국가전략』, 제14

군 구조에 대해 박사학위 논문에서와 마찬가지로 일반 학술논문에서도 민간 연구자들의 참여는 극히 한정되어 있었다. 민간 전문가들이 군 구조 문제에 참여하기 어려운 이유는 군사자료의 폐쇄성과 기밀성으로 일반인이 쉽게 접근하기 어려운 환경이기 때문이라고 판단된다.[31]

지금까지 언급한 합동성 강화를 위한 일반적인 연구 경향을 간략히 요약해보면, 군 구조 문제에 대해 일부 관심 있는 소수의 민간 전문가들이 있었지만, 군 구조의 개혁방향에 대해 유사한 논조나 동일한 맥락의 주장들이 반복되고 있었다. 민간 전문가들의 군 구조에 대한 연구는 예비역 출신들에 비해 규모면에서 군 구조 개혁에 적극적으로 개입하거나, 지배적인 여론을 형성하지는 못하고 있었다.[32]

미국의 군 구조 개혁에 관한 연구물들은 크게 G-N법 이전과 이후로 구분할 수 있다. 먼저 G-N법 이전의 주요 연구물들을 살펴보면 다음과 같다.

권, 3호, 2008, pp. 37-61; 박휘락, "국방개혁에 있어서 변화의 집중성과 점증성: 미군변혁의 함의", 『국방연구』, 제51권, 1호, 2008, pp. 89-112; 이상헌, "미국의 군사변환과 그것이 동맹에 주는 함의", 『국제정치논총』, 제47집, 1호, 2007, pp. 145-165; 서재정, "미국의 군사변환 전략: 기원, 성과, 평가", 『국가전략』, 제3권, 3호, 2007, pp. 27-54; 김태효, "국방개혁 307계획: 지향점과 도전요인", 『한국정치외교사논총』, 제34집, 2호, 2013, pp. 347-378.

31) 김동한, "군 구조 개편정책의 결정 과정 및 요인 연구", p. 11.

32) 국가안보 문제 또는 국방구조 문제에 학문적으로 접근하는 주요 인력들은 대부분 소수의 현역이거나 군 출신의 예비역, 그리고 군과 관련된 업무에 종사하는 사람들이 연구의 객체를 이루고 있다. 특히, 현역 신분으로는 군 구조의 문제에 대해 국방부 또는 소속 군의 견해와 다른 내용을 공식적으로 다룬 논문을 찾기 어려웠다. 논문의 성격도 소속 군에 따라 국방개혁에 대한 입장이 서로 달랐다. 민간 전문가들의 군 구조에 대한 연구는 예비역 출신들에 비해 규모면에서 상대적으로 소수였으며, 그나마 예비역의 경우도 대부분 예전에 소속했던 군의 입장을 대변하는 경우가 많았다. 소수의 민간 전문인력도 대학기관의 학자들을 제외하고 군의 통제를 받는 연구기관이나 영향을 받는 관련 단체에서 유관한 업무를 하고 있었다.

코브(Lawrence J. Korb)는 1947년부터 1973년까지 미 합참, 육·해·군 참모본부의 배경 자료와 참모들의 경력패턴 관리에 대해 분석했다.[33] 이 글에서는 합참의 합동참모가 자군을 위해 일할 수밖에 없는 구조적 문제에 대해 다루고 있다.

콜(Alice G. Cole)은 1944년부터 1978년까지 법을 개정할 때마다 법의 개정과정에서 나타난 각 군의 이익을 지키기 위한 논쟁들을 분석했다.[34] 여기에는 1944~1947년 사이에 통합(unification)을 위한 주요 제안 중 1947년 국가안보법의 12개의 시간대별 주요 사건들, 1949년 개정(amendments)에서의 10개의 시간대별 주요 사건들, 1953년의 재조직 계획에 대한 시간대별 5개의 주요 사건들, 1958년의 국방 재조직법에 대한 시간대별 7개의 주요 사건들, 1958년부터 1978년까지 행정적 및 입법적 개선들(modifications)에 시간대별 13개의 연구논문들, 각 군과 합동참모본부의 기능들(functions)에 시간대별 14개의 주요 사건들이 수록되어 있다. 이 책은 G-N법 이전의 개혁사항인 법의 제정과 개정 과정을 기록하여 분석하고 있는데, 각 군의 권한을 제한하고 국방부를 통한 각 군성의 통제를 통해 국방조직을 효율화하기 위한 노력이 기술되어 있다.

바렛(Archie D. Barrett)은 1977년부터 1980년대 미 국방조직 개혁에 대해 연구했다. 그는 "국방부는 재조직되어야 하는가?"라는 질문을 통해 합참구조, 합참, 통합·특수 사령부, 합동군사 자문의 부적절성, 합

---

33) Lawrence J. Korb, *The Joint Chiefs of Staff: The First Twenty-five Years*(Bloomington: Indiana University Press, 1976)

34) Alice G. Cole, Alfred Goldberg, Samuel A. Tucker and Rudolph A. Winnacker ed., *The Department of Defense: Documents on Establishment and Organization 1944-1978*(Washington D. C.: Office of The Secretary of Defense Historical Office, 1978)

동참모의 약점 등을 분석했다.[35] 이 책에서 '미 합참조직이 개선될 필요성'에 대해 주장했는데, 국방부의 조직 의사결정 분석틀, 국방부의 구조적 조직에 대한 비평 및 고발로 고질적인 모순을 가지고 있는 합참조직, 합동군사 자문의 부적절성, 합동참모의 약점과 의존성 등에 대해 기술하고 있다.

클라크(Asa A. Clark)가 편집한 책에는 미국에서 발생한 G-N법 개정 이전의 전문적이고 다양한 논제들이 분석되어 있다. 이 책에는 코너(Robert W. Korner)의 "전략과 군사 개혁", 국방 편제의 재구조화에서 루퍼(Timothy T. Lupfer)의 "군사 개혁을 위한 도전", 오세스(John M. Oseth)의 "개혁논쟁 개관", 캔디(Steven L. Candy)의 "군사개혁과 전쟁술", 국방조직의 정책결정에서 리드(James W. Reed)의 "국회와 국방개혁 정책", 클라크(Asa A. Clark Ⅳ)의 "각 군 간의 경쟁과 군사개혁", 존스(David C. Jones)의 "국방편제 무엇이 잘못되었는가?", 고먼(Paul F. Gorman)의 "강화된 국방편제를 위해", 오딘(Philip A. Odeen)의 "합동참모본부 개혁에 대한 논평" 등의 논문들이 수록되어 있다.[36]

아트(Robert J. Art)가 편집한 책에서, 린(William J. Lynn)의 "전쟁에서의 합동군사구조와 합참구조에 대한 비판들"이라는 논문은 합동군사구조에 대한 평가, 제2차 세계대전 시 합동군사구조의 필요성, 그리고 이와 연계된 아이젠하워의 국방조직 재구조화, 당시의 합동체계에 대한 비판들과 합동구조의 모델들에 대해 분석했다.[37] 대표적인 내용은 강

---

35) Archie D. Barrett, *Reappraising Defense Organization*(Washington D. C.: National Defense University Press, 1983)

36) Asa A. Clark, Peter W. Chiarelli, Jeffrey S. McKitrick, James W. Reed, *The Defense Reform Debate*(Baltimore and London: The Johns Hopkins Univ., 1984)

37) Robert J. Art, Vincent Davis, Samuel P. Huntington, *Reorganizing Americana's Defense*(Pergamon-brassey's International Defense Publishers, 1985)

력한 합참의장 모델(The Strong Chairman Model), 국가적 군사 자문가 모델(The National Military Advisers Model), 국방 일반참모 모델(The Armed Forces General Staff Model) 등이다. 이 모델들은 한국군의 군 구조 개혁모델에 대해 시사하는 바가 크다. 제13장에는 '합참의장 특별 연구조직'에 의해 작성된 합동참모본부에 대한 관계자의 관점들이 수록되어 있는데, 이 글들은 한국군의 합참 조직구조를 연구할 때 반드시 일독해야 할 것으로 판단된다.

코프먼(Daniel J. Kaufman)이 편집한 책의 핵심 주제는 "국가안보체계의 구조와 집행"이었다. 이 책에 수록된 데스틀러(I. M. Destler)의 "미 대통령에게 제공되는 국가안보자문: 30년 동안 진행된 교훈들"이라는 논문은 조직의 자율성과 도덕성 등에 대해 분석하고, 합참의장의 자문의 질이 왜 향상되어야 하는가를 다루고 있다.[38]

루트웍(Edward N. Luttwak)은 《The Pentagon and The Art of War》에서 "월남전에서 각 군의 조직정치가 전쟁에 미친 영향"에 대해 분석했다.[39] 이 책은 국방대학교에서 『미국 국방개혁론(1985)』이라는 제목으로 번역 출판했다. 1980년 이전의 미군의 문제들, 특히 월남전에서 각 군의 조직 이기주의를 바탕으로 한 미군의 무분별한 조직 확장이 전쟁에 어떤 영향을 미쳤는가에 대해 면밀히 분석하고 있다.

다음은 G-N법 이후의 '국방개혁과정 논쟁과 합동성에 대한 연구물'들이다. 문희목(1998)이 번역하고 편집한 『1986년 국방조직개편과 10년 후의 평가』라는 책에서 '1986년 G-N법 시행 10주년'을 맞이하

---

38) Daniel J. Kaufman, Jeffery S. McKitrick, Thomas J. Leney ed., *U. S. National Security*(Massachusetts: Lexington Books, 1985)

39) Edward N. Luttwak, *The Pentagon and The Art of War*(New York: Simon and Schuster Publication, 1985)

여 동법이 출현하게 된 배경과 그동안 진행되어온 경과 및 G-N법에 대한 평가, 그리고 '10년 후에 대한 전망을 개관하는 논문들'을 정리했다.[40]

블랙웰(James A. Blackwell Jr.) 등이 편집한 《Making Defense Reform Work》은 1987년 존스홉킨스대학의 외교정책연구소와 전략 및 국제문제연구센터에 의해 수행된 국방개편감시 프로젝트의 최종 요약보고서다.[41] 국방개편감시 프로젝트의 목표는 1986년 G-N법과 Packard위원회의 건의에 대한 이행실태를 점검하는 데 있다. 이 프로젝트에 참여한 사람들은 국방부, 의회, 방위산업 그리고 과학계 등의 정책결정 직위에서 근무한 경험이 있는 민간인들과 군인들로, 각 연구논문은 이들의 풍부한 경험과 전문지식을 바탕으로 국방개혁에 방해가 되는 장애들에 대해 집필되었다.

특히, 블랙웰과 블레크먼(Barry M. Blechman)이 공동집필한 제1장 "개혁의 본질", 제11장 "국방개혁작업", 슬로콤브(Walter B. Slocombe)의 제4장 "국방부 장관실의 조직", 해먼드(Paul Y. Hammond)의 제6장 "작전계획 수립 및 지휘에 있어서의 G-N법의 이행", 미 해군예비역 대장인 힐튼(Robert P. Hilton)의 제7장 "국방예산계획 수립에 있어서의 합동군사조직의 기능" 등은 미군의 합동성 강화를 위한 연구의 핵심적인 자료들이라고 판단된다.

하트먼(Frederick H. Hartman) 등이 편집한 《Defending America's Security》의 제10절에 수록된 "지속되는 문제들과 군사 개혁 I"에는 1986년 G-N법 이전의 국방조직 위기 시 제기된 여러 가지 핵심주제

---

40) 문회목 편역, 『1986년 국방조직개편과 10년 후의 평가』(서울: 국방참모대학, 1998)

41) James A Blackwell, Jr., Barry M. Blechman ed., *Making Defense Reform Work*, New York: brassey's(US), 1990.

인 합참의 조직과 기능, 국방부의 조직과 역할 등을 다루고 있다.[42]

레더먼(Gordon Nathaniel Lederman)은 미군의 지휘구조 개편을 중심으로 강력한 형태의 육·해·공군을 유지해야 할 필요성과 각 군의 다양한 능력을 통합하여 승수효과를 발휘해야 한다는 통합의 개념을 연구했다.[43] 존슨(David E. Johnson)은 지상전력과 항공력의 관점 차이가 어떻게 합동성을 다르게 이해할 수 있는지에 대해 분석하고 있다.[44]

결론적으로 국내외를 막론하고, 대부분의 논문들이 합리성을 바탕으로 한 합동성 강화를 위해 추진한 국방개혁에 관한 분석들이었다. 이 연구들은 한국군이 합동성 강화를 위해 수차례의 국방개혁을 추진했음에도 아직까지 가시적인 성과를 거두지 못한 원인에 대해 여러 변수를 사용하여 설명해왔으나, 아직까지 합동성이 완전히 정착되지 못하고 있는 현실을 고려해본다면 설득력이 떨어진다고 할 수 있다. 즉 기존연구들은 안보상황, 정책결정자의 성향, 지휘구조의 불균형, 정책연합의 상호작용 등의 요인들을 중심으로 한국군의 합동성을 설명하고 있으나 나열식 설명변수들의 제시도 그 주장과 이론의 명확성이 뚜렷하게 나타나지 않고 있다.

따라서 이 책에서는 기존연구들의 제한점을 극복하고, 한국군의 합동성 강화의 명확한 방향성을 제시하기 위해 '조직정치'의 관점에서 국방개혁 추진과정을 분석하고자 한다. 즉 합동성을 강화하기 위한 국방개혁이 가시적인 성과를 내지 못하고 있는 원인으로 여러 가지 변수

---

42) Frederick H. Hartman, Robert L. Wendzel ed., *Defending America's Security*(New York: brassey's, 1990)

43) Lederman, 『합동성 강화: 미 국방개혁의 역사』, 2007.

44) David E. Johnson, *Learning Large Lessons: The Evolving Robe of Ground Power and Air Power in the Post-Cold War Era*(Santa Monica CA: RAND, 2007)

가 있을 수 있으나, 본 연구에서는 '조직정치'가 그 핵심변수임을 강조
한다.

제2장

이론적 배경과
분석의 틀

제1절
군사제도와 국방개혁

1. 군사제도

1) 군제와 군제론

군제(軍制)란 한 국가의 군대를 건립 및 발전시키기 위해 조직을 편성하고 유지하는 일련의 유효한 활동을 의미한다. 그리고 현재의 군사 조직 및 잠재적 군사역량을 어떻게 관리·운용 및 통제할 것인가 하는 모든 방법론을 규정화하는 것이다.[1] 이 책에서는 군제란 "군사기구의 건설·관리·유지·운용에 관한 제도의 총칭"으로, "군사를 다루는 일체의 제도"라는 의미로 사용한다.[2]

군제론(軍制論)은 군제의 근원이 되는 학문적 이론으로서 군제의 설정을 탐구하는 원리와 절차를 일컫는다. 이는 한 국가가 어떻게 훌륭

---

1)　배명오, "군제론", 『안전보장이론(Ⅱ)』(서울: 국방대학교, 1993), p. 460.
2)　군제의 개념에 대한 세부 내용은 다음을 참조할 것. 배이현, "한국군 군제발전에 관한 연구", pp. 6-9.

한 군제를 수립하고 유지하여 건군이념을 달성할 것인가를 제시하는 학문이다.[3] 군과 관련된 주요 업무를 크게 군사이론 분야, 군사과업 및 군사통수로 구분할 때 군제론의 위치는 〈그림 2-1〉과 같다. 군제론의 범위는 군정(軍政) 및 군령(軍令)이라는 군 통수권을 포함하고 있다. 또한 전략론과 작전론까지 연계되어 "군사력 건설[建軍], 전비태세 준비[備軍], 군사력 관리[治軍], 군사력 운용[用兵]"이라는 4가지 군사과업까지 파급되고 있다. 이 밖에도 군사외적 요소인 정치·경제·문화·역사·사회·심리·과학·기술 분야와 긴밀히 연결되어 상호보완적인 관계를 형성하고 있기 때문에 군제론은 군사이론을 중심으로 국력의 각 요소가 배합되어 있다.[4]

군제란 군사에 관한 모든 제도 및 체제로 군사력 건설의 기본이 되기 때문에 중요하다. 군대를 건설하기 위해서는 먼저 제도를 마련해야 한다. 그리고 이를 바탕으로 그 집단의 생존을 보장하고, 안위를 책임진다. 따라서 군제는 그 집단의 역사와 문화발전의 상징으로 간주되었다.

군사는 국력의 주요 구성요소 중 한 분야로, 정치·경제·사회·심리·과학·기술과 함께 국가의 기본을 형성한다. 군사는 군사력을 건설하고 유지 및 관리를 통해 국가의 생존을 추구한다. 그리고 군제는 국가를 보호하기 위한 정치의 최후 수단인 군사력을 건설하기 위한 근간이 된다. 따라서 이러한 군제의 수준이 국력의 강약으로 지칭되며, 국가의 안위와 존망에 직접적인 영향을 주게 된다. 이러한 군제의 산물이 국방조직이다. 국방조직은 군제가 국가안위를 지키기 위해 구체화된 국가의 군사조직체계다.

---

3) 배명오, 앞의 책, p. 460.
4) 위의 책, p. 461.

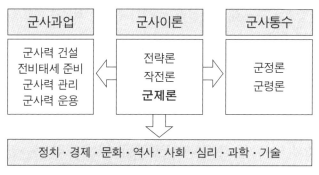

<그림 2-1> 군제론의 위치

출처: 배명오, "군제론", 『안전보장이론(Ⅱ)』, 1993, p. 401.

2) 국방체제의 기능과 군정·군령의 통합

국방체제란 국가안보를 위해 무력을 중심으로 모든 국력을 통합하여 총체적인 국력으로 승화시키고, 계획수립에서 집행에 이르기까지 각 관계기구로 이뤄진 종합적인 조직과 이의 운용을 총칭하는 것이다.[5] 국가안보의 수단은 정치력, 경제력, 과학기술력, 군사력 등 국력의 제 요소 중 선택된 수단을 중심으로 국가의 힘을 집결한다. 이때 국방수단은 군사력이 중심이 되며 기타 비군사수단이 이를 보완하게 된다.[6] 이러한 국방안보를 위한 국가의 제도적 체계를 '국방체제'라 한다.

국방체제는 국방목표를 달성하기 위해 '군정과 군령기능[7]'을 통합

---

5) 이선호, 박사학위 논문, p. 15.

6) 김건태, "국방조직관리", 『안전보장이론(Ⅱ)』(서울: 국방대학교, 1993), p. 641.

7) 군정이란 국방과 군사에 관한 정무를 가리키는 것으로, 군대의 건립·군비조달·장비획득·동원 및 복귀조치, 그리고 주로 국민의 권익과 국가의 일반서무 행정과 관계되는 군인의 복지업무를 수행한다. 군령이란 각 군을 지휘하는 것으로, 전투서열의 편성, 작전계획의 작성, 전력의 운용과 개전시기 등에 관한 사항을 책임진다. 장위국, 『군제기본원

하고, 국방체제 구조 내의 수평적·수직적 권한과 책임과 의무를 명확히 하기 위해 최고통수권자, 국방정책결정기구, 국력동원기구, 군정·군령 통할기구, 군정·군령 집행기구의 5가지 요소로 구성된다. 이는 포괄적이고 체계적인 국방기구와 국방의사결정 및 소통 절차를 총망라하고 있다.[8]

국방의 양대 기능인 군정과 군령은 군사력을 중심으로 국력의 제 요소를 유기적으로 조직화하여 국력을 총 전력화하는 과정에서 대통령의 통수권과 국방부 장관의 군정·군령통수권이 수직적으로 일원화되고 수평적으로 분화되는 국방체제의 복선조직(bilinear organization)으로 이뤄진다. 군정·군령집행기구는 군정·군령을 수명·처리·집행하는 기관으로, 국방체제의 최하위기구인 동시에 군사체제의 상층부를 형성한다.

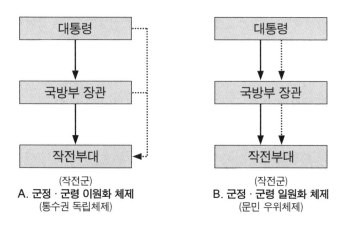

〈그림 2-2〉 군정·군령 이원화·일원화 체제

출처: 김건태, "국방조직관리", 『안전보장이론(Ⅱ)』, 1993, p. 643.

리』, 정탁 역(서울: 국군홍보관리소, 1984), pp. 48-49.

8) 이선호, 『한국군 무엇이 문제인가』, p. 163.

일반적으로 군정기능은 군사행정과 군사정책 분야, 군령기능은 군사작전과 군사전략 분야로 나눠져 있다. 미국은 작전 분야와 행정·군수지원 분야로 구분하여 견제와 균형을 유지하고 있다. 미군은 작전 분야에서 '전투지휘(combatant command)', 지원 분야에서 '행정통제(administrative control)'라는 용어를 사용하고 있다. 전투지휘에는 용병(user)과 작전(operation) 분야, 행정통제에는 양병(producer)과 행정(administration) 분야를 포함시키고 있다.[9]

군정과 군령은 국방체제라는 틀(frame) 속에서 투입·산출절차와 목적·수단의 연결을 통해 상호보완적으로 발전된다. 국방체제에서 군정·군령의 기능을 통합하는 방법에는 군정·군령을 이원화하는 방식과 군정·군령을 일원화하는 방식이 있다. 국가원수가 통수권을 행사할 때 군정권은 내각의 일원인 국방부 장관을 경유하나, 군령권은 독립시켜 직접군부에 하달한다. 이렇게 양대 기능이 이원화되는 체제를 '군정·군령 이원화'라고 한다(그림 2-2 참조).

이에 반해 군정과 군령을 분할하지 않고 국방부 장관이 통합하여 통수권자를 보필하는 것을 '군정·군령 일원화'라고 한다. 이는 군정사항은 물론이고 군사력 운용을 법적으로 내각의 의결을 거치거나 국방부 장관을 경유해서 발동되도록 하는 제도다. 즉, 군의 최고통수권은 국가원수가 장악한다. 그러나 이의 행사는 반드시 내각을 통해 발동하고, 문서로서 집행하도록 하며, 국방부 장관과 주요 국방보조기관을 문민으로 충원함으로써 문민통제(civilian control) 또는 문민 우위체제를 확립하려는 것이다.[10]

---

9) 김건태, "국방조직관리", p. 643.

10) 문민통제는 서방의 민주헌정체제를 가진 국가들에 의해 전통적으로 시행되어온 제도다. 문민통제는 국가를 지키고 적과 싸우는 군대가 민주주의도 지켜야 한다는 헌정수호의

3) 국방체제와 군 구조(armed forces structure)

국방개혁에 관한 법률(법률 제8097호)에서는 '국방운영체제'를 "군을 비롯하여 국방에 관련된 모든 조직을 관리·운영하는 법적·제도적 장치"라고 정의하고 있다. 국방체제란 "국가생존을 위해 국가가 주체가 되어 침략이나 위협을 대상으로 하여 그 수단인 군사력을 전력화하는 조직 또는 제도를 뜻하는 것으로 수개의 하위체제로 구성되어 있다."[11] 국방체제는 국방의 양대 기능인 군정(양병)과 군령(용병)의 일원화를 기하고, 전략과 전력의 조화를 도모함으로써 국가목표를 달성하기 위한 정책형성과 집행을 담당한다.

국방체제와 군 구조[12]의 상관관계를 도식화하면 〈그림 2-3〉과 같다. 국방체제는 'A'와 같이 안보정책결정체계 및 군 구조로 구성된다. 안보정책결정체계의 핵심기구는 1947년에 미국이 창설한 국가안전보장회의(NSC)다. 미국 국가안전보장회의의 경우 대통령, 부통령, 국무부 장관, 국방부 장관, 백악관 비서실장, 백악관 안보수석, 백악관 안보부수석이 위원이다. 합참의장이나 정보부 책임자는 고문(advisor)일 뿐이다. 상급위원은 외무부 장관과 국방부 장관이다. 즉 대통령, 외무부 장관, 국방부 장관 3명이 국가안전보장회의의 핵심이다. 미국 국가안전보장회의는 대통령 지시에 대한 조언과 동의권을 갖고 있다.

대원칙이며, 민·군관계의 제도적 장치다. 따라서 군정·군령의 일원화는 군령권의 독립을 불허하고 문민우위의 통수지휘체제를 유지하기 위한 것이다. 위의 책, pp. 644-645.

11) 이선호, 『한국군 무엇이 문제인가』, p. 53.

12) 구조(structure)란 국가 행정을 위해 적정한 기구를 설정하고 기능을 배분하며, 정원을 책정하여 부대 또는 기관을 설치하거나 체계적 구조를 구성하는 것을 말한다. 따라서 부여된 임무를 성공적으로 수행하기 위해 적절한 상·하급 조직 간의 기능적 연관성을 가진 구성요소들의 통합을 의미한다. 공군본부, 『공군기준교리 O-2』, 조직 및 편성(계룡: 공군본부, 2011), p. 13.

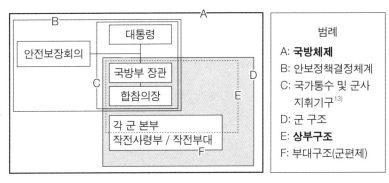

〈그림 2-3〉 국방체제와 군 구조의 상관관계

출처: 윤우주, "한국의 군사제도 변천과 개혁에 관한 연구: 상부구조를 중심으로", 2004, p. 42를 재구성함

한국의 국가안전보장회의는 대통령, 국무총리, 외교부 장관, 통일부 장관, 국방부 장관 및 국가정보원장과 대통령령으로 정하는 위원으로 구성되며,[14] 대통령에 대한 자문(advice)기관이다.[15] 국가안전보장과 관련된 대외정책, 군사정책 및 국내정책의 수립에 관해 대통령의 자문에 응한다.

전쟁지도는 군 구조를 통해 이뤄진다. 전쟁지도의 핵심은 〈그림 2-3〉의 'C'와 같이 국가통수 및 군사지휘기구(NCMA)를 통해 이뤄지며, '대통령 – 국방부 장관 – 합참의장' 등으로 구성된다. 군사지휘기구는 군사 분야에 관한 전략지시 및 작전지침을 제공하는 국가의 최고 기

---

13) 국가통수 및 군사지휘기구(NCMA: National Command and Military Authorities)는 한·미 군사기구에서 사용되는 용어다. 한국의 국가통수기구(NCA: National Command Authorities) 또는 NCMA 구성은 법적으로 설치 근거가 없다. 『1978.7.27. 한국 외무부 장관과 주한 미 대사가 확인 체결한 교환각서』에 의거한 '한·미 군사위원회 및 연합군사령부 권한 위임사항'을 근거로 위기관리 및 전쟁지도를 위한 용어다. 합동·연합작전 군사용어사전(2004), p. 64.

14) 국가안전보장회의법, 법률 제12224호(시행: 2014. 1. 10), 제2조

15) 대한민국헌법 제10호(시행: 1988. 2. 25), 제91조

구다.

법률적 의미로 군 구조라 함은 "국방 및 군사임무 수행에 관련되는 전반적인 군사력의 조직 및 구성관계로서 육군·해군·공군이 상호 관련되는 체계"를 말한다.[16] 이렇게 법률에서 명시한 군 구조는 〈그림 2-3〉의 'D'에서와 같이 '국방부 장관-합참의장-각 군 본부-작전사령부-작전부대' 등으로 구성되어 있다. 이 중 〈그림 2-3〉의 'E'와 같이 작전부대를 제외한 군 구조를 '상부구조'라 한다. 군 구조는 국방체제 내에서 군정권, 군령권을 포함하는 상부지휘체계 및 기능의 구성관계를 주 대상으로 한다. 군 구조는 군종별 구조를 가진 체제인 경우, 상부구조인 국방부 예하에 육군, 해군(해병대), 공군의 3군이 하부구조로 존재한다. 각 군은 그 기능에 따라 내부구조인 작전부대와 행정지원부대를 갖고 있는데, 이는 각 군의 하위체제다. 병종별 구조를 가진 경우는 국방부의 하위체제로서 기능별로 통합된 부대와 특수임무 부대로 구성되며, 이들도 하부구조를 가지고 있다.[17]

4) 군 구조의 분류

군 구조는 편성과 편제를 운용하기 위해 개념을 기술한 내용으로, "군사목표 달성을 추구하고, 군사력을 건설, 유지 및 운용하며, 군사정책을 수립·집행하는 조직 및 기능이다."[18] 특히 한국군의 군 구조는 국방 및 군사임무 수행에 관련되는 전반적인 군사력의 조직 및 구성

---

16) 법률 제10217호, 『국방개혁에 관한 법률』(2010. 7. 1) 제3조(정의)

17) 배이현, "한국군 군제발전에 관한 연구", pp. 9-10.

18) 국방개혁에 관한 법률, 제3조(정의)

관계로서 육·해·공군이 상호 관련되는 체계를 말한다. 그 구성요소는 지휘구조, 부대구조, 병력구조, 전력구조 등이다.[19]

먼저, 지휘구조(command structure)란 국방부 및 합참으로부터 전투부대에 이르기까지 형성된 지휘관계 구조를 말한다. 이는 상부구조와 하부구조로 구성된다. 상부구조는 정책을 결정하고 전략을 수립하며 군사력 건설을 담당하는 각 군 본부 이상의 구조를 말한다. 하부구조는 각 군 본부 내의 부대 간 관계를 설정하는 구조를 말한다.

지휘구조 중 상부구조에서 합참의장의 지휘계선에 포함되는 여부는 그 나라가 가지고 있는 군 구조의 특성마다 다르며, 군 지휘구조는 어떻게 편성하고 편제하여 그 예하에 부대를 예속시킬 것인가를 결정한다.[20]

지휘구조에서 사용된 '군정과 군령'의 개념은 다음과 같다. 군령은 국방목표 달성을 위해 군사력을 운용하는 용병기능으로서 군사전력 기획, 군사력 건설에 대한 소요제기 및 작전계획의 수립과 작전부대에 대한 작전지휘 및 운용 등을 의미한다. 군정은 국방목표 달성을 위해 군사력을 건설·유지·관리하는 양병기능으로서 국방정책의 수립, 국방관계법령의 제정, 개정 및 시행, 자원의 획득 배분과 관리, 작전지원 등을 의미한다.[21]

지휘구조의 개념을 좀 더 바르게 이해하기 위해서는 '지휘(command)', '지휘관계', '지휘통제(command & control)', '작전지휘(Operational

---

19) 공군기준교리, p. 17; 이원양·장문석, 『군 구조 이론에 관한 연구』, 연구보고서(서울: 국방대학원, 1989), p. 9.

20) 예속(assignment)은 한 편성체에 부대 또는 인원이 소속되는 것을 말한다. 그 편성체는 소속된 부대나 인원에 대한 전반적인 기능을 지휘·통제한다. 외국군 구조 편람, 앞의 책, p. 19.

21) 공군기준교리, p. 11.

Command: OPCOM)', '작전통제(Operational Control: OPCON)' 등의 개념을 알아야 한다.[22]

지휘란 지휘관이 자신에게 부여된 임무 달성을 위해 계급 또는 직책을 통해 예하부대에 합법적으로 행사하는 일체의 권한이다. 지휘는 지휘통제보다 포괄적인 권한을 의미한다. 지휘관계란 부여받은 임무달성을 위해 부대를 지휘·통솔하는 권한과 책임의 정도를 합법적으로 규정한 것을 의미한다. 지휘관계는 법규에 따라 명확하게 설정되어야 하며, 지휘관은 지휘관계의 설정된 범위 내에서 예하부대 및 관련부대에 권한을 행사한다.

지휘통제란 지휘관이 예속 및 배속된 전력에 대해 권한과 지시를 행사하는 것으로, 지휘통제에서의 지휘는 결심 및 지시하는 것이며, 통제는 지시된 사항을 감시하고 교정하는 것을 의미한다.

작전지휘란 지휘기능 중 작전 임무수행에 필요한 명령과 지시를 하는 것으로 작전지휘를 받는 부대의 구성, 과업의 부여, 목표의 지정, 작전에 소요되는 자원의 소요판단 및 기획 등이 포함된다. 작전통제보다는 포괄적인 의미로 사용되며, 군령과 유사한 의미로 사용된다.

작전통제란 작전계획이나 작전명령 상 명시된 특정임무나 과업을 수행하기 위해 순수 작전목적으로 활용하고자 지휘관에게 위임된 권한이다. 지휘관이 관련부대의 전개와 전술통제 유지, 임무 및 과업을 부여할 수 있으나, 관련부대의 구성요소를 예속할 수 있는 권한과 행정 및 군수, 군기, 내부편성 및 부대훈련 등에 관한 책임 및 권한은 포함되지 않는다.

둘째, 부대구조란 국방부로부터 승인된 정원을 기초로 지휘부대,

---

22) 위의 책, pp. 15-18.

전투부대, 전투지원부대, 군수지원부대, 행정지원부대로 구분하여 전투력 발휘가 용이하도록 형성된 체계다.[23] 부대구조는 전력구조를 기초로 합동부대, 제병합동부대, 전투부대, 전투지원 및 전투근무지원부대로 구분하여 단위제대별 전투력을 발휘하는 데 필요한 인원 및 장비를 배분하고 지휘관계를 설정한다.

부대구조의 주요 내용은 육군의 사단, 해군의 전단, 공군의 비행단 등 방위력을 이루는 각 군 주요 부대의 수(number), 규모(size), 부대의 구성에 관해 결정하는 것이다.[24] 그 핵심은 전투병력과 지원병력의 수준이며, 지휘 폭의 축소 및 지휘계층의 단축 등이 주요 대상이다.[25]

셋째, 병력구조란 각 군별 적정 총원 수, 그리고 간부 및 병사의 비율 및 인원수의 기준을 정하는 것을 말한다.

넷째, 전력구조(force structure)란 "인력배분, 유형별 전투부대 및 수, 주요 무기체계 등 전력의 개략적인 구상(design) 등"을 말한다.[26] 전력구조는 전투력의 수단을 가장 효과적으로 구성하여 전투효율성을 극대화시키려는 작전적 기능의 통합편성으로, 당면한 군사작전을 실행하는 데 적합한 전투편성을 하는 것이다. 이는 각 군의 화력, 기동력, 경제성 등의 추구가 핵심이다.

23) 『합동·연합작전 군사용어사전』, p. 191.

24) JCS, *Department of Defense Dictionary of military and Associated Terms*, p. 262.

25) 장문석, 『군 구조의 이론에 관한 연구』, p. 9.

26) 『합동·연합작전 군사용어사전』, p. 362.

5) 군 구조의 유형

군 구조의 유형은 크게 군종 중심과 지휘체계 중심으로 분류할 수 있다.[27] 군종이란 군사력 유형을 작전 공간별로 분류한 육군·해군·공군의 조직적 유형을 말한다. 군종 중심의 분류는 〈표 2 - 1〉과 같이 ① 3군 병립제, ② 합동군제, ③ 통합군제, ④ 단일군제의 4가지다. 지휘체계란 군 통수권자가 군을 통수함에 있어서 헌법 및 기타 법률이 정하는 바에 따라 권한과 책임을 위임받는 조직, 제도 및 절차를 망라한 체제를 의미한다. 지휘체계의 중심은 〈표 2 - 2〉와 같이 ① 비통제형 합참의장제, ② 통제형 합참의장제, ③ 합동형 합참의장제, ④ 단일 참모총장제 등으로 분류한다.

군종체제에 의한 국방조직의 유형에서, 먼저 3군 병립제의 경우 국방부 장관이 군정·군령을 통할(統轄)하며 합참의장이 군사자문 역할을 수행한다. 군정과 군령은 참모총장이 시행한다.

두 번째는 합동군제의 경우 국방부 장관이 군정·군령을 통할하고, 합참의장을 경유하여 군령권을 행사하며, 각 군 참모총장이 군정권을 시행한다. 3군에 각 군 본부와 참모총장이 존재하며, 군령 위주의 작전(용병, 작전지휘)은 단일 지휘관 또는 합참의장에 의해 통합 지휘된다. 각 군의 자율성과 독자성을 어느 정도 보장하면서 군 간의 합동작전이 가능토록 설계되었다. 해당 국가는 영국, 프랑스, 독일, 그리고 818계획 이후의 한국 등이 있다.

---

27) 조영갑, 『국방정책과 제도』(서울: 국방대학교, 2006), pp. 45-52.

<표 2-1> 군종 중심에 의한 분류

구분	설명
① 3군 병립제 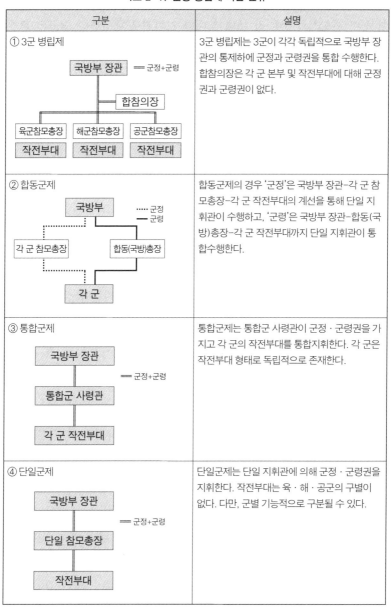	3군 병립제는 3군이 각각 독립적으로 국방부 장관의 통제하에 군정과 군령권을 통합 수행한다. 합참의장은 각 군 본부 및 작전부대에 대해 군정권과 군령권이 없다.
② 합동군제	합동군제의 경우 '군정'은 국방부 장관-각 군 참모총장-각 군 작전부대의 계선을 통해 단일 지휘관이 수행하고, '군령'은 국방부 장관-합동(국방)총장-각 군 작전부대까지 단일 지휘관이 통합수행한다.
③ 통합군제	통합군제는 통합군 사령관이 군정·군령권을 가지고 각 군의 작전부대를 통합지휘한다. 각 군은 작전부대 형태로 독립적으로 존재한다.
④ 단일군제	단일군제는 단일 지휘관에 의해 군정·군령권을 지휘한다. 작전부대는 육·해·공군의 구별이 없다. 다만, 군별 기능적으로 구분될 수 있다.

출처: 『외국군 구조 편람』, p. 13; 이선호, 『국방행정론』, pp. 337-342.

세 번째로 통합군제다. 이 경우 국방부 장관이 군정과 군령을 통할하며, 통합사령관이 전 부대에 대한 지휘권을 행사한다. 3군은 존재하나 각 군 본부 및 참모총장이 없고 각종 지원기능이 통폐합되어 운영된다. 각 군 사령관은 통합사령관의 지휘계선 상에서 각 군을 지휘한다. 통합사령관의 책임과 권한이 비대해지며, 이러한 군종체계를 유지하고 있는 국가는 중국, 북한, 이스라엘 등이 있다.

마지막으로 단일군제는 국방부 장관이 군정·군령을 통할하며, 단일 참모총장이 전 작전부대를 지휘하는 형태를 의미한다. 3군은 따로 구분되지 않으며, 단지 군 내부의 임무만 다르다. 지휘체계 단일화로 작전의 신속성 및 효율성, 경제성을 추구하나 일정 규모 이상의 병력을 가진 경우에는 지휘상의 혼란을 초래할 우려가 있다. 또한 단일군제도는 국가 간 연합작전 또는 다국적 작전이 곤란하다는 단점을 지닌다. 이러한 군종체계를 유지하고 있는 나라는 캐나다, 스위스 등이 있다.

다음은 지휘체계 중심의 분류다. 군사작전 지휘체제는 〈표 2-2〉와 같이 군정·군령과 군종 및 병종의 균형을 유지하는 형태에 따라 비통제형 합참의장제, 통제형 합참의장제, 합동형 합참의장제, 단일 참모총장제 등 4개 유형으로 구분된다. 먼저 비통제형(자문형) 합참의장제의 경우 국방부 장관이 각 군 본부를 통해 군정·군령권을 행사하고 합참을 군령계선 상에서 제외하며 군령보좌 기능만을 수행하도록 한 군제를 뜻한다. 이 제도는 각 군의 전통과 특성을 유지하고, 권한의 집중을 방지할 수 있는 장점을 지닌다. 그러나 통합전력의 발휘가 곤란하고 조직의 중복현상을 초래하는 한편, 각 군 간 이해상충으로 합리적인 의사결정에 제한을 초래하는 단점이 있다. 해당 국가로는 일본, 미국, 그리고 포클랜드 전쟁 이후 합참에 군령권을 부여하여 지휘체계를 보완한 아르헨티나 등이 있다.

〈표 2-2〉 지휘체계 중심의 분류

구분	설명
① 비통제형 합참의장제 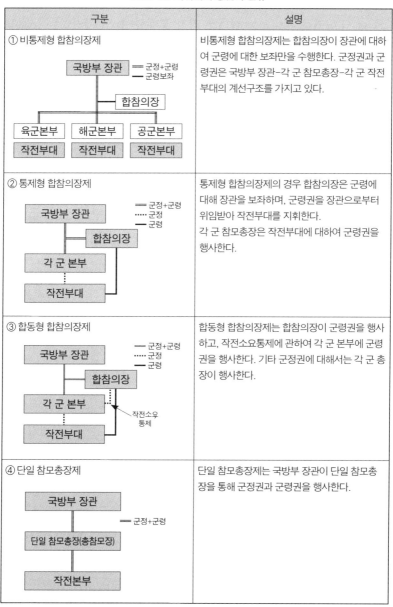	비통제형 합참의장제는 합참의장이 장관에 대하여 군령에 대한 보좌만을 수행한다. 군정권과 군령권은 국방부 장관–각 군 참모총장–각 군 작전부대의 계선구조를 가지고 있다.
② 통제형 합참의장제	통제형 합참의장제의 경우 합참의장은 군령에 대해 장관을 보좌하며, 군령권을 장관으로부터 위임받아 작전부대를 지휘한다. 각 군 참모총장은 작전부대에 대하여 군령권을 행사한다.
③ 합동형 합참의장제	합동형 합참의장제는 합참의장이 군령권을 행사하고, 작전소요통제에 관하여 각 군 본부에 군령권을 행사한다. 기타 군정권에 대해서는 각 군 총장이 행사한다.
④ 단일 참모총장제	단일 참모총장제는 국방부 장관이 단일 참모총장을 통해 군정권과 군령권을 행사한다.

출처: 『외국군 구조 편람』, p. 14; 이선호, 『국방행정론』, pp. 342-350.

두 번째로 통제형 합참의장제는 자문형 합참의장제와 유사하나 합참에 군령권을 부여하는 형태로 직접 통제할 수 있도록 하는 군제를 뜻한다. 자문형 합참의장제보다는 통합전력 발휘를 부분적으로 제고할 수 있도록 했다.

그러나 방대한 자원이 소요되며, 각 군 간 그리고 군정·군령기능 간의 마찰로 합리적인 의사결정에 제한을 받고 조직의 이중성과 기능의 중복이 초래되는 단점을 가지고 있다. 818계획 이후의 한국이 이와 유사하다.

세 번째로 합동형 합참의장제의 경우 국방부 장관이 군정·군령을 모두 통할하되, 군정권은 각 군 총장이 행사하며(단, 작전 관련 군정권의 일부를 합참의장이 행사), 군령권은 합참의장을 통해 행사하는 군제를 뜻한다.

이 제도는 문민통제를 준수하면서도 국방부 장관의 통제권을 강화할 수 있을 뿐 아니라 통합전력 발휘가 보장되고 국방자원을 절약할 수 있는 특징을 갖고 있다. 또한 군사력 운용의 통합성, 즉응성 면에서 훨씬 효율적이고 각 군의 특성과 전통을 유지할 수 있는 제도다. 이 제도는 비교적 3군이 균형 잡힌 선진국형으로, 대규모 상비군을 보유한 국가에서 채택하고 있다. 영국, 프랑스, 독일, 호주 등 유럽 선진국이 대부분 채택하고 있다.

마지막으로 단일 참모총장(통합군제)은 국방부 장관 예하의 전군을 대표하는 1명의 총참모장(통합군 사령관)을 두며, 총참모장은 국방부 장관의 지휘·감독하에 군정과 군령을 일원화한 통합군제가 있다. 이스라엘과 캐나다가 채택하고 있다. 또 다른 형태로 군령은 통수권자(대통령)가 총참모장을 통해 직접 행사하고 국방부 장관은 군령계선 상에서 제외되며 군정권만을 행사하는 군정·군령이 이원화된 통합군제가 있는데,

대만과 터키가 채택하고 있다.

이 제도는 안보위협이 큰 국가 및 비교적 소규모의 군사력을 보유한 국가에서 채택하고 있다. 장점은 자원절약, 통합전력 발휘, 의사결정의 신속성 등을 보장할 수 있다. 그러나 총참모장에게 과도한 권한이 집중되어 문민통제의 저해가 우려되고 군사지휘 및 통제 폭이 확장된다는 단점이 있다.

2. 국방조직

1) 국방조직의 효과성

국방조직의 최종적인 효과성은 물리적 군사력을 사용하여 전쟁을 통해 나타난다. 전쟁이란 정책수립의 최고위 수준으로부터 실행의 최하위 기초 수준에 이르기까지 협력을 통해 수행해야 할 국가 차원의 과업이다. 따라서 최고위 수준의 시각은 국력의 모든 요소(정치, 경제, 사회, 심리, 군사, 과학기술, 지리 등)의 협조와 조정을 포함하는 전략적 시각과 상호작용 측면에서 바라보아야 한다. 군사력은 국가의 여러 가지 요소 중의 하나에 불과하다. 그러나 적의 침략을 물리적으로 저지할 수 있는 국가 최후의 수단이다.

국방정책은 이러한 전쟁을 예방하고, 전쟁 발발 시 전쟁을 수행하기 위해 다양한 국방환경, 즉 국제적 요소와 국내적 요소를 모두 고려하여 결정하게 된다. 국제적 요소는 위협을 받고 있는 국가와 위협을 가하는 국가들 사이의 상호작용관계를 말하며, 후자는 이러한 위협에 대처하는 과정에 작용하는 군사적·비군사적 정책결정의 모든 행위를 의미한다. 국방정책에 대한 이 같은 분석에는 기본적으로 국방정책과정의 합리성이 전제되어 있다.

반면에 국방정책과정의 합리성을 부정하는 측에서는 국방정책이 곧 정치과정이므로 한 국가의 국방정책은 국제정치와 국내정치라는 두 체계의 조합으로 이뤄진다고 본다.

국방정책은 "국방기관이 외부의 위협이나 침략으로부터 국가의 생존을 보장하기 위해 군사·비군사에 걸쳐 각종 수단을 유지, 조성 및 운용하는 정책"[28]이다. 국방정책은 국가안보정책의 하위 수준에서 결정되며 군사정책의 지침이 된다. 즉, 〈표 2-3〉 국방정책과 군사전략의 수준같이 국가안보정책 – 국방정책 – 군사전략의 위계구조 속에서 개별 상위정책은 하위정책에 대해 정책목표가 되고, 하위정책은 상위정책의 정책수단으로 기능하게 된다. 일반적으로 국방정책과정은 '정책문제 → 정책의제설정 → 정책결정 → 정책집행 → 정책평가 → 정책종결'의 순차적 과정을 따르며, 정책종결과 정책문제 사이에는 환류과정이 작용한다. 국방정책은 국제적 요소와 국내적 요소 모두 고려하여 결정하게 된다.[29]

국가전략은 국가목적(goals)이나 목표(objectives)를 달성하기 위해 국력의 모든 요소를 통합시키고 협조·조정시키는 일이다. 그리고 군사전략은 국가전략의 하위 전략으로서 통상 "군사력 활용이나 위협을 통해

---

28) 『합동·연합작전 군사용어사전』, p. 66.
29) 박휘락, "정보화시대 국방개혁에 관한 연구", pp. 12-17.

〈표 2-3〉 국방정책과 군사전략의 수준

일반화↕구체화	이유	국가목적	이념	핵심이념
	목적	국가이익		
		국가목표	국가정책결정과정·구조	위협(국내외)
일반화↑	↑	국가정책		
		국가(대)전략		
		(국력요소) 정치·경제·사회(심리)·군사·과학기술·지리		
	방법·수단	국가안보정책		과학·기술
		외교정책　국내정책		
		국방정책		
		(국가적) 군사전략	교리	전쟁원칙
↓구체화↓	↓	군사력 기획　작전(군사) 전략		
		전술		

전쟁계획·우발계획
작전술

출처: Kaufman, J. Daniel 외(1985), *U. S. National Security*, p. 5.

정책목표를 달성하기 위해 한 나라의 무장력을 활용하는 술과 과학"이라고 정의된다.[30] 군사전략은 전쟁을 수행하거나 전쟁을 억제함에 있어 작전의 기본적 조건을 설정하고, 전쟁전구(theaters of war)나 작전전구(theaters of operations) 내의 목표를 설정하는 것이다. 군사전략은 전력을 할당하고 장비를 제공하며 전력사용상의 조건을 제시하는 것이다.

　국방정책에서 합참 같은 군사기구는 국가적 차원의 군사전략을

---

30) 공군대학, 『현대 군사전략·전술: 이론과 실제』(대전: 공군대학, 1999), p. 317.

수립하고 이를 달성하도록 지침을 제공한다. 이를 바탕으로 국가적 차원의 군사전략이 수립된다. 이는 합참 차원에서 달성해야 할 군사정책의 근간이 된다.

군사전략은 "군사력을 활용하여 국가전략을 지원하기 위한 방책"이라고 정의된다. 최고 수준에서의 군사전략은 군사계획과 작전의 기초로서 사용되는 작전전략과는 구분된다. 군사전략은 국가전략을 지원해야 하며, 국가정책에 상응해야 한다. 국가정책은 군사전략의 능력 및 제한에 영향을 받는다.[31]

국가전략은 정부의 책임인 반면, 군사전략은 합참 같은 최고사령부에 의해 수행된다. 군사전략과 대전략은 상관관계가 있으나 결코 동의어는 아니다. 군사전략은 물리적 폭력 또는 폭력의 위협에 기초를 두고 있다.

2) 미군과 한국군의 지휘구조

미군의 합동군사조직은 〈그림 2-4〉와 같다. 미군의 군사적 대응이 필요한 경우, 지역 전투사령관은 보통 맞춤형 합동임무군을 편성한다. 그림과 같이 각각의 군 구성군 사령관은 합동군 사령관의 위임에 따라 예·배속 부대에 대한 작전통제권을 행사하게 된다. 예를 들어 합동임무군에 공군부대가 배속될 경우, 합동임무군 내 항공원정 임무군이 된다. 항공원정임무부대장은 공군 사령관으로서 합동임무군 사령관

---

31) Arthur F. Lykke, Jr., "군사전략의 이해", 최병갑 외, 『현대군사전략대강 Ⅰ』(서울: 을지서적, 1988), pp. 353-361.

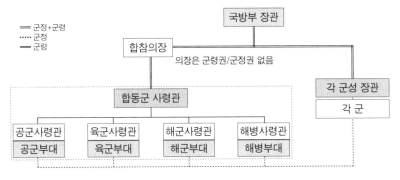

<그림 2-4> 미군의 G-N법 이후 현 합동군사 조직

출처: '⸱⸱⸱⸱⸱⸱⸱의 내용', AFDD 1, *Air Force Basic Doctrine Organization, and Command*, 14 October, 2011, pp. 88-90; Blackwell & Blechman, ed., *Making Defense Reform Work*, p. 118.

에게 일관성 있는 공군의 입장을 표명한다. 타 군에서도 부대를 제공할 수 있으며, 각각의 지휘관이 있는 별도의 육군·해군·해병 전력이 된다. 이러한 합동임무군 조직은 각 군과 함께 가장 기본적인 미군의 합동군 조직이라고 할 수 있다.

합동군 사령관은 작전통제권 하의 부대에 대해 지휘관계를 설정하고, 예하 지휘관에게 적절한 권한을 부여한다. 일반적으로 합동군 사령관은 예속 및 배속 부대에 대한 작전통제권을 보유하며, 이를 군 구성군 사령관에게 위임한다. 현재 미군의 합참의장은 명령권이 없다. 다만, 국방부 장관의 명을 받아서 합동군 사령관에게 전달할 수 있다.

한국군 국방조직에 관한 법률적 근거는 정부조직법 제33조(국방부)다. 동법에 의하면 국방부 장관은 "국방에 관련된 군정 및 군령과 그 밖에 군사에 관한 사무를 관장한다"[32]고 되어 있다. 동법에서 군정과

---

32) 『정부조직법』 법률 제12844호(시행: 2014. 11. 19), 제33조(국방부)

군령이라는 용어가 사용되었으며, 한국군의 군정과 군령에 관계된 지휘관계는 국군조직법에 명시되어 있는 것을 도식화하면 〈그림 2-5〉와 같다.

국군조직법 제9조(합동참모의장의 권한)에 "합동참모의장(이하: 합참의장)은 군령(軍令)에 관하여 국방부 장관을 보좌하며, 국방부 장관의 명을 받아 전투를 주 임무로 하는 각 군의 작전부대를 작전지휘·감독하고, 합동작전 수행을 위하여 설치된 합동부대를 지휘·감독한다." 그리고 "제2항에 따른 전투를 주 임무로 하는 각 군의 작전부대 및 합동부대의 범위와 작전지휘·감독권의 범위는 대통령령으로 정한다."[33]

동법에 의해 합참의장은 '대통령-국방부 장관-합참의장-작전부대'로 이어지는 군령권을 행사할 수 있다. 국군조직법 제10조(각 군 참모총장의 권한 등)에 "각 군 참모총장은 국방부 장관의 명을 받아 각각 해당군을 지휘·감독한다."

다만, "전투를 주 임무로 하는 작전부대에 대한 작전지휘·감독은 제외한다"고 되어 있다. 동법에 의해 각 군 총장은 '대통령-국방부 장관-각 군 참모총장-각 군 예하부대'로 이어지는 군정권을 갖는다. 군정과 군령을 연계하여 현재 한국군의 지휘관계를 재도식화하면 〈그림 2-6〉과 같다.[34]

---

33) 『국방조직 및 정원에 관한 통칙』, 대통령령 제24630호(시행: 2014. 7. 2)
34) 『외국군 구조 편람』, pp. 15-20; 이와 유사한 그림은 권영근의 "국방체제의 구조"를 참조할 것. 권영근(2013), 앞의 책, p. 43.

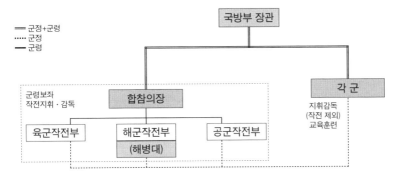

<그림 2-5> 현 한국군의 합동군사조직

출처: 법률 제10821호, 국군조직법(2011.10.15)을 기준으로 구성

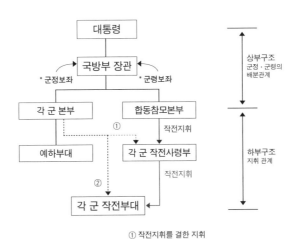

① 작전지휘를 결한 지휘
② 작전통제를 결한 지휘

<그림 2-6> 한국의 현재 지휘관계 구조

출처: 『외국군 구조 편람』, p. 20을 참조하여 재구성

제2절
전쟁의 수준과 국방개혁

1. 전쟁의 수준(levels of warfare)

전쟁의 수준은 국가전략목표와 전술행동 간의 연계성을 명확하게 표현하기 위한 관념적 구분이다.[35] 통상 전략적·작전적·전술적 3가지 수준으로 구분한다. 이 수준은 부대의 규모나 유형, 지휘 수준에 따라 구분되는 것이 아니라 국가전략목표 달성을 지원하기 위해 어떤 활동을 하는가에 따라 결정된다. 전쟁의 수준은 전투의 다양한 형태와 방법들이 국가목표를 달성하기 위한 기술적인 행동들과 연계되어 있다. 각 수준에서 구체적인 군사행동으로 완전하게 구현되며, 각 수준 사이는 제한성이나 경계가 없다.[36]

전쟁의 수준은 기획 및 계획의 기준을 볼 때 〈그림 2-7〉과 같이

---

35) 미 군사교리는 'warfare', 미 공군교리는 'war'라는 단어를 쓰고 있다. JP 1, *Doctrine for Armed Forces of the United States*(이하 DAFUS: 미 군사교리), 25 March 2013, pp. Ⅰ-7~Ⅰ-8; 합동교범 3-0, 『합동작전』(서울: 합참, 2011), pp. 25-28.

36) Air Force Doctrine Document 1, *U. S. Air Force Basic Doctrine Organization, and Command*, 14 October 2011, pp. 26-27[이하: USAFDOC(2011)로 인용].

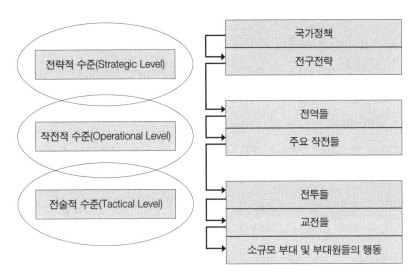

〈그림 2-7〉 전쟁의 수준(level of warfare)

출처: JP 1, *Doctrine for Armed Forces of the United States*, 25 March 2013, p. I -7.

표현할 수 있다. 단, 전쟁의 수준에 관한 정의를 내릴 때, 사용되는 특
정 무기 또는 공격하는 표적을 기준으로 하는 것이 아니라 창출하고자
의도하는 효과의 수준을 기준으로 해야 한다. 주어진 무기를 투하하는
어떤 항공기가 있을 때, 전쟁기획에 따라 '전술적·작전적·전략적 임
무'를 수행할 수 있다.[37]

첫째, 전략적 수준의 군사활동은 국가적·범정부적 차원에서 수행
된다. 이는 전쟁목표를 달성하기 위해 국가적 차원에서 전쟁을 기획하
고 지도하며 자원과 수단을 준비하는 활동이다. 국가전략적 수준과 군
사전략적 수준의 활동으로 구분 수행한다.[38] 국가전략적 수준은 국가

---

37) AFDD(2011), USAFDOC, p. 43.

38) 권영근·이석훈·최근하, 『미래 합동작전 수행개념 고찰』(서울: 국방대학교, 2004), pp.

전쟁지도기구가 주관하며 국가에서 가장 높은 수준의 지휘를 수행한다. 주요 활동은 전쟁의 목적과 목표를 설정하고 전쟁개념을 구상하여 전쟁수행을 지도하며, 국제적인 협력과 국가동원을 보장하는 것이다.

전략적 수준에서 국가안보목표와 지침을 제공한다. 이를 바탕으로 개별 전구(theater)[39] 또는 작전상의 군사적 목표와 전략을 개발한다. 전략은 결과물에 초점이 맞춰져 있으므로 전략적 최종상태가 수준을 결정짓는다. '전구 - 전략적' 수준에서는 특정 전투사령관이 해당 책임지역 내에서 수행되는 주요 작전(또는 전쟁)의 종합적인 결과물을 결정하고 지시한다. 전쟁의 전략적 수준은 우리가 '왜', 그리고 '무엇을' 가지고 싸우는지, 적이 '왜' 우리와 싸우는지에 관한 쟁점을 다룬다.

이 수준에서 전쟁의 개시 여부, 전쟁을 통해 추구하려는 정치목표, 군사력 사용을 통해 조성해야 할 군사적 상황, 정치 및 군사적 측면에서 준수해야 할 제한사항, 동맹국·적국 관계, 그리고 전쟁에 투입하게 될 군사력과 여타 국가 자원을 결정하는 문제들을 다룬다.

이 영역의 책임은 정치지도자들에게 있다. 그리고 이를 돕기 위해서는 군사전략 수준의 자료들과 합참의장 같은 군 최고 전문가의 군사자문이 제공된다. 그 내용은 적의 군사능력에 관한 평가, 우리 군의 전력 준비 정도, 그리고 분쟁기간 중 요구되는 군 및 민간의 노력을 수치와 비중의 측면에서 표시한 내용이 포함된다. 또한 군은 대전략 차원의 의사결정 수준을 위해 교전규칙과 군사적 분쟁이 주는 법적인 의미에 관해 정치지도자들에게 자료를 제공한다.[40]

5-6.

39) 단일 군사전략목표 달성을 위해 지상·해상·공중작전이 실시되는 지리적 지역. 『합동·연합작전 군사용어사전』, p. 355.

40) 권영근·이석훈·최근하, 앞의 책, p. 5.

군사전략적 수준은 통상 국군통수기구(NCA)의 전쟁지도 지침에 따라 각 통합사령관의 책임과 권한 등 지휘권한에 대한 명시와 군사전략 및 전구전략을 수립하게 된다. 군 최고사령부가 주관이 되어 국가통수기구의 전략지침에 따라 군사작전을 위한 전략목표와 전략지침을 수립하고 군사작전을 지도한다.[41] 군사전략 수준에서 군사지휘관들은 정치적 목표를 군사적 목표들로 전환시킨다. 그리고 군사분쟁의 최종상태, 즉 국가 전략목표들을 지원하고자 할 때 달성되어야 할 군사적 조건들을 정의하게 한다. 작전술 수준에서는 이러한 전구전략을 기초로 통합사령부의 전역계획 및 예하 합동작전부대의 전역계획(campaign plan) 및 주요 전쟁계획 등을 수립한다.[42]

둘째, 작전적 수준은 전구 또는 작전지역 내에서 전략적 목표를 달성하기 위해 전역(campaign)과 '주요 작전(Major Operation)'[43]을 설계·기획·수행·유지·평가·조정한다. 합동전에서 전역은 중심적인 조직수단이다. "전역은 본질적으로 합동의 성격을 띠게 된다. 이들 전역을 계획 및 집행하는 과정에서 작전술이 적용된다."[44] 전역에서의 활동은 전술보다 더 넓은 시간적 또는 공간적 차원을 수반한다. 전역은 더 높은 수준의 목표를 달성하기 위해 전술적 성공을 이뤄내야 한다.[45]

---

41) 장용운, 『군사학 개론』(서울: 양서각, 2006), pp. 100-102; Dennis M. Drew, 『전략은 어떻게 만들어지나?』 김진항 역(서울: 연경문화사, 2000), pp. 101-127.

42) 김훈상, 『Ends Ways Means 패러다임의 국가안보전략』(서울: 지식과감성, 2013), p. 274.

43) JP 1, *Joint Warfare of the Armed Forces of the United States*, 14 November(Washington D. C.: The Joint of Staff, 2000), p.xi[이하 'JWAFUS(2000)'로 인용]; 주요 작전: 단일 군 또는 2개 군 이상의 전투부대가 부여된 작전지역 안에서 전략적·작전적 목표 달성을 위해 실시하는 일련의 전투 및 교전으로, 단일 지휘관이 통제하여 공동계획에 따라 동시적·순차적으로 수행. 『합동·연합작전 군사용어사전』, p. 385; 『합동작전』(2011), p. 27.

44) JWAFUS(2000), p. Xi.

45) 미 공군기본교리(2011), p. 43.

작전술은 작전적·전략적 목표들을 달성하기 위해 전력을 배치하고 작전운용을 관리한다.[46] 전략목표를 달성하기 위해 전략적 수준과 작전적 수준은 작전술을 통해 상호 연계된다. 작전적 수준에서 가장 중요시되는 것은 접근(access), 기동의 자유(freedom of maneuver), 그리고 전력의 투사(ability to project power)라고 할 수 있다. 야전군과 집단군은 작전술을 시행하는 작전적 수준의 군사조직이다.

셋째, 전술적 수준은 작전목표 달성을 위해 전술제대에서 실제 전투와 교전을 준비하고 수행하는 활동이다. 전술은 적군·아군의 상황을 고려하여 지형조건에 적합하게 제병과의 전투수단을 기동시키고 조직해서 조화로운 운용을 도모한다. 사단과 군단은 전투 목적에 부합한 전술제대다.

전술적 수준에서는 지상작전, 해상작전, 공중작전 등 각 지역 특성에 적합한 방식을 찾아야 한다. 그리고 합동성 강화를 위한 각 군 및 제대별 전장운영 개념과 전쟁훈련 정도 및 지원을 상호 간에 어떻게 연계시켜 효율성을 제고할 것인가를 결정해야 한다. 전통적으로 전술적 수준에서 지상부대는 부대 대 부대의 교전을 하도록 강제함으로써 전술적 수준에서부터 전역 및 기타 주요 작전 수준까지 효과를 축적하고, 결국에는 적의 전반적인 전쟁 수행능력에 직접 영향을 미치는 전략적 수준까지 나아간다. 전술적 수준은 개별 전투와 교전이 이뤄지는 가장 낮은 단계다. 전술은 부대 고유의 운용에 관련된 것이며, 전술의 적용이 전술적 수준을 나타내는 것이라고 할 수 있다. 전쟁의 전술적 수준은 어떻게 싸워야 할지의 문제를 다룬다.[47]

---

46) JP 3-0, *Operations*(2011), p. I -14.
47) AFDD, UNAFDOC(2011), p. 44.

전략적 수준은 개념적 영역으로, 전략적 수준에서 방향을 설정하면 이는 작전적 영역과 군사적 영역에서 구체적으로 용병의 운용을 통해 나타난다. 군사적 운용 측면에서 볼 때, 전쟁은 하나의 전구에서 전략적 행동이며, 전쟁에서 하나의 전역은 작전적 행동이고, 하나의 회전(會戰) 또는 교전(交戰)에서 나타나는 전술적 행동이다. 따라서 전략, 작전술, 전술 영역을 명확하게 구분하기는 어렵다. 이들 3가지 수준은 실제로 상호 중첩되어 있다.

미군의 경우 전략적 수준에는 전 세계가 해당하고, 작전술에는 각 지역통합사령부(Regional Unified Command)의 책임지역이 해당한다. 한국이 위치한 동북아시아 지역은 태평양사령부(Pacific Command)의 책임지역에 포함된다. 작전전구는 해당 합동작전부대장의 지휘통제하에 있는 전술 책임지역이다. 이는 세계를 대상으로 군사전략을 수립하는 미군의 기준으로 설정한 작전전구다. 따라서 한국의 입장에서는 미군의 구분과 다를 수 있다.[48]

2. 국방개혁

개혁(改革, reform)의 사전적 의미를 살펴보면, 표준국어대사전에 "제도나 기구 따위를 새롭게 뜯어고침"[49]으로 기술되어 있다. 블랙웰과

---

48) 김훈상, 『Ends Ways Means 패러다임의 국가안보전략』, p. 273.
49) 국립국어원 표준국어대사전(http://stdweb2.korean.go.kr, 검색일, 2016. 5. 10)

블레크먼은 "개혁의 본질(the essence of reform)이란 기본적인 업무수행 과정에 있어서 급속한 근본적인 변화다"[50]라고 말한다. 헌팅턴(Samuel. P. Huntington)은 '군 개혁 운동(military reform movement)'이란 "미국의 군사교리, 전략, 무기체계, 그리고 조직의 변화를 수반하는 노력"[51]으로 정의했다. 박휘락은 "제도나 기구 따위를 새롭게 뜯어고친다는 뜻으로, 발전에 비해서는 급속하고 근본적인 변화를 추구하는 용어다"[52]라고 했으며, 권영근은 "개혁은 식별된 결함을 교정할 목적의 상당 수준의 새로운 프로그램 또는 정책을 창안하거나 이 같은 정책의 개선을 의미한다"[53]고 말한다.

사전적 의미와 이들의 말을 종합해보면 개혁이란 "유의미한 쪽으로 제도나 절차를 고쳐 새롭게 하는 노력"이라고 정의할 수 있다. 정치제도 또는 과정을 개혁하는 것은 이전의 부정적 행동양식이 잘못된 접근방식에 의해 특징지어졌다는 것을 인식하는 것이다. 개혁한다는 것은 곧 마음가짐을 바꾸는 것이며, 비효율적인 옛 방식을 버리고 업무수행 방식을 새롭게 변경하는 것이다.[54]

개혁은 다양한 구성요소의 복합적인 작용에 의해 추진되고 그 결과로서 성과가 결정된다. 개혁을 성공시키기 위해서는 구성요소 전체가 균형을 유지하는 것이 중요하다. 박휘락은 그 요소를 "상황과 과제,

50) Blackwell & Blechman, *Making Defense Reform Work*, p. 1.

51) Asa A. Clark IV 외, *The Defense Reform Debate*, p. ix.

52) 박휘락, "정보화시대 국방개혁에 관한 연구", p. 13.

53) 권영근, 『한국군 국방개혁의 변화와 지속: 818계획 국방개혁 2020 국방개혁 307을 중심으로』(서울: 연경문화사, 2013), p. 38(이하 『한국군 국방개혁의 변화와 지속』으로 인용).

54) Blackwell & Blechman, *Making Defense Reform Work*, p. 1.

지도자(주도세력), 자원(재원, 노력, 시간) 등"[55]으로 설명하고 있다.

국방개혁을 성공적으로 추진하기 위해서는 다음 3가지가 필요하다. 첫째, 국방개혁 상황과 과제를 바르게 인식해야 한다. 즉, 무엇이 문제인지 문제 자체를 명확하게 파악해야 한다. 그리고 이 문제를 해결하기 위한 방향을 바르게 결정해야 한다. 대부분의 조직은 완벽하기가 어렵다. 또한 조직의 문제가 객관적으로 정의되거나 겉으로 드러나는 것은 아니다. 따라서 전문가 그룹, 구성원의 다양한 여론을 수렴하여 문제의 본질을 정확히 식별해내야 한다.

둘째, 개혁을 추진하기 위해 부여된 권력(power)을 보편적 양심에 따라 바르게 사용할 줄 알아야 한다. 국가라는 차원에서 군 조직의 근원이 되는 국가와 국민을 위해 권력을 바르게 사용하는 것이다. 지도자나 집단이 권력을 자신들의 이익이나 자신의 속한 조직의 이해관계, 또는 지배권력의 확장을 위해 사용할 때 개악이 되는 경우가 허다하다.

셋째, 개혁의 실제적인 추진과 성공을 위해서는 반드시 자원이 필요하다. 가용 자산이다. 즉, 이를 추진할 만한 재원 또는 예산이 없다면 개혁은 움직일 동력을 잃게 된다. 어떠한 성과가 나오기까지 구성원의 끊임없는 노력이 수반되어야 한다. 그리고 이러한 성과가 일정 기간을 통해 축적되고, 구체화될 때 개혁의 성과가 나타날 수 있다.

국방체제를 개혁한다는 것은 타국에 대한 올바른 인식과 방법론이 국가자원을 고려하여 제도적으로 정립되어야 한다. 국방제도를 정립함에 있어 과거의 교훈, 적과 자국의 특성을 고려한 총제적인 결과여야 한다. 국방개혁의 방향은 개혁 자체가 목적이 아니라 미래전에서 싸워서 이길 수 있는 군대를 육성하는 것이 목적임을 유념해야 한다. 국

---

55) 박휘락, 박사학위 논문, pp. 16-17.

방개혁 추진 시 군 발전에 대한 진정한 성과를 달성할 수 있을 것인지를 다시 한 번 검토하고, 군대의 단결을 훼손하지 않는 방향으로 추진해나갈 필요가 있다.[56)]

---

56) 박휘락, "비판을 수용할 수 있어야 국방개혁이 성공한다", 『군사세계』, 2011년 10월호, p. 16.

제3절
합동성의 개념

1. 합동성과 통합

합동성(jointness)의 개념을 바르게 사용하기 위해 합동성의 실천개념에 해당하는 통합(unification, integration)에 대해 이해할 필요가 있다.[57] 이를 위해 먼저 국방개혁 법률과 교범들에 기술된 합동성의 개념을 살펴보겠다. 2014년에 발간된 『2021~2028 미래 합동작전기본개념서』에는 "전장에서 승리하기 위해 모든 전력을 기능적으로 균형 되게 발전시키고, 이를 효율적으로 통합 운용함으로써 상승효과 달성이 가능하도록 하는 능력 또는 특성"[58]으로 정의되어 있다. 『합동기본교리』에는 "미래 전장양상에 부합한 합동개념을 발전시키고, 이를 구현하기 위한 군사력을 건설하여 각 군의 전력과 활동을 효과적으로 통합 운용함으

---

57) 황선남, "육·해·공군의 합동성 강화를 위한 '통합' 개념의 발전적 논의에 관한 연구", pp. 5-24.

58) 합참, 『2021~2028 미래합동 기본작전개념서』(서울: 합참, 2014), p. 55.

로써 전투력의 상승효과(synergy)를 극대화시켜 전승을 보장하는 것"[59]으로, 『합동·연합작전 군사용어사전』에는 "현재 및 미래전에서 승리하기 위해 육·해·공군의 전력을 균형적으로 발전시키고 각 군의 노력을 효율적으로 통합하여 전장에서 승수효과 달성이 가능하도록 하는 능력 또는 특성[60]"이라고 기술되어 있다. 이들 법률과 교범에 공통적으로 식별되는 핵심단어는 '전투력의 상승효과'와 '통합'이라는 용어다.

미군의 교범들에 나타난 합동성의 개념도 한국군의 교범들과 크게 다르지 않다. 『미국 군사기본교리』[61] 및 『미 합동기본교리』[62]에도 "'합동(joint)'이란 2개 이상의 군들이 참여하는 활동, 작전 및 조직 등을 의미하며, '합동전'은 곧 팀 전쟁(team warfare)이다. 합동군의 운용으로 얻는 상승효과는 그 부대의 능력을 극대화시킨다"라고 기술되어 있다. 『합동작전』 교범에도 합동을 "동일 국가에서 2개 이상의 군이 동일 목적으로 참가하는 활동, 작전, 편성을 의미하며 합동작전은 육·해·공군 중 2개 이상의 군, 합동부대 또는 필요 시 편성되는 합동기동부대 공동의 작전목적을 달성하기 위해 수행하는 군사활동이다"[63]라고 정의하고 있다.

파월(Colin Powell)은 미 합참의장으로 재직할 당시에 합동성을 "우리는 한 팀으로 훈련하고, 한 팀으로 싸워서 한 팀으로 승리한다"[64]고 말

---

59) 합참, 『합동기본교리』, 합동교범 1(서울: 합참, 2009), p. 부-14.

60) 합참, 『합동·연합작전 군사용어사전』(서울: 합참, 2010), p. 444.

61) 합동참모대학, 『미국 군사기본교리』, 미 합동교범(2007. 5. 14판) JP-1(서울: 합동참모대학, 2007), p. 3-4.

62) 합동참모대학, 『미 합동기본교리』, 미 합동교범(2009. 3. 20) JP-1(서울: 합동참모대학, 2011), p. 3.

63) 합동참모대학, 『합동작전』, 미 합동교범 3-0 번역본, 2006. 9. 17(서울: 합동참모대학, 2007)

64) JP 1, JWAFUS(2000), p. Ⅲ-4.

했다. 또 미국의 군사전략가인 뎁튤라(David A. Deptula) 장군은 "합동성은 모든 우발사태나 전쟁에 있어서 각 군의 군사력을 균등하거나 의무적으로 사용하는 것은 아니다. 합동성은 주어진 상황을 해결하기 위해 가장 효과적인 군사력을 사용하는 것이다"[65]라고 설명하고 있다.

한국군과 유사하게 미군 역시 '상승효과'와 '효과적인 전투력 사용'이 합동성의 핵심 용어다. 이러한 유사성이 나타나는 이유는 미군의 개념을 한국군에서 수용했기 때문이라고 해도 틀린 말이 아닐 것이다. 한국군과 미군의 개념을 종합하여 '합동성'의 기본개념을 설명하면 "전투력의 상승효과를 위한 전력의 통합운용"이라는 말로 정의할 수 있다.

합동성의 구현은 오늘날 한국과 미국 모두 국방기획 및 전쟁기획에서 핵심적인 가치로 인정받고 있다. 그러나 이러한 합동성이라는 용어는 종종 합동작전과 혼동되거나 합동작전의 한 요소로서 인식되는 경우도 있다. 우리는 "합동성이란 사전적으로 정의되어 있지는 않다. 미군은 '상호 운용성 개념'[66]을 합동성의 중심개념으로 설정하고 있다."[67]

임중택도 "현대의 군사력은 각기 다른 능력과 작전방식을 지닌 다양한 부대로 구성되어 있다. 전쟁에 임하는 시간과 장소에 따라 이를 적절히 선택하고 운용해야 하지만, 우리 군의 합동작전에 대한 인식은 교범에서 정의하고 있는 합동작전 영역의 정의처럼 지극히 제한되어

---

65) David A. Deptula, *Effects-Based Operations: Change in the Nature of Warfare. Arlington*(Virginia: Aerospace Education Foundation, 2001), p. 9.

66) 어떤 체계 또는 부대가 다른 체계, 구성요소 또는 부대와 상호 효과적인 운용을 위해 서비스를 제공하거나 제공받으면서 그 서비스를 잘 활용하는 능력

67) 김인국, "합동성 제고를 위한 국방교육체계 발전방향 연구"(서울: 국방대 합참대, 2003), pp. 4-5.

있다"[68]고 말한다.

합동성을 실천적 측면에서 적용하기 위해 주목할 단어가 통합 (integration, unification)이다. 이를 위해 『미군의 통합활동』(2001년 판) 교범과 미군의 『합동작전』(2006년 판, 2011년 판) 교범의 원문과 번역문을 확인해보았다.

Unified Action Armed Forces(UNAAF, 2001)에 수록된 원문은 "Unified action is a broad generic term referring to the broad scope of activities(including the synchronization and/or integration of the activities of governmental and nongovernmental agencies) taking place within unified commands, subordinate unified commands, or joint task forces (JTFs) under the overall direction of the commanders of those commands"[69]다. 이는 2003년도에 한국 합참에서 발행한 미 합동교범 0-2로 『미군의 통합활동』이라는 책에 "통합활동이란 통합사령부, 예하 통합사령부 또는 합동기동부대 내부에서 이들 사령관의 전반적인 지시 아래 일어나는 광범위한 활동(정부 및 비정부 기구 활동들에 대한 통합 및 동시통합 포함)을 지칭하는 일반적인 용어다"[70] 라고 번역되어 있다.

Joint Operations(2006) 판의 원문은 "The concept of **unified** action highlights the **integrated** and synchronized activities of military forces and nonmilitary organizations, agencies, and corporations to achieve common objectives, though in common parlance joint operations

---

68) 임중택, "미래 합동작전 환경에서의 합동성 강화 방안", 『군사평론』 제421호, 2013, pp. 74-87.

69) JP 0-2, *Unified Action Armed Forces*(UNAAF), 10 July 2001, p. viii.

70) 합참, 『미군의 통합활동』, 미합동교범 0-2(서울: 합참, 2003), p. 8.

increasingly has this connotation"⁷¹⁾으로, 한국 합참에서는 『합동작전 (2007)』이라는 책에 "**통합**활동의 개념은 공동목표를 달성하기 위해 군 부대 및 비군사 조직, 기관 그리고 단체의 **통합**되고 동조화된 활동을 부각시키는 반면, 합동작전은 일반적인 말로 점점 더 이러한 의미를 가 지고 있다"⁷²⁾고 번역되어 있다.

Joint operation(2011) 판의 원문은 "The Joint force commanders plans, coordinates, synchronizes, and, when appropriate, '**integrates**' military operations with the activities of other governmental and nongovernmental entities to achieve **unity** of effort"⁷³⁾로, "다른 정 부 및 비정부 기구의 '노력의 **통합**'⁷⁴⁾을 성취하기 위해 군사 작전들 을 적절하게 '**통합**'할 때 합동군 사령관이 계획하고, 조직화하고, 동 조화하는 것이다"라고 번역되어 있다. 또한 미 합동전 교리(2000)의 원 문은 "Joint warfare is team warfare. This requires the integrated and synchronized application of all appropriate capabilities. The synergy that results maximizes combat capability in **unified** action"⁷⁵⁾으로 "합 동전은 팀에 기반을 둔 전쟁이다. 합동전은 모든 적절한 역량을 통합하 고 동조화되도록 적용할 것을 요구한다. 시너지(승수효과)는 **통합**활동 안 에서 전투 역량이 최대화된 결과다"라고 번역되어 있다.

위의 문장들에서 'unify, integrated, unity'의 의미는 모두 한국 교 범의 번역문에서는 '통합'이라는 단어로 통일되어 있다.

---

71) JP 3-0, *Joint Operations*, 17 September, 2006, p. Ⅱ-3.
72) 합참, 『합동작전』(서울: 합참, 2007), p. 26.
73) JP 3-0(2011), p. Ⅰ-9.
74) JP 0-2, UNAAF(2001), p. vii, Ⅰ-4.
75) JP-1, JWAFUS(2001), p. viii.

그러나 이 단어들은 때로는 동일한 의미로 사용되지 않을 때가 있으므로 상황에 맞게 구분하여 사용해야 한다. 그러나 우리의 언어가 아닌 영어를 본래의 의미대로 번역하여 정확히 사용하기가 쉽지 않다. 통합에 대한 이해에 따라 합동성 개념을 적용하는 방법이 각 군의 존재를 부정하는 '조직통합(unification)' 유형과 각 군의 존재를 인정하는 '효율통합(integration)'으로 달라질 수 있기 때문이다.

권영근은 "육군이 말하는 합동성과 해·공군이 말하는 합동성의 의미가 서로 다르다"[76]라고 지적하고 있다. 그는 "일반적으로 임무수행 과정에서 공군과 해군에 의존해야 하는 육군은 조직통합이라는 합동성을 선호하는 반면, 해군과 공군은 효율통합이라는 의미의 합동성을 선호하고 있다"[77]고 말한다. 이 의미는 통합이 의미상 차이점이 있을 수 있으며, 실천적 입장에서도 다를 수 있음을 시사하고 있다.

이 용어에 대한 의미를 좀 더 명확히 하고자 추가로 다른 교범들을 검토했다. 『합동·연합작전 군사용어사전』에는 통합(integration)을 "단일 전투력을 창출하기 위해 다수의 군사력과 이들의 군사활동을 배열하는 것"[78]이라고 설명하고 있다. 『미 국방부 군사용어사전』에는 "전체적으로 맞물려 작전하는 부대를 만들기 위해 군사력과 그들의 행동을 배열하는 것"[79]이라고 기술하고 있다. 추가로 프레더릭(Captain Frederick L.)은 '통합'에 대한 개념을 다음과 같이 설명하고 있다.

"통합이 의미하는 것은 대개 다양한 항공우주군의 역량을 함께 조율하

---

76) 권영근, 『한국군 국방개혁의 변화와 지속』, pp. 50-51.

77) 위의 책, pp. 52-53.

78) 『합동·연합작전 군사용어사전』, p. 408.

79) 『미 국방부 군사용어사전』(2011), p. 177.

는 것이고, 구체적 효과를 창출하기 위해 조합(combination)하여 사용하는 것이다. …… 통합은 구체적 목표를 위해 다양한 역량을 배열하는 것이다. 실용적인 측면에서 그것은 다양한 부대 또는 구성군들을 가지고 완벽한 사용계획을 수립하여 군사력을 배열하는 것을 의미한다. …… 통합은 작전적 수준에서 구성군들의 관계를 조정하는 것이다. 만약 다양한 구성군의 역량을 가지고 상승효과를 달성하려 한다면, 화가와 같은 방법으로 항공우주력을 조화시킬 수 있다면, 그때에 그것이 통합되었다고 할 수 있다."[80]

'통합'이라는 단어를 2015년도 표준국어대사전에서는 "둘 이상의 조직이나 기구 따위를 하나로 합침"으로 기술되어 있다. 이 사전에서 기술한 대로 한다면 통합은 'unification: 통일, 단일화, 결합, 통합(union)'의 의미로 이해하기 쉽다. 그러나 'integration'이라는 단어도 '통합'으로 번역하여 사용하고 있다. 'unification'과 'integration'을 동일한 의미로 사용할 경우 실천적 측면에서 혼란을 초래하기 쉽다. 따라서 '통합'의 의미가 'unification'과 'integration' 중 무엇을 의미하는 것인지, 두 단어의 개념을 명확히 구분하여 실천방법(action)을 정확히 구사할 필요가 있다. 따라서 두 단어의 차이점에 대해 세밀하게 설명하고자 한다.

'통합'을 광의적으로 생각하면 integration과 unification의 의미를 모두 포함하고 있다. 영영사전에서 두 단어를 찾아보았다. The Random House Dictionary of the English Language The Unabridged Edition(1983)에서 'integrate'[81]는 "합치거나 부분들을 전체로 포함시키

---

80) Captain Frederick L., "Fifty Questions Every Airman Can Answer," USAF Headquarters, Air Force Doctrine Center. 출처: http://www.au.af.mil.(검색: 2015. 8. 2)

81) "to bring together or incorporate parts into a whole; to make up, combine, or complete to produce a whole or a larger unit, as parts do."

는 것; 부분들을 구성, 결합, 완성시켜 전체나 큰 단위를 이루는 것"으로, 'unify'[82]는 "하나의 단위로 형성하는 것; 서로 다른 것들이나 양립할 수 없는 요소들과 같은 것들을 제외하거나 조화시켜 통일을 이루는 것"으로 설명하고 있다.

Longman Dictionary of Contemporary English(2015)에는 'integrate'[83]를 두 가지 이상의 것들이 integrate되거나, 그것들을 integrate한다는 것은 무엇인가를 더 효과적으로 만들도록 그들이 결합되거나 함께 일하게 됨을 뜻함" 등을 의미하며, 'unify'[84]는 "두 가지 이상의 부분이나 어떤 것들을 unify하거나, 그것들이 unify된다는 것은 그것들이 결합되어 하나의 단위를 이루게 됨의 뜻함" 등으로 설명하고 있다.

레더먼(Lederman)도 다음과 같이 말한다.

"건설되어 있는 군사력을 통합해 운용한다는 의미에서 통합은 전략 및 작전 목표 달성을 위한 전역(campaign)을 소속 군과 무관하게 각군의 몇몇 작전을 결합(combine)해 기획한다는 의미, 즉 '지휘통일(unity of command)'의 관점에서 조직을 통합(unified) 운영하는 것과 특정 작전에 2개 군 이상의 무기를 결합해 사용한다는 의미에서 통합(integration)이라는 두 가지 형태로 생각할 수 있다."[85]

위의 의미들을 종합해보면 'integration'은 부분들 또는 구성요소

---

82) "to form into a single unit; unite; reduce to unity by removing or reconciling differences, incompatible elements, or the like."

83) "if two or more things integrate, or if you integrate them, they combine or work together in a way that makes something more effective."

84) "if you unify two or more parts or things or if they unify, they are combined to make a single unit."

85) Lederman, 『미군의 합동성 강화를 위한 미국방개혁의 역사』, p. 4.

들이 결합하여 하나를 이루는 것으로, 이 결합은 '효과성'에 기반을 두고 있다. 'unification'은 서로 다른 것들이 동질성을 갖는 단일체를 이루는 것으로, 서로 조화롭지 못한 특성들을 제거하거나 동질성을 갖도록 하는 의미까지 포함하고 있다.

이를 종합하여 판단해볼 때 'integration'은 부분에 의한 외적인 기능 통합을 의미한다. 반면에, 'unification'은 동질성을 추구하는 내적인 통합을 의미한다. 사전적 의미를 찾아보더라도 합동성에서 나타나는 '통합'이란 기능적 운용을 통한 효과성의 추구이며, 조직 구조를 통일하는 단일화의 의미는 아니다.

2. 합동성과 지휘구조

국방부는 상부구조의 개혁을 추진하면서 2010년 3월 26일에 발생한 천안함 사태를 그 이유로 제시했다. 천안함 사태로 인해 합동성 문제가 불거졌으며, 합동성 문제를 해결하기 위해 상부 지휘구조를 강화하고자 했다.[86] 국방부의 개혁방향은 상부 지휘구조의 구조화를 통해 작전 효율성을 높이겠다는 의도였다.

그러나 미군의 교범들은 합동성의 영역을 상부 지휘구조가 아닌 하부구조의 전투사령관 또는 합동군 사령관에서 찾고 있다. 물론, 한국군의 경우 합참의장이 군령권을 가지고 있고 전투사령관의 역할도 겸

---

86) 권영근, 『한국군 국방개혁의 변화와 지속』, p. 397.

하고 있다는 측면에서는 미군의 합참의장과 전투사령관에게 부여한 역할이 다르다. 그럼에도 불구하고 미군이 합동성을 어떻게 이해하고 어떠한 지휘구조를 운영하고 있는지를 살펴보면, 합동성 강화가 상부 지휘구조의 문제인지 하부구조의 문제인지를 이해하고 시사점을 도출할 수 있다고 생각된다.

미 『합동작전』(2011) 교범에 기술된 통합활동의 개념은 "공동목표를 달성하기 위해 군부대 및 비군사조직, 기관 그리고 단체(corporation)의 통합(integration)되고 동조된 활동을 부각시키는 것이다. 그리고 통합활동은 대통령과 국방부 장관, 다국적 조직 및 군지휘관들로부터 수령한 지침과 지시에 따라 합동군 사령관이 계획하고 수행하는 것이다[87]"라고 기술되어 있다.

통합활동과 혼동하기 쉬운 유사한 개념으로는 '노력의 통일(unity of effort)'이라는 용어가 있다. '노력의 통일'은 집행(행정)부서 내부의 정부기관들 간에, 행정 및 입법부서 간에, 동맹(allied) 또는 연합(coalition) 국가들 간에, 그리고 비정부기구 및 국제기구들과 협조를 요구하는 개념이다.[88]

대통령은 국가전략 측면에서, 국방부 장관은 군사력의 창설, 지원 및 활용과 관련된 군사 측면에서 노력을 통일한다. 국가 수준에서 각군 간의 노력 통일은 합참의장에 의한 전략기획(strategic planning)과 각 군성들 간의 상호 노력이라는 방식으로 수행되며, 그 권한은 대통령과 국방부 장관으로부터 부여된다. 전투사령부의 사령관은 예속된 전력에 대해 전투 지휘를 행사하고, 임무를 수행한 결과라는 측면에서 국가 통

---

87) 상황에 따라 전투사령관과 합동군 사령관이 동일인 겸직을 수행할 수도 있다. JP 0-2, UNAAF(2001), p. I -5; JP 3-0, *Joint Operation*(2011), p. I -8.

88) 위의 책, p. I -4.

수기구가 부여한 군사적 과업에 대해 직접적 책임을 진다.[89]

노력의 통일은 대통령으로부터 국방부 장관, 합참의장, 전투사령관에 이르기까지 국가의 공동 목표를 달성하기 위해 각자의 직책에서 부여된 임무수행을 통해 함께 노력하는 것을 의미한다. 최종적으로는 전투사령관의 군사적 임무 성과에 따라 그 결과가 달라진다.

미 합참의장을 지낸 파월(Colin Powell)도 합동성을 전투사령관 수준에서 팀워크와 상호협조 측면에서 노력의 통일로 생각했다. 합동성은 통합활동을 통해 '노력의 통일'에 집중하여 상부구조가 아니라 하부구조인 전투사령관의 육·해·공군 전력의 효율적인 통합에 초점을 맞추고 있다.[90]

미 공군도 합동성 강화를 위한 '통합'의 개념을 작전적 수준에서 구성군 또는 전력지휘관의 과업으로 설명하고 있다. 파월의 개념에 따르면 합동성은 작전적 수준에서 군사력 운용의 효과성과 효율성을 최적화하는 개념이다. 합동성은 작전술 영역에서, 즉 하부구조의 임무에서 구체적으로 시현되는 것이다.

지휘구조 변화를 통한 합동성의 강화는 '상부구조의 구조화'가 아니라, '하부구조의 운영성 향상'이 핵심이다. 미 합동간행문서 1권(Joint Warfare of the US Armed Forces)[91]에서 "전투사령부 수준에서 노력의 통합이 합동성의 핵심으로 강조하고 있다."[92] 따라서 합동성을 강화하기 위해서는 상부 지휘구조의 통합보다는 먼저 하부구조의 운용성 제고에 관

---

89) 위의 책, p. Ⅰ-4, p. Ⅰ-5.

90) 권영근,『한국군 국방개혁의 변화와 지속』, p. 53.

91) JP-1, *Joint Warfare of the US Armed Forces*, 14, Nov., 2000.

92) Don M. Sinder, "합동성을 지향하는 미군",『공군력의 이해』(대전: 공군대학, 2003), p. 344.

심을 가져야 한다.

이 말은 상부구조의 합동성이 중요하지 않다는 말은 아니다. 이성만은 "현재까지 우리의 합동성 강화를 위한 노력을 보면 전쟁지도, 전쟁과 전략목표 설정, 전쟁개념 수립 등을 다뤄야 하는 전략적 수준의 내용은 다소 간과되고 있다"[93]고 지적했다. 한국군은 단지 3군의 전력이 유기적으로 잘 통합되어 전력의 승수효과를 기대하는 작전적 이하의 수준에서만 큰 관심과 노력이 집중되고 있는 만큼이나 전략적 수준의 합동성 강화에도 관심을 제고할 것을 권고한 것이다.

오늘날 합동의 문제는 국방력 건설과 군사력 활용, 즉 주어진 예산으로 국방 차원의 우선순위에 근거해 국방력을 건설하는 양병과 건설되어 있는 각 군의 전력을 통합 운영하기 위한 용병으로 양분해서 접근하고 있다. 합동성을 강화하려면 용병 영역인 작전적 수준에서 '통합(integration)' 능력을 개발하고 이를 심화시키는 데 더 집중할 필요가 있다.

합동성 준비기인 '양병'의 준비과정에서는 결과가 미흡한 부분을 반영하고, 미래 예측되는 위협에 대비하기 위해 군사력 건설을 기획한다. 양병에 있어서는 미래의 예측성과 준비가 핵심이다. '양병'의 소요제기는 철저한 '용병'의 현실적 적용과 그 결과의 분석을 통해 검증되어야 한다.

합동성을 강화하기 위해서는 〈그림 2-8〉과 같이 두 가지 측면에서 접근해야 한다.[94] 첫째는 평시의 군사력 건설, 즉 양병을 중점으로 힘을 비축하는 합동성 준비기, 둘째는 유사시 또는 전시에 용병을 중점

---

93) 이성만, "국방개혁과 합동성 강화 평가", 『공사논문집』, 제62집 제2권, 공군사관학교항공우주연구소, 2011. 12, pp. 101-102.

94) 황선남(2015), "육·해·공군의 합동성 강화를 위한 '통합' 개념의 발전적 논의에 관한 연구", pp. 18-19.

으로 그것을 활용하는 예술(art) 또는 지혜인 합동성 창출기다. 합동성 준비기는 측정 가능하며, 검증과 예측 가능한 '과학(science) 영역'이다. 합동성 준비기는 합참 이상의 차원에서 전력기획 및 미래 작전소요에 따라 자원을 할당하는 영역이다. 평상시에 각 군은 합동성을 발휘할 수 있는 기반이 되는 각 군의 전문성을 신장시키는 것이 필수적이다. 이 전문성에 따라 각 군을 땅과 바다와 하늘의 영역에서 가장 효과적으로 특성화하고, 특성화된 힘의 차이를 차별화시키는 영역이다. 또한 상호 교호적으로 타군과 자군의 발전과 동반성장을 위해 지식과 정보를 상호 교류해야 한다.

합동성 창출기는 지휘의 창의성이 요구되는 용병 영역이다. 유사시에 적의 변화에 따라 현존하는 우리 군의 군사능력을 최적화시켜 전력을 조합시키는 작전술 영역이다. 합동작전의 범주에서 적의 도발 형태와 수준에 따라 의도한 목표를 달성하기 위해 최적의 방법을 찾아가는 영역이다. 이 영역은 전투사령관(한국의 경우 합참의장)에 의해 통합활동의 결과가 발현된다. 전장상황, 적의 변화와 반응, 아측의 대응역량에 따라 효과가 달라짐을 이해해야 한다. 최고 군사지휘관의 의도를 구현하기 위해 최적의 효과성과 효율성을 창출하고 군사력의 사용 시기(timing), 지리와 기후, 충격량을 통해 전투력의 상승효과가 나타나도록 최적화시킨다.

합참의 입장에서 각 군의 전력은 목표가 아니라 국가의 군사적 목표 달성하기 위한 하나의 수단이다. 따라서 합참은 각 군의 전문성을 기초로 한 '차별화된 능력'을 활용하여 합동성을 창출해야 한다.

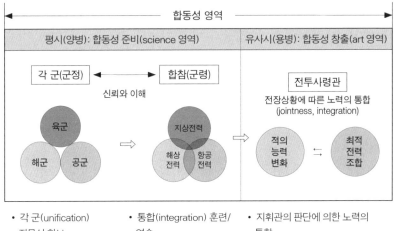

〈그림 2-8〉 합동 개념 재정립 제안

출처: 황선남, "육·해·공군의 합동성 강화를 위한 '통합' 개념의 발전적 논의에 관한 연구", p. 18의 내용을 수정했음

합동성은 어느 한 군을 중심으로 싸우거나, 전쟁에서 육·해·공군의 전력을 의무적으로 똑같이 사용한다는 경직된 의미가 아니다. 따라서 합동성 발휘를 위해서는 단순히 가용하다는 이유만으로 모든 부대가 특정작전에 참여하도록 요구하지 말아야 한다. 뎁튤라(Deptula)는 이 점을 우려하여 "미 합동군사령부가 육·해·공군의 심기를 불편하게 하지 않으려고 모든 분쟁에서 육·해·공군전력 모두를 똑같이 역할분담하려는 우를 범해서는 안 된다"[95]고 강조했다. 또한 어느 특정군의 시

각만이 합동전장에 반영된다면 이 또한 합동성이 아니다.

합동군 사령관은 주어진 임무를 위해 가장 효과적이고 효율적으로 성공을 보장할 수 있는 부대들을 선택해 편성할 권한과 책임을 갖는다. 즉, 적의 변화에 따라 최적전력을 조합해서 사용하는 것이다. 박휘락도 합동성을 "전체 군대 차원에서 최선의 수단과 방법을 선택"하는 것이라고 말한다.

"합동성이 보장되었다는 것은 합참에서 특정한 상황 대처에 필요한 모든 수단을 자유롭게 선택하여 사용한다는 것을 의미한다. 군종별 입장이나 균형과는 상관없이 전체 군대가 지니고 있는 모든 수단과 방법 중에서 그 당시 부여된 임무를 가장 효과적으로 수행하거나 가장 적은 노력을 수행할 수 있는 부대와 수단을 선택하여 임무를 부여할 수 있을 때 합동성이 보장되기 때문이다. 선택된 방법과 수단이 몇 개의 군종에 관련되어 있느냐는 것은 더 이상 중요하지 않다. 대부분의 경우에는 모든 군종의 부대들을 골고루 사용하게 되겠지만, 특정한 상황에서 하나의 군종을 사용하더라도 합참 차원에서 그것이 최선이라고 판단되었다면 합동성이 충분히 보장되었다고 할 수 있다."[96]

박창희도 군사전략의 개념을 정의하는 데 있어서 "그 핵심은 '수단을 운용하는 방법'이 되어야 한다. '수단' 그 자체를 군사전략으로 간주할 경우 혼란이 있을 수 있다"[97]고 지적하고 있다. 박창희의 주장에 대해서는 우리의 사고가 획일화되지 않고, 창의성이 필요한 술(art)의

---

95) David A. Deptula, *Effects-Based Operations*, pp. 24-25.

96) 박휘락, 『자주국방의 조건: 이론과 과제 분석』[서울: 아트미디어(주) · 다넷, 2009], p. 60.

97) 박창희, 『군사전략론』(서울: 플래닛미디어, 2013), p. 147-148.

영역에서 개념발전을 위해서는 반드시 토론이 필요하다고 생각한다.

'통합(integration) 능력' 향상을 위해서는 사고의 유연성, '실천적 지혜'가 필요하다. 합동성이 발휘되는 '예술의 영역'에서는 첨단 과학기술의 발전에도 불구하고 전쟁에서 클라우제비츠가 말한 '안개와 불확실성'을 제거할 수 없기 때문에 현장 지휘관의 지휘역량이 절대적으로 중요하다.

작전적 수준에서 합동성 강화의 개념을 통합의 예술이라 한다면, 결국 합동성 발휘를 위해 가장 중요한 요소 중의 하나가 '사람'이다. 그 중에서도 특히 전투사령관의 지휘역량이다. 호너(Horner)는 걸프전의 경험을 통해 "지상군구성군 사령관은 다행스럽게도 작전전구 전체를 헤아리는 시야를 가진 사람이었고, 저에게 작전전구 전체의 이익을 포괄하는 관점에서 군단사령관들의 요청을 판단하여 항공지원 배분 결정을 하도록 해주었다"[98]고 증언했다. 전투사령관이 합동전장에서 의도한 목표를 달성하기 위해 군종별 전력을 자유롭게 사용할 수 있도록 보장하기 위해서는 전투사령관은 배당된 전력을 자유롭게 활용할 수 있는 권한과 역량을 겸비해야 한다.

합동성의 실행은 현실적인 전쟁의 군사적 상황을 올바르게 해석하고 적의 변화에 따라 아측의 힘을 융통성 있게 조율할 수 있는 '실천적 지혜(practical wisdom)'[99]가 필요하다. 이는 아리스토텔레스가 말한 프로네시스(phroneis)다. 또한 노나카 이쿠지로(野中郁次郎)는 실천적 지혜를 자

---

98) Gen(R) Charles A. Horner, "협력에 대한 공군 구성군 시각", 『제14회 국제항공전략 심포지엄 논문집』(대전: 공군대학, 2008), p. 65.

99) 아리스토텔레스가 말한 프로네시스(phroneis)에 해당한다. 그는 『니코마코스 윤리학(Nicomachean Ethics)』 6권에서 프로네시스를 "인류에게 좋고 나쁜 것을 고려해 행동할 수 있는 진실하고 합리적인 능력"이라고 정의했다. 실천적 지혜는 윤리적으로 올바른 판단을 내리도록 하는 경험적 지식이다.

신의 책 『전략의 본질』에서 '현려(賢慮)'라는 개념으로 설명했다.[100) 그는 "전략의 본질에 대한 다양한 접근은 결국 최종적으로 하나의 명제로 수렴되며, 이들 명제를 통합하는 개념을 정치적 판단력"[101)이라 했다. 이는 클라우제비츠가 『전쟁론』에서 말한 국민과 국가 간, 정치가와 군인 간에 내재하는 이중성을 통합조정하려는 노력으로 열매 맺게 하려는 한 전략가의 양심과 논리인 분별지(prudence)이기도 하다.[102)

---

100) 현려는 아리스토텔레스가 지식을 분류한 '에피스테메(episteme), 테크네(techne), 프로네시스(phronesis)'다. 에피스테메는 '참의 지식'을 말한다. 오늘날의 용어로는 '인식론'에 대응된다. 모든 과학적 지식을 생성하는 것과 관련되며, 분석적 합리성을 기초로 하고, 보편적인 일반성을 지향하며, 시공간에 의해 좌우되지 않으며, 독립적이고 개관적인 형식지다. 테크네는 오늘날의 용어로는 '테크닉', '테크놀로지 아트'에 상응한다. 무엇을 만들어내거나 만드는 기능인 암묵지다. 실용적인 지식으로, 스킬을 응용하는 것이다. 프로네시스는 오늘날 '현려(賢慮)' 혹은 '배려(prudence)', '윤리(ethics)' 등으로 번역된다. (클라우제비츠의 『전쟁론』을 번역할 때는 '분별자'라는 용어로 번역했다. 본 책자에서는 '분별'이라는 개념으로 인용한다.) 이 개념은 가치에 관한 사려분별과 맥락(context)적으로 의존적인 판단이나 행위를 포함한다. 실천적인 가치합리성을 기초로 하고, 개개의 맥락적 상황에서 어떻게 행위 할 것인가를 판단하거나, 상식적인 앎, 경험이나 직관의 앎을 지향하는 실천적 지혜인 고도의 암묵지다. 이는 맥락 그 자체를 좌우하는, 혹은 맥락을 만드는 것과 관계되어 있다. 아리스토텔레스는 앎의 3가지 효용은 이 현려의 개념으로 종합된다고 생각하고 있다. 노나카 이쿠지로(野中郁次郎) 외, 『전략의 본질』, 임해성 역 (서울: 비즈니스맵, 2006), pp. 476-478.

101) 위의 책, p. 476.

102) 클라우제비츠는 "현실전쟁은 이념형으로서의 절대전이 관념상으로만 가능하다는 것을 간파하고 현실세계에서는 3가지 마찰요인이 작용하여 전쟁이 제한되어 일어난다고 설명하고 있다." 그 3가지란 인적요소, 지적요소, 우연의 요소인데 이들은 각각 모순된 위치에 있으면서 마찰을 일으키고 있으며 이들은 서로 교묘한 균형을 이루고 있다. 첫째, 인적요소는 느낌, 흥분, 열정, 야망 등 감정적 요소로서 '증오와 적대감'이며 이것은 순수한 '맹목적인 자연적 폭력'(blind natural force, blind instinct)이다. 이 맹목적인 폭력은 그 자체가 목적이며 인간의 통제를 벗어나 자연발생적으로 일어나는 현상에 속한다. 인적요소는 클라우제비츠 절대전 개념의 기초가 되며 이것은 원시적 폭력의 기본 요인이다. 즉 전투원의 투쟁동기가 바로 순수 형태로 표출되는 열정, 본능, 흥분 및 증오심이며 이러한 본능적 심성이 삼위일체의 첫 번째 경향(극)을 형성한다. 따라서 절대전쟁 개념은 순수 형태의 전쟁으로서 '전쟁 그 자체(war as such)'를 위한 전쟁이다. 둘째, 지적요소는 인간으로 하여금 '목적적인 힘'으로 작용할 수 있게 하는 힘을 제공하는 것으로서 클라우제비츠는 이것을 '이해(verstand)'의 개념으로 설명하고 있다. 지적요소란 이성, 합리성, 지성 이해 등을 말하고 이것은 재정의를 통해 국가의 이성적 자아통제능력을 말한다.

합동성의 구현은 전쟁이론인 개념적 지식을 전장환경의 불확실성을 극복하기 위해 실천적 지혜를 활용하여 이론과 현실 간의 차이를 줄이고, 행동화하는 과정이다. 합동성은 인간의 심리적 요소에 기인하는 인적요소, 국가의 이성이 작용하는 지적요소, 전장의 우연성과 개연성 등 삼위일체 3요소의 균형과 조화를 통해 성과를 창출하는 분별지의 활용 영역이다.

따라서 실제로 합동성은 목표 그 자체가 아니라, 미래 위협의 불확실성과 신속성에 대처하기 위한 수단이다. 최상의 전투효과를 산출하기 위해 육·해·공군이 보유한 '역량(capability)'을 효율적·효과적으로 통합(integration)하는 것을 의미한다. 이 때문에 각 군 간의 신뢰와 이해는 진정한 합동성이 세워질 수 있는 유일한 기초가 된다. 이것이 전제되지 않으면 합동성 강화를 위한 국방개혁과정에서 각 군 간의 갈등으로 인해 군 구조 개혁은 성공하기가 대단히 어렵다.[103]

즉, 국가는 지적요소에 의해 전쟁 그 자체를 정치를 위한 전쟁으로 전환시키는 능력을 갖게 된다. 셋째, 우연성과 개연성의 요소는 환경의 불확실성을 말하는 것이다. 전쟁의 이론과 현실 간의 차이를 연결시키는 기능을 갖는다. 전장의 불확실한 안개 속에서 이러한 환경적 마찰에 의해 어느 극단으로의 경향은 필연적으로 제한적인 작용이 생기게 된다. 따라서 우연의 요소는 전쟁에 있어서 인간의 본능적인 열정을 반영하는 비합리적 또는 가상적인 전쟁의 본질(hypothetical nature of war)과 이성적인 인간능력(자제력)을 반영하는 이론과 실제 간의 차이를 연결시켜주는 이중기능을 가지며 이 두 기능의 상징이 바로 천재성이다. 강진석(1996),『전쟁의 철학』(서울: 평단문화사), pp. 27-72.

103) 김종하, "미래전장 환경에 대비한 국방조직 발전 방향: 상부구조를 중심으로", 김기정·이성훈·김순태 편,『세계적 국방개혁 추세와 한국의 선택』(서울: 오름, 2006), p. 114.

제4절
조직이론과 분석의 틀

1. 조직이론과 자원의존이론

조직이론이란 조직현상과 그와 연관된 요인의 상호관계에 관해 기술·설명·처방하는 이론이다. 조직이론은 조직에 관한 사실들의 집합(a collection of facts)이라기보다는 조직에 대한 일종의 사고방식(a way of thinking about organization)으로 조직을 바라보고 분석하는 방법이다. 즉, 연구 대상으로 하는 조직과 그와 연관된 요인의 상호관계에 관해 체계적·논리적으로 기술·설명·처방하는 이론이다.[104]

조직이론은 일반적으로 연구 목적에 따라 크게 서술적 이론과 규범적 이론으로 분류할 수 있다. 서술적(descriptive) 조직이론이란 조직을 정확하게 파악해서 기록하고 설명하는 이론으로, 조직이 사실 어떠한가 하는 문제를 다룬다. 이에 반해 규범적(normative) 조직이론은 조직의 미래 상태를 처방적(prescriptive)으로 설정하려는 이론으로, 조직이 어떻

---

104) 오석홍, 『조직이론』, pp. 3-4.

게 되어야 하는가의 문제를 다룬다.[105]

분석단위에 따라서는 미시조직이론과 거시조직이론으로 분류된다.[106] 미시조직이론은 소집단의 행동을 연구하고, 거시조직이론은 조직 자체의 내부적·대환경적(對環境的) 행동을 연구한다. 미시조직이론은 주로 개인 수준으로 조직구성원의 학습, 지각(perception), 성격, 태도, 욕구 및 동기 등과 집단 수준으로 조직 내의 여러 과정(예: 리더십, 권력과 정치, 갈등관리, 의사전달, 의사결정 등)에 초점을 맞춘다. 반면에 거시조직이론은 조직의 목표, 조직구조, 조직환경 및 그 밖의 조직 전체 수준에서 중요시하는 개념인 조직의 효과성, 조직문화, 조직 변화와 발전 등에 중점을 둔다.[107]

조직 체제의 본질을 폐쇄적·개방적으로, 조직의 특성을 합리적·사회적 차원으로 보는가에 따라 〈표 2-4〉와 같이 분류할 수 있다. 조직을 외부 환경과 단절된 폐쇄 체제로 보면서 조직구성원이 합리적 또는 사회적으로 사고하거나 행동하는 것으로 간주한다.[108]

폐쇄적·합리적 조직이론은 1900~1930년대를 지배했던 이론들이다. 이 이론들의 근본 가정은 조직을 외부환경과는 상관없는 폐쇄된 체계로 보았다. 조직을 구성하는 인간은 합리적으로 사고하고 행동하

---

105) 이창원·최창현·최천근 공저, 앞의 책, p. 48.

106) 조직이론은 분석의 단위에 따라 조직행동론과 조직론으로 분류할 수 있다. 전자는 조직 내의 개인이나 소집단의 행동을 연구한다. 후자는 조직 자체의 내부적·대환경적 행동을 연구한다. 그러나 조직연구에서 조직행동과 조직론을 구분하기가 쉽지 않다. 최근에 이러한 혼동을 방지하기 위해 분석의 수준에 따라 이를 미시와 거시로 구분하는 경향이 있다. 김인수, 『거시조직이론』(서울: 무역경영사, 2013), pp. 17-18.

107) 이창원·최창현·최천근 공저, 앞의 책, p. 48-49.

108) 이창원은 '폐쇄-자연적 이론'이라고 번역했고, 김인수는 '폐쇄-사회적'이라는 용어로 쓰고 있다. 이 책에서는 김인수의 견해로 통일했다. 김인수(2013), 『거시조직이론』(서울: 무역경영사), pp. 40-75.

〈표 2-4〉 조직의 특성과 체제의 본질

구분		체제의 본질	
		폐쇄적	개방적
조직의 특성	합리적	폐쇄 – 합리적 조직이론 – 과학적 관리론(Taylor, 1911) – 관료제론(Weber, 1924) – 행정관리학파(Fayol, 1919) – POSDCoRB(Gulick & Urwick)	개방 – 합리적 조직이론 – 제한된 합리성(Simon, 1957) – 구조적 상황이론(Lawrence & Lorsch, 1967) – 조직경제이론(Williamson, 1975)
	사회적	폐쇄 – 사회적 조직이론 – 인간관계론 – 환경유관론(Seiznick, 1949) – XY이론(McGregor, 1960)	개방 – 사회적 조직이론 – 조직군 생태이론(Hannan & Freeman, 1977) – 자원의존이론(Pfeffer & Salanick, 1978) – 사회적 제도화 이론(DiMagio & Powell, 1983) – 조직화이론(Weick, 1979) – 혼돈이론(Prigogine & Stengers, 1984)

출처: 이창원 · 최창현 · 최천근 공저(2013), 『새조직론』, p. 50.

는 것으로 보았다. 이들 조직이론은 기본적으로 다음 두 가지 특성을 가진다. 첫째, 환경과의 관련성 속에서 제기되는 위협과 기회를 무시하거나 최소화하여 환경에 대한 조직의 개방적 측면을 고려하지 않았다. 둘째, 조직 내의 구성원에게 합리성과 능률을 강조하고 이를 뒷받침하는 수단으로서 인간에 대한 강력한 통제와 명령적 지도체제, 직무 중심의 반복적이고 일상적 업무수행 방법을 중시했다. 주요 이론으로는 테일러(Taylor)의 과학적 관리론, 베버(Weber)의 관료제이론 등이 있다.

폐쇄적 · 사회적 조직이론은 1930~1960년대에 주창된 이론으로 인간관계학파에 속하는 이론가들이 유형을 대표한다. 이 이론들은 폐쇄조직이지만, 조직구성원의 인간적 측면을 수용하고 있다. 즉 이들 이론은 조직의 구성원이 다양한 욕구를 가진 인간이며, 특히 그들의 사회적 요구를 연구하고 그 결과를 이용하여 조직의 생산성을 향상시킬 수 있다는 신념을 토대로 하고 있다. 이 시기에 도출된 인간관계론은 작업집단 내의 인간관계, 종업원의 업무태도, 지도성, 노조, 의사소통에 관심을 두며 구성원의 사기를 생산성과 연결시켰다. 대표적 이론으로 인간관계론, 맥그레거(McGregor)의 XY이론, 셀즈닉(Selznick)의 환경유관론 등이 있다.

개방적·사회적 조직이론은 1960~1970년대에 널리 연구된 이론들이다. 이 시기는 인간을 합리적 존재로 보는 관점으로 돌아갔으며, 경쟁이 심한 시장환경을 이론에 반영하여 기업을 외적인 힘에 의해 영향을 받는 존재로 보기 시작했다.

이 시기에 와서 정치, 경제, 사회, 문화, 기술, 조직 간 요소 등 조직을 둘러싼 환경변수를 본격적으로 이론에 반영하기 시작했다. 조직이 각 유기체들의 욕구충족을 위해 환경에 의존하게 될 것이라는 사실에 관심을 집중함으로써 유기체의 생존 원천에 대한 관점을 조직 내부에서 외부환경으로 옮겼다.

이러한 사고가 조직에 관한 '시스템적 접근(systems approach)'의 근간을 이뤘다. 시스템적 접근법은 조직이란 유기체와 같이 환경에 대해 '개방적'인 존재이기 때문에 생존을 위해서는 항상 환경과의 적절한 관계를 유지해야 한다는 원칙에 입각하고 있다.

이 이론들의 핵심적 주제는 3가지다. 첫째, 조직을 둘러싼 환경을 강조한다. 둘째, 조직은 상호 연결된 하위체계로 본다. 셋째, 상이한 체계들 사이에 조화를 이루고 발생 가능한 역기능을 규명하여 제거하려 한다. 개방체계이론은 여러 종류의 하위체계들을 어떻게 조화시키는가를 중요시한다. 따라서 필요다양성(requisite variety), 차별화와 통합의 원칙들이 구체적으로 등장하게 되었고 그 결과로 통제체제의 설계나 조직의 내적·외적 경제관리와 조직 내의 상이한 종류의 직무를 조직화하는 것의 중요성이 부각되었다. 대표적인 학자들로 번스(Burns)와 스톨커(Stalker), 우드워드(Woodward), 로렌스(Lawrence)와 로쉬(Lorsch), 톰슨(Thompson), 퍼흐(Pugh), 챈들러(Chandler), 페퍼(pfeffer)와 샐런식(Salancik) 등을 들 수 있다.[109]

개방적·합리적 조직이론은 1970년대 이후 각광을 받고 있다. 이들 이론은 조직이 목표달성보다 생존을 중시하고, 조직 속에 흐르고 있는 비공식성·비합리성에 초점을 맞추며, 규칙만으로 설명하기 어려운 조직의 비합리적·동기적 측면을 중점적으로 다루고 있다. 대표적인 학자들로는 와익(Weick), 힉슨(Hickson), 마르크(March)와 올슨(Olson), 메이어(Meyer) 등이 있다.

본 연구의 핵심이론인 자원의존이론은 체제의 본질은 개방적으로 보고 조직의 특성은 사회적으로 보고 있다. 〈표 2-5〉와 같이 자원의존이론 형성과 발전 단계를 설명할 수 있다.

〈표 2-5〉 자원의존이론 형성과 발전 단계

특징 \ 시기	1960년대~ 1970년대 중반	1970년대 후반~ 1980년대 중반	1980년대 후반 이후
전체 성격	태동기	형성기	발전기
기본 모형	교환모형, 권력모형	중심조직모형	네트워크모형
연구활동	교환 및 권력 이론을 조직 및 조직 간 연구에 적용	특정조직의 환경 불확실성에 대한 관리전략 연구	네트워크 개념 중심으로 형성과 유지, 영향 등을 연구

출처: 신유근, 『신조직환경론』, p. 294.

---

109) 시스템의 내부적인 규제는 시스템이 당면하고 있는 환경만큼 다양해야 한다는 것을 의미한다.

자원의존이론의 학문적 기원은 1974년 베버(Weber)의 조직 내 권력(power)의 원천 연구까지 거슬러 올라간다. 그 뒤 베버의 연구를 바탕으로 두 개의 연구흐름이 형성되었다. 하나는 사회학자들에 의해 주로 교환관계에서 권력의 원천을 찾는 연구흐름이다. 이런 학자들을 '사회적 교환이론가들(social exchange theorists)'이라고 한다. 또 하나의 연구흐름은 정치학자들(political scientists)에 의해 연구되었다. 대표적 학자로는 1957년의 달(Dahl)을 들 수 있다.[110]

사회학 및 정치학에서 발전된 권력(power)의 개념이 조직론에 들어온 것은 조직 내의 연구에서부터였으며, 본격적인 연구활동은 1970년대가 되어서야 활발하게 이뤄졌다. 그리하여 자원의존이론은 조직과 환경이라는 관점에서 환경적 결정주의에 대한 대안으로 등장했다.[111] 거시적 수준에서 조직 간 권력연구인 자원의존이론의 완성을 보게 된 것은 페퍼와 샐런식(1978)의 "The External Control of Organization"을 통해서다.[112]

자원의존이론은 1980년대 후반 네트워크(network)모형으로 전환된다. 네트워크모형은 거래비용이론과 자원의존이론 등을 기반으로 전개되고 있으나, 자원의존이론이 그 핵심을 이루고 있다.

자원의존이론은 사회학적 배경을 바탕으로 1960년대부터 1970년대를 거쳐 1980년대 중반까지는 주로 페퍼와 샐런식(1978)을 중심으로 특정조직 또는 중심조직 관점에서 환경을 어떻게 관리하는가를 주된 연구로 삼았다. 이 연구들은 환경의 영향력을 강조하면서도 조직의

---

110) 신유근, 앞의 책, p. 289.

111) 안희남, 『현대의 조직이론』(서울: 대구대학교 출판부, 2013), pp. 334-342.

112) Jeffrey Pfeffer & Gerald R. Salancik, 『장외영향력과 조직』, 이종범·조철옥 역(서울: 정음사, 1988).

주체적 노력을 통해 이를 극복하고자 하는 양면적 특성을 지니고 있다. 즉 자원의 상호의존성, 외부환경의 제약, 환경에 대한 조직의 적응 및 회피 등을 강조하고 있다.[113]

1980년대 후반 이후부터 중심조직 관점의 연구는 네트워크 (network) 개념을 새롭게 정립하여 연구의 수준을 한 단계 높였는데, 주된 연구과제는 조직 간 관계에서 네트워크조직의 형성과 유지, 네트워크조직의 중심조직에 대한 영향, 네트워크조직에 참여할 때 조직유효성에 미치는 영향 등이었다.[114]

페퍼와 샐런식은 조직의 환경이 조직에 미치는 영향과 제약, 그리고 외부의 제약에 대한 조직의 반응에 대해 분석했다. 특히 사회적 제약이 조직의 행동, 형태 그리고 설계에 미치는 영향을 다뤘다. 그들은 조직을 경쟁적이고 상충되는 요구로 이뤄진 환경에 직면해 있고 그러한 환경으로부터 자원을 획득하는 이해관계의 연합(coalition)으로 본다.

〈표 2-6〉 자원의존이론의 기본시각

기본전제	행위의 관점	연구 영역
조직의 권력·지배 확대	경영자의 능동적 전략선택	조직 간 교환관계 유형, 환경과 관련조직 내 구조 및 행위

출처: 신유근, 『신조직환경론』, p. 268.

〈표 2-6〉과 같이 자원의존이론의 기본시각은 인간의 욕구와 맥락을 같이한다. 인간은 기본적으로 남을 지배하려는 권력욕구가 있다. 타인에게 의존하지 않으려 하며, 가능하다면 타인을 지배하고자 하는

---

113) 신유근, 위의 책, pp. 293-294.

114) 위의 책, p. 294.

열망을 지니고 있다. 이러한 인간의 심리적 행위는 합리적 인간이라는 개념으로 설명되지 않는다. 인간은 합리적이지만은 않으며, 감정적이며 충동적인 인간, 비합리적이며 비계산적인 인간, 주관적이며 인지적 인간이기도 하다.[115]

자원의존이론에서 조직과 환경의 관계를 논하는 기본적 사고는 조직과 환경 간의 합리적 측면에 초점을 맞추어 논의를 전개시키고, 비합리적 측면(즉, 타인을 지배하고자 하는 정치적·권력적 측면)에 초점을 맞추고 있다.[116]

자원의존이론은 조직이 환경에 적응한다는 관점에서 탈피하고, 환경을 변화시켜 환경의 통제를 극복하고자 하는 조직의 주체적 노력을 강조한다. 따라서 조직의 성공이란 그들의 '권력(power)'[117]을 최대화하는 것이다. 이러한 전제하에 조직의 목적달성을 위해 각 조직은 타 조직과 어떤 권력관계를 가지며, 그러한 권력관계에서 자신에게 유리한 권력형성을 위해 자신의 조직구조 및 행위패턴을 어떻게 변화시키는가에 대한 답을 구하자고 하는 것이 자원의존이론이다.[118]

자원의존이론에서는 조직이 환경을 관리할 때 '개별조직의 입장과 조직관계 입장'이라는 두 가지 전략적 선택을 제시하고 있다. 첫째 개별조직 입장에서 외부환경변화에 어떠한 대응전략을 선택하는가, 둘째 개별조직만이 아닌 타 조직과의 조직 간 관계(organization network) 입장

---

115) 신유근, 앞의 책, p. 267.

116) 위의 책, p. 268.

117) 권력이란 "행동에 영향을 미치고, 사태의 전개 과정을 바꾸며, 저항을 극복하고, 다른 경우라면 하지 않았을 일들을 사람들로 하여금 실행하게 만드는 잠재적 능력"으로 정의한다. Jeffrey Pfeffer, *Managing with Power*(Boston: Harvard Business School Press, 1992), p. 30.

118) 신유근, 앞의 책, p. 268.

에서 어떤 전략을 선택하는가로 구분할 수 있다.[119]

조직이 환경을 관리할 때, 먼저 개별조직 입장이다. 조직이 자신의 입장에서 '환경을 관리하기 위한 전략유형은 무엇인가?'에 대한 논의를 전개하는 것이다. 조직이 환경변화에 대한 외부적 불확실성을 감소시킴으로써 조직의 권력을 유지·확대하는 것을 말한다.

그 방법은 조직외부 조정전략과 조직내부 조정전략으로 구분한다.

조직외부 조정전략은 환경 변화에 대해 조직 전체적 관점에서 능동적으로 대응하여 그 영향을 완화시키는 전략이다. 첫째, 환경이 매우 경쟁적일 때는 단순히 주어지는 여건을 받아들이고, 조직 간 경쟁하는 전략(competitive response)을 추구한다. 둘째, 좋은 공중관계를 유지(public relation response)하는 전략을 추구한다. 이는 조직에 대한 외부 이해관계자의 압력이 강할 때, 그 압력을 우회적으로 회피하기 위함이다. 셋째, 자발적 반응(voluntary response) 행동을 추구하는 전략적 선택을 한다. 이는 조직 스스로 다양한 이해집단을 조정하거나 사회문제에 참여함으로써 조직의 사회적 책임을 다하는 것이다.

조직내부 조정전략은 내부조직의 설계를 통해 환경과의 상호의존성을 관리하는 전략이다. 첫째, 중역의 승계 혹은 인력의 내부이동을 통해 환경을 관리한다. 이는 환경에 능동적으로 대처할 수 있도록 최고경영층의 구성을 조정하는 전략을 말한다. 둘째, 조직의 구조설계를 통한 환경관리전략이다. 이는 조직 내 환경조사부문을 강화하고 최고경영자의 역할 재설계 등을 통해 문제가 되거나 초점이 되는 환경을 적극적으로 관리한다.

조직이 환경을 관리할 때, 두 번째로 조직 간 관계 입장이다. 이는

---

119) 위의 책, pp. 271-272.

조직이 자신의 독자적인 힘만으로 환경을 관리할 수 없기 때문에 타 조직과의 협동적 노력을 통해 환경에 대처하고자 하는 전략적 선택에 적용된다. 환경이 독과점적이고 불확실성의 정도가 높을 때 주로 사용한다.

조직 간 관계를 통한 자원의존 회피전략으로 조직 간 조정 메커니즘에는 자율적 조정 메커니즘, 협조적 조정 메커니즘, 정치적 조정 메커니즘의 3가지 방법이 있다.

첫째, 자율적 조정 메커니즘은 조직 간 상호의존성 변경을 통해 조직의 환경에 대한 지배를 강화하는 유형이다. 예를 들면, 합병, 수직적 통합, 내부화 등을 통해 환경에 대한 조직의 의존을 원천적으로 통제한다.

둘째, 협조적 조정 메커니즘은 조직 간 활동을 어떤 하나의 집단구조로 형성하여 조직 간 상호협조로 환경에 대처하고자 한다. 예를 들면, 조직 간 협약체결이나 상호 인재교류, 연합체 형성 등을 통해 타 조직과 상호 타협점을 찾고 안정된 우호적 관계를 형성한다.

셋째, 정치적 조정 메커니즘은 정부규제나 입법을 통한 우회적 환경대응전략을 말한다. 즉, 조직 간 직접적인 조정이 아니라 제3자의 개입을 통해 간접적으로 행해지는 조정이다. 조직이 자신에게 불리한 입법은 저지하고, 자신에게 유리한 입법은 적극적으로 추진하는 로비활동이 대표적인 예다.

2. 이론적 전제와 가설 및 분석의 틀

1) 이론적 전제(assumption)

(1) 군사조직과 환경

국방환경은 군사조직의 행동특성에 막대한 영향을 미친다. 따라서 국방환경과 군사조직에 대한 이해는 본 연구를 구성하는 기반이 된다. 이를 위해 조직이론 중 자원의존이론을 중심으로 국방환경을 고찰할 필요성이 있다.

이 책에서 논의를 전개하고자 하는 전제사항은 다음과 같다. 첫째, 국방환경은 불확실하다.[120] 군사조직은 국가의 생존과 번영을 위해 국방환경에 발생하는 각종 우발상황(contingency)을 극복하고 적응해야 한다.[121] 어느 한 국가의 군사조직의 국방환경 외부에 미치는 국제환경의 불확실성은 국가가 생존하기 위해 필요한 자원의 유한성 때문에 발생한다. 또한 각 국가가 생존하기 위해 경쟁하는 국제사회는 통제할 수 없는 약육강식의 무정부상태다. 이 책에서 국제환경을 바라보는 입장

---

120) 조직환경(organization environment)은 조직의 경계(boundaries) 바깥에 놓여 있는 모든 것으로서 사람, 다른 조직, 경제적 요소, 사건 등 모든 요소를 포함한다. 국방환경의 범위가 어디까지인지를 결정하기 위해서는 국가가 처한 국제환경의 경계를 이해해야 한다. 국제환경의 경계는 시간과 장소에 따라 변하기 때문에 결정하기는 쉽지 않다. 이창원·최창현·최천근 공저, 앞의 책, pp. 480-481.

121) 현대 조직환경의 가장 큰 특징 중의 하나는 환경의 불확실성(uncertainty)이다. 불확실성은 환경의 복잡성과 동태성에서 기인한다. 환경의 복잡성이란 조직의 의사결정에 나쁜 영향을 주는 환경적 요소들이 복잡하다는 것이고, 동태성은 이러한 환경적 요소들이 계속해서 변하는 것을 말한다. 위의 책, p. 481.

은 현실주의 시각을 취하고 있다.[122]

국제환경에서 국가조직이 국가 간 경쟁에서 생존하기 위해서는 국가의 국가안보전략에 따라 국방정책을 이행하는 수단으로 국가의 군사전략을 수립하고 운용한다. 국가가 군사력을 사용하여 국방정책을 실현시키려 하는 행위가 군사조직의 물리력 또는 제반 수단을 통해 국가 간에 갈등상태를 해결하려는 것이 '전쟁(war)'[123]이다.

전쟁을 수행할 때, 조직 내 여러 종류의 하위체제들을 어떻게 조화시켜 군사조직을 효율적으로 운영하여 효과를 창출하는지가 중요한 문제가 된다. 이 영역에서 각 국가의 군 구조 특징을 반영하여 최상의 전력을 운용하기 위해 합동성을 강화하여 군사력 운용의 효과성을 최대로 창출하는 것이다.

둘째, 국방환경은 개방체제이며, 군사조직은 국방환경과 연결된 체계다.[124] 국방조직은 하나의 통합체제로서 여러 개의 하위체제로 구성되어 있다. 특히 체제는 하위체제가 구성요소 간의 작용을 통제하는 의사결정권자가 있어야 하고, 목표를 달성키 위한 자동조절 및 발전활동을 위해 긴장을 해소하는 적응력이 있어야 한다.[125]

군사조직은 〈그림 2-9〉와 같이 국방환경 내에서 국방조직과 다른 정부조직 및 하부조직 간에 상호 교호작용을 한다. 군사조직은 상부구조와 하부구조로 구성되어 있다. 상부구조는 국방부와 합참으로 이

---

122) 이근욱, 『왈츠 이후』(서울: 한울, 2009), pp. 11-48; Kenneth Waltz, 『인간 국가 전쟁』, 정성훈 역(서울: 아카넷, 2007) 전권.

123) 전쟁은 "둘 이상의 서로 대립하는 국가 또는 이에 준하는 집단 간에 군사력을 비롯한 각종 수단을 사용해서 상대의 의지를 강제하려고 하는 행위 또는 그 상태"를 말한다. 『합동·연합작전 군사용어사전』, p. 385.

124) 이창원·최창현·최천근 공저, 앞의 책, p. 68; 신유근, 앞의 책, pp. 272-273.

125) 이선호, 『한국군 무엇이 문제인가』, p. 68, pp. 53-57.

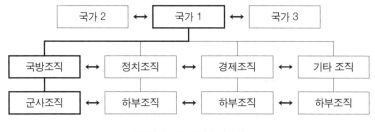

〈그림 2-9〉 군사조직환경

출처: AFCS, *The Joint Staff Officer's Guide 1993*, p. 2-2를 인용하여 재구성

뤄져 있으며, 주요 행위자는 국방부 장관과 국방본부에서 근무하는 참모들이다. 합참의 주요 행위자는 합참의장과 합참에서 근무하는 참모들이다. 하부구조는 육·해·공군본부와 작전부대로 구성되어 있다. 주요 행위자는 참모총장, 각 군 본부 및 작전부대장, 작전부대의 참모들이다.

합동참모회의는 의장이 합참의장이 되며, 하부군사조직의 수장인 각 군 참모총장이 참여한다. 이들은 합동참모회의 구성원임과 동시에 각 군의 최고지휘관이라는 이중적 지위를 가지고 있다.

셋째, 국방조직과 군사조직은 조직집합(organization set) 모델구조를 취하고 있으며 상호의존적이다.[126] 국방조직은 〈그림 2-10〉과 같이 조직과의 관계를 대상조직과 상대조직으로 상호 연결된 '조직집합 모델'의 입장을 취한다.

---

126) 조직 간 관계의 분석 수준은 여러 가지로 분류될 수 있으나 대체로 개별 조직 간의 관계, 조직집합, 조직망, 유사조직군의 4가지로 유형화해볼 수 있는 조직집합(organization set)을 가정한다. 개별 소식이 서로 다른 다중 역할을 집합적으로 수행하는 역할집합(Role Set)이론을 조직에 적용시켜 만든 개념이다. 최항순, 『신행정조직론』(서울: 대명출판사, 2015), p. 136.

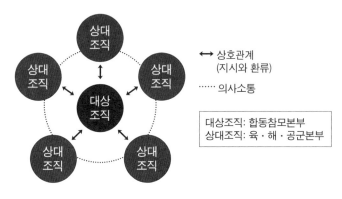

<〈그림 2-10〉 조직집합 모델>

출처: 오석홍, 『조직이론』, 2014, p. 729.

대상조직은 조직집합을 구성하는 요소들로부터 운영에 필요한 투입을 받는 '투입 조직집합'과 조직집합 구성요소들에게 산출을 공급하는 '산출 조직집합'으로 구분할 수 있다.[127] 대상조직은 합동참모본부가 해당되며, 상대조직은 육군, 해군, 공군 각 본부가 해당된다. 대상조직을 중심으로 상대조직이 나열되며, 대상조직은 합동성 강화를 위한 의사소통의 중심이 된다. 의사소통 구조는 바퀴형으로, 정보는 상호 교환된다. 또한 대상조직과 상대조직은 상호의존성(interdependence) 관계를 유지하고 있다.[128] 상대조직은 국방환경과 상호작용에 있어 필요한 자원을 완전히 통제하지 못하고 다른 조직에 의존할 때 상호의존성이 발생한다. 또한 상대조직은 상호 통제할 수 없다.

---

127) 위의 책, p. 137.

128) 상호의존성이란 타인 및 타 조직이 서로 상대방의 행동에 영향을 받는 것을 말한다. 신유근, 앞의 책, pp. 283-284.

넷째, 군사조직을 지원하는 국방자원은 유한하다.[129] 조직과 환경의 끊임없는 관계 속에서 한정된 국방자원은 조직의 자원획득의 불확실성을 초래한다. 조직은 자신의 생존에 필요한 자원획득을 더욱 확실히 하기 위해 다양한 노력을 경주한다. 즉, 조직의 경영자는 환경관리를 통해 효과적으로 권력을 향상시킬 수 있는 다양한 전략을 주체적으로 추구한다.[130] 조직생존에 필요하고 가치 있는 자원을 지니고 있는 환경을 인식함에 있어서 환경의 다양한 특성을 조직 자신의 입장에서 규정한다. 즉, 각 조직은 환경인식에 있어 주체적이고 주관적인 관점을 중시한다.[131]

다섯째, 군사조직은 자원의존적이다. 어떠한 조직도 자급자족할 수 없다. 조직은 환경으로부터 필요한 자원(resources)을 획득하지 못한다면 살아남을 수 없다. 조직이 조직운영을 위해 필요한 모든 자원을 완전히 통제할 수 있다면 이러한 문제는 간단히 해결되지만, 현실적으로 어떠한 조직도 완전히 자족적(self-contained)일 수는 없다. 자원의존론에서는 자원을 획득하고 유지할 수 있는 능력을 조직생존의 핵심요인으로 파악한다.[132]

국방환경은 군사조직의 생존과 성장에 필요한 중요한 자원을 제공하는 원천이다. 정보, 제원, 물리적 자원 및 사회적 합법성(social legitimacy) 등은 모두 조직의 생존과 번영에 직결되는 자원들로 군사조직이 국방환경으로부터 획득해야 하는 것이다.

---

129) 자원의 개념은 충원, 인력, 장비, 물자, 교육, 훈련 등 군 조직을 운용하고 유지하는 데 필요한 모든 요소를 망라한 총체적 의미다.

130) 이창원·최창현·최천근 공저, 앞의 책, p. 68.

131) 신유근, 위의 책, pp. 272-273.

132) 김인수, 앞의 책, p. 24.

각 조직은 생존자원을 획득하기 위해 그것들을 통제하고 있는 다른 집단과 상호작용을 해야 한다. 군사조직은 생존과 성장을 국방환경에 의존하고, 필요로 하는 자원을 환경으로부터 획득해야 하기 때문에 생존과 성장에 필수적인 자원을 안정적으로 공급받기 위해 국방환경의 요구를 잘 관리해야 한다.[133]

그러나 군사조직은 이러한 국방환경에 대한 의존과 더불어 자신에게 필요한 자원을 획득하는 데 있어서도 불확실한 상황에 직면해 있다. 군사조직이 자신의 생존에 위협을 느끼는 것은 단지 국방환경에 의존적이라는 사실에서 기인하는 것이 아니라, 국방환경으로부터 자신에게 필요한 자원을 안정적으로 획득하지 못하는 데 있다.[134]

따라서 군사조직은 국방환경으로부터 자신이 필요로 하는 자원을 끊임없이 지원받아야 하는데, 이를 '의존성'이라 한다. 군사조직이 필요로 하는 자원을 계속적으로 제공받기 위해서는 외부적 요구에 대응하는 행동을 해야 한다. 군사조직은 국방환경으로부터의 요구에 응하지 않는다면 생존할 수 없다.[135]

여섯째, 조직은 본질적으로 자율성과 생존성을 추구하기 위해 경쟁한다. 그 이유는 네 번째 전제인 한정된 자원에 기인한다. 조직은 자원을 확보하기 위해 필연적으로 조직 간 경쟁을 하지 않을 수 없다. 조직 간 경쟁상황에서 각 조직의 최우선 목표는 조직의 자율성과 생존성 확보다. 조직은 외부적 강압에 자율성과 생존성을 보존하기 위해 확장

---

133) 오석홍·손태원·이창길 편저, 앞의 책, p. 357.

134) 신유근, 앞의 책, pp. 282-283.

135) 페퍼(Pfeffer)는 한 조직이 다른 조직에 대한 의존을 결정하는 조건을 첫째 자원의 중요성, 둘째 자원의 배분과 사용에 관한 재량권, 셋째 자원통제의 집중도라는 3가지로 설명했다. 위의 책, pp. 286-287.

하며, 각 조직은 편협성을 띠고 상호 경쟁하게 된다.

각 조직은 자신들의 기능적 영역에 대해 자율성을 보장하고 조직을 보호하기 위해 타 조직과 연계하거나 협력을 거부한다. 또한 중요한 우발행동을 통제하기 위해 영향력을 확보하고, 자신들이 유리한 조건을 형성하기 위해 조직 내의 행동을 내부의 위계질서 내에서 수직적으로 통합하게 된다. 조직행위자들의 특성은 조직적 특성에 의해 행동동기를 지배받고, 편협성을 띠게 되며, 각 조직의 핵심임무에 대한 수긍의 정도에 따라 각 조직 사이에 첨예한 경쟁을 유발한다.[136]

일곱째, 자원의 희소성 때문에 조직생존을 위한 경쟁이 발생하고 경쟁은 조직 간 갈등의 원인이 된다. 갈등을 해결하는 과정에서 조직행위자의 조직권력을 활용한 비합리적인 조직정치 현상이 발생할 수 있다. 조직갈등(organizational conflict)은 하나의 집단이 목표를 달성하기 위해 지시받은 행동이 다른 집단의 목표와 다를 경우 발생하는 충돌이나 불일치를 말한다.[137]

조직은 필요한 자원을 획득해야 하고 이러한 과정에서 다른 조직과 협력하거나 경쟁해야 한다. 조직 간 다양한 상호작용과정이나 활동에서 자원의 희소성 때문에 어떤 경우에는 다른 조직과 목표와 관심이 일치하지 않을 수 있다. 이런 상황에서 갈등이 생길 가능성이 높다.[138]

갈등은 갈등관리 능력에 따라 조직생존에 순기능과 역기능으로 작용할 수 있다. 〈그림 2-11〉A처럼 갈등의 수준이 너무 낮아도 조직성과는 떨어지며, 조직 사이에 극심한 갈등도 조직성과를 감소시킬 수 있다. 따라서 적정한 수준인 〈그림 2-11〉의 a점에서 오히려 성과가

---

136) Clark 외, *The Defense Reform Debate*, pp. 250-271.

137) 임창희·홍용기, 『조직론』, p. 469.

138) 위의 책, p. 470.

높다. 또한 〈그림 2-11〉 B와 같이 지배 정도가 낮거나 집중화되어 높을 때도 조직성과를 감소시킬 수 있다.[139]

갈등은 의사결정의 질을 향상시킬 수도 있으며, 조직변화를 좋은 방향으로 이끌고 더 효과적인 조직이 되는 데 기여할 수 있다.[140]

하지만 적정 수준을 넘어서면 갈등은 긍정적인 효과보다는 역기능을 하게 되는데, 이를 통해 조직은 내부적인 타격을 받게 되며 결국 조직자원의 낭비로 인한 비효율성은 조직이 쇠퇴하는 하나의 원인이 되기도 한다.

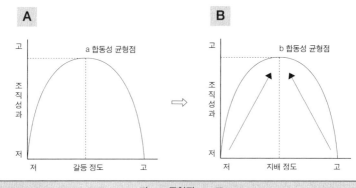

〈그림 2-11〉 군사조직 정책결정과정의 조직갈등 유발 영역

출처: 임창희·홍용기, 『조직론』, p. 480을 응용하여 재구성

---

139) 위의 책, p. 469.

140) 위의 책, p. 471.

조직 간 갈등관리를 위해 조직을 통제할 수 있는 권력이 필요하다. 이를 '조직권력'이라고 한다. 조직권력은 갈등을 해결하기 위한 수단이다. 조직권력은 바람직한 목표 또는 결과를 달성하기 위해 다른 사람으로부터의 저항이나 반대를 극복하기 위한 한 사람 또는 한 집단의 능력이다. 조직권력은 A가 B에게 힘을 행사함에 있어 B가 다른 방법을 수행하지 않고 A가 하라는 대로 만들 수 있는 A의 능력이라고 할 수 있다. 따라서 조직권력을 가진 이해당사자는 다른 이해당사자의 저항을 넘어 자신의 욕구 달성을 추구한다.[141]

조직갈등과 조직권력은 직접적으로 관련되어 있다. 조직갈등은 조직목표를 달성하기 위해 협동이나 협력을 필요로 하지만, 때로는 조직자원을 얻기 위해 서로 경쟁해야 하며, 조직 내에는 조직권력을 쥐고 있던 기득권과 조직권력을 새로 얻으려는 집단이나 사람이 존재함으로써 조직 내에는 항상 조직권력 쟁탈전이 벌어지게 되어 있다.[142] 이 과정에서 조직정치가 발생한다.

〈표 2-7〉 조직 내의 조직정치 행동

권력 원천 증가의 전술	권력 사용의 정치적 전술	협력 강화를 위한 전술
• 높은 불확실성 분야로 진입 • 상호의존성 창출 • 희소한 자원 제공 • 만족스러운 전략적 우연성 (contingency) • 직접적 법적권리 행사	• 연합형성과 네트워크 확장 • 충성스러운 인재 요직 임명 • 명확한 의사결정 통제 • 전문성 · 합법성 강화 • 상위의 목표 창출	• 통합 도구 창출 • 협상과 대결 사용 • 집단 간 상담계획 • 구성원 순환보직 실행

출처: 임창희 · 홍용기, 『조직론』, p. 489.

---

141) 위의 책.

142) 조직권력의 원천에는 ① 권한(authority), ② 자원에 대한 통제, ③ 정보에 대한 통제, ④ 대체 가능성의 부재, ⑤ 의사결정의 집권화 정도, ⑥ 환경 불확실성에 대한 통제, ⑦ 외부 이해당사자의 통제 등이 있다. 위의 책, pp. 481-486.

조직정치(organizational politics)란 조직구성원 자신 또는 조직이 타 조직과의 경쟁에서 자신들의 이익을 극대화하기 위해 의도적으로 계획된 행위다. 이 과정에서 조직행위자는 이익을 추구하기 위해 조직 내에 허용되지 않는 비공식적 방법으로 경쟁과 갈등을 유발하는 행동을 한다. 왜냐하면 조직은 목표달성과 이익추구를 지향하는 사회적 실체이기 때문에 조직이 운영되는 과정에서 조직 간 경쟁과 갈등은 빈번히 발생하고 이를 해결하기 위한 다양한 전술의 행사는 불가피하다. 즉, 조직에서 정치는 조직 운영의 일부이며 매우 일상적인 일이다.[143]

조직정치는 이해당사자들과의 갈등을 해결하려는 순수한 행동이 아닌 정치적 행동이다(표 2-7 참고). 외부 이해당사자의 권력을 이용하여 무엇인가를 행사하려는 행동이다. 자신의 이해관계에 얽힌 의사결정에 영향을 미치는 행동이 여기에 속한다. 비록 조직구성원들 또는 부서들이 조직정치를 하고 싶지 않다고 하더라도 조직구성원 모두는 조직정치에 대한 이해가 필수적이다. 조직원들은 곧 정치적인 게임에 직면하게 될 것이기 때문이다.[144]

조직 내에서 개인과 부서 및 조직들이 자신들의 목표와 목적을 달성하기 위해 조직권력을 얻기 위한 조직정치의 전술에는 첫째, 자신이 조직의 중요한 존재라는 사실을 유포하는 것이다.[145] 둘째, 대체 불가능성을 부각시키는 것이다. 셋째, 의사결정 권한의 집중도를 높이는 방법이다. 넷째, 강력한 혹은 외부 권력자와 연줄을 대거나 도움을 받는

---

143) 위의 책, p. 486.

144) 위의 책.

145) 예를 들면, 공군은 "대한민국을 지키는 가장 높은 힘, 정예공군"이라는 비전을, 육군은 "국가방위의 중심군"이라는 목표를, 해군은 "국가번영을 이루는 필수적인 존재"라는 입장을 각각 제시하고 있다. 출처: 육·해·공군본부 홈페이지

것이다. 마지막으로 의사결정에 힘을 행사하는 방법 등이 있다.

군사조직은 개방체제(open system)인 국방환경에 의존하면서 자원의 획득과 처분을 둘러싸고 끊임없는 상호작용을 한다. 군사조직은 외부환경으로부터 모든 자원을 획득·처분하지 않으면 존속이 불가능하다. 군사조직은 외부환경과의 상호작용에 있어 자신의 입장에서 환경을 규정하고 통제하려 한다.

또한 군사조직은 자율성과 생존성을 유지하면서 타 조직에 대한 의존성을 회피하고, 필요 시 타 조직이 자기에게 의존하도록 하여 스스로의 지배범위를 확대하려고 노력한다. 군사조직은 핵심 자원을 외부에 의존하기보다는 내부에서 안정적으로 해결할 수 있도록 생존전략을 구사한다.

결국 자원이론의 관점에서 보면 군사조직은 국방환경에 단순히 적응하여 반응하는 조직이 아니다. 국방환경을 자신에게 유리하도록 조건을 변경시키거나 관리 또는 환경을 창조한다. 이러한 과정에서 자군조직의 조직권력을 강화하고 생존성과 자율성을 확보하기 위해 나타나는 비합리적 현상이 조직정치다. 이러한 조직정치 현상은 상위조직의 이익을 침해하거나 저하시키는 역할을 하게 된다.

(2) 군사조직 내에서의 조직정치 발생과정

국방환경과 군사조직의 상호작용은 〈그림 2-12〉와 같다. 국방환경이 군사조직에 영향력(투입)을 가할 경우, 군사조직은 국방환경의 조건에 대해 순응, 회피, 거부, 환경조건에 대한 통제력을 행사하여 군사조직의 고유 기능을 수행한다.

국방조직의 투입요소는 국방환경으로부터 유입되는 제한된 자원이며, 군사조직은 자원을 조직의 목적에 변화시켜 군사력을 건설한다. 산출요소는 군사력의 운용결과를 의미한다. 피드백은 조직의 산출물에 대해 조직이 받는 내부 혹은 외부의 반응을 말한다.

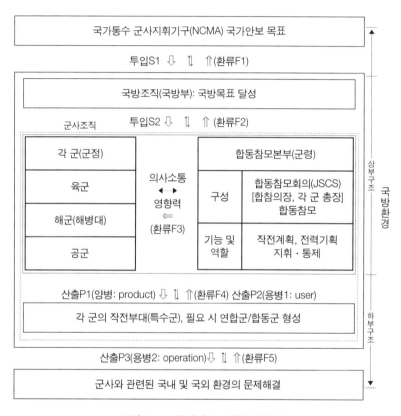

〈그림 2-12〉 군사기구 조직의 상관관계

① 투입S1: 국가 및 군사지휘기구가 국방조직에 요구한 국가목표

② 투입S2: 국방목표를 달성하기 위해 군사조직에 요구한 군사전략목표

③ 산출P1: 군사조직이 통합전력기획에 따라 생산한 군사력(각 군 전력)

④ 산출P2: 양산된 전력을 활용할 군사력의 운용계획([합동]작전계획)

⑤ 산출P3: 군사조직이 국방목표를 달성하기 위해 군사력의 운용(위임)

⑥ 환류F1, 2, 3: 투입S1, 투입S2를 집행하기 위한 조직 간 정보교류 및 협력, 반응

⑦ 환류F4, 5: 군사력을 운용한 성과분석이나 교훈 도출

⑧ ⇩: 일방적인 지휘나 지침의 제공, 달성해야 할 목표, 자원의 할당

⑨ ⇑(-): 상위조직의 지휘나 지침에 대한 반응, 조직 내부의 업무수행 결과

⑩ ⇕(-): 의사소통 및 상호 의존관계, 조직 내의 효율성, 상호의존적

국방조직은 국가통수 및 군사지휘기구에서 하달한 전략지침(투입 S1)에 따라 국방목표를 달성하기 위해 군사조직에 군사전략지시(투입S2) 를 하달한다. 합참조직은 합동전력·전략기획 등의 '기능과 역할'[146]을 수행한다.

합참조직은 한정된 각 군의 군정체계를 통해 양성한 자원인 군사력 을 최소로 활용하여 최대의 효과를 산출한다. 이를 위해 상위조직인 국 방조직에 군사자문(환류F2)을 하고, 각 군 본부와 협조 및 의사소통을 하 면서 전력기획으로 각 군에 영향력을 행사하여 양병(산출P1)을 돕는다.

그리고 작전계획에 따라 양성(산출P1)된 자원을 전투현장에 배치(산 출P2)한다. 각 군 조직은 자원할당 계획에 따라 양병(산출P1)을 통해 합 참조직의 용병(산출P2) 배치를 돕는다. 미국의 경우는 통합군/특수군 사 령관(CINC)[147]들이, 한국군의 경우는 합참의장이 제공된 자원을 가지고

---

146) U. S. Code 10권(1983), pp. 70-74; G-N법(1986); Alice G. Cole 외, *DOD Document*, pp. 318-320, 327-328; 국군조직법 법률 제10921호(2011. 10. 15)

147) CINC: Commander in Chief [Unified/Specific Command]

작전을 수행(산출P3)하여 국방목표 달성에 기여한다.[148]

이 과정에서 각 군 조직은 조직의 자율성과 생존성을 최대로 확보하고 더 많은 자원을 획득하기 위해 합참의 전력건설 기획에 영향을 미친다. 또한 작전계획 입안 시는 자군의 자원이 우선 사용되도록 확보된 권력을 통해 영향력을 행사하여 자군 조직의 유효성을 높이고자 노력한다.

전투에서 자군 자산을 우선 사용할 경우, 종전 후 자원 분배 시 그만큼 유리한 위치를 점할 수 있기 때문이다. 영향력을 행사하는 방법은 현재 합참에 속해 있지만, 차후에 자군으로 돌아올 이중 직위를 지닌 합동참모를 이용한다.

합참의장은 인사권이 없고, 각 군 참모총장이 합동참모에 파견된 자군의 승진과 보수, 직급의 관리를 통제하고 있기 때문이다. 각 군 참모총장의 군정권은 합동참모들에게 강력한 영향력을 행사한다. 합참의 정책결정 결과(산출P2)에 대해 각 군 조직은 순응·회피·거부 반응을 보인다.

이는 자군에서 생산된 자원을 자군과 같은 색깔을 지닌 지휘관에게 맡김으로써 자군 조직의 자율성과 생존성을 확실히 보장하려고 한다. 타 조직의 색깔을 입은 지휘관이 자군 군사전력을 통제하는 것을 거부하는 방향으로 나타난다. 각 군 사이의 자율성과 생존성을 위한 지나친 경쟁은 조직정치현상으로 인해 결국 합참조직의 '효과성 및 효율성'을 감소시킨다.

---

148) 각 군 조직은 유사시 군사작전을 효과적으로 수행하기 위해 평시에 지상전력, 해상전력, 항공전력 등의 군사력을 건설한다. 작전부대들은 합참의 지원과 연계된 작전계획 아래 각 군 조직이 생산한 전력을 활용하여 국방조직의 목표를 달성한다. AFCS JCSOS, *The Joint Staff Officer's Guide 1993*, 국방참모대학 역(Hampton: AFCS, 1993), pp. 1-12, to 1-26; *DOD Documents*, pp. 320-325.

이와 같이 과도한 경쟁은 G-N법 시행 전까지 각 군이 거의 대등한 힘을 가진 미국의 군사조직에서 나타난 현상이었다. 〈그림 2-13〉과 같이 A1에서 A2로 각 군의 힘이 기능적으로 통합(integration)되어야 하나, 합참 차원에서 A2와 같이 각 군 전력을 통합하여 사용하는 것이 아니라 A1과 같이 각 군이 독자적으로 군사력을 사용하기 때문에 자원의 중복과 낭비도 함께 발생한다.

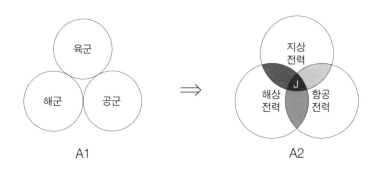

〈그림 2-13〉 미군의 합동성 모델

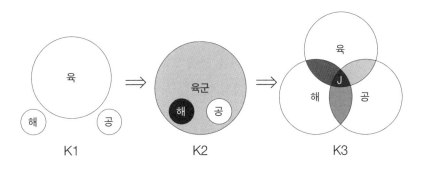

〈그림 2-14〉 한국군의 합동성 모델

한국군의 군사조직 구조는 미군의 군사조직과는 다르다. 어느 특정군이 〈그림 2-14〉의 K1과 같이 지나치게 규모가 크고 '지배적 권력'을 가지고 있다. 이와 같은 구조에서는 지나친 경쟁 때문에 합참의 유효성을 제한하는 현상이 발생하는 것이 아니라, 합참조직에서 K2와 같이 지배적 권력을 가진 어느 한 조직이 조직정치를 유발함으로써 K3와 같은 기능 통합(integration) 중심의 합동성으로 구현되지 못한다.

이러한 구조는 단순히 제도적인 군 구조 중심 통합 성격으로 합동성 강화를 추진할 경우, 특정 상대조직의 지배권력을 강화하고 공고하게 만드는 결과를 초래한다. 대상조직은 현려에 기반을 둔 다양한 대안을 검토하지 못하게 되며, 결과적으로 효과적인 합동성 구현 방법을 찾지 못하게 됨에 따라 전장환경의 불확실성을 극복할 수 없는 획일화된 군 구조가 된다.

대상조직에서 특정 조직의 조직권력에 의해 획일화된 의사결정으로 일관될 때 대상조직의 군사력 운용은 사고의 경직성 때문에 대상조직의 효과성과 효율성을 제한하는 현상이 발생한다. 따라서 합동성 강화는 K2와 같이 군종의 규모가 아니라 K3와 같이 전력의 기능이 통합(integration)되어야 한다.

자율성과 생존성을 확보하기 위한 각 군 조직 간의 과도한 경쟁은 조직갈등을 유발하고, 갈등관리를 통해 〈그림 2-11〉과 같이 균형점을 찾을 때까지 각 군의 조직정치 행태는 합참조직의 '기능과 역할'을 제한한다. 이러한 양상은 국방조직의 '기능과 역할'에도 영향을 미치고(feed back), 군사조직의 통합활동을 약화시켜 외부환경의 변화에 능동적으로 적시성을 가지고 효과적이고도 적절하게 대처(산출)할 수 없게 만든다.

(3) 비통제형 합참의장제와 조직정치

조직갈등을 해결하는 접근방식은 각 군의 조직적 역량, 작전환경, 군사조직문화의 전통에 따라 다르다. 이러한 조건에서 발생한 시각 차이는 합동성을 실천하는 방법에 영향을 미치게 되고, 합동전장에서 군사목표를 달성하기 위해 군사력을 운용하는 합동성의 방법은 각 군의 특성에 따라 각기 다르게 접근한다. 각 군의 서로 다른 작전개념과 합동성 구현방법에 대한 인식 차이는 군사력을 건설하는 과정에도 영향을 미치게 된다. 이러한 영향은 각 군을 다른 군과 구별되게 하며, 동시에 해당 군의 전문성으로 나타나게 된다.

합동성의 효과는 이러한 다름을 어떻게 기능적으로 통합(integration)하느냐에 따라 달라진다. 각 군의 전문성은 차별화된 만큼이나 힘의 특성이 다르기 때문에 단순히 통합하여 시너지즘을 창출하기가 쉽지는 않다.[149]

앞서 〈표 2-2〉 '지휘체계의 중심 분류'에서 설명한 유형 중 전문화된 각 군의 능력을 통합(integration)하여 시너지를 창출하기가 가장 어려운 조직은 '비통제형 합참의장제'다. 왜냐하면 이 모델은 대등한 입장과 상위 통제조직이 없는 상태에서 각 군 조직의 자율성과 생존성을 추구하기 위해 조직을 확장하기 때문이다.

이 모델은 미군의 군사조직을 구성하는 초기 기본형 모델로 미 합참조직의 출발점이고, 각 군 조직을 통제하지 못하는 미 합참조직의 취약성 때문에 가장 극심하게 각 군 간의 경쟁이 발생했다. 이 모델 하에서 월남전에 임한 미군은 심각한 자군 중심의 조직정치 때문에 월

---

149) 김종하·김재엽, "합동성에 입각한 한국군 전력증강 방향: 전문화와 시너지즘 시각의 대비를 중심으로", pp. 191-219.

남전에서 패했을 뿐만 아니라, 패전의 후유증은 '베트남 신드롬(Vietnam Syndrome)'[150]이라는 용어까지 생겨날 정도로 미국인에게는 심각한 것이었다.

그 결과 이 모델을 근간으로 합참조직을 강화하여 각 군 조직을 어떻게 통합할 것인가가 미 국방개혁과정에서 주된 논쟁거리가 되었다.[151] 이와 같은 이유로 〈표 2-2〉에 제시된 모델 중 조직정치를 설명하기에 가장 적합하다고 판단했다.

블레이크와 마우스(Blake & Mouth)의 갈등좌표 모형을 응용하여 〈그림 2-15〉와 같이 분석모델을 구성했다. 각 군 조직의 자군 이익추구(자율성과 효과성)에 대한 합참의 정책결정 공익추구(국방목표 달성)과정의 관계를 분석하면 다음과 같다. 합참 수준의 의사결정을 국방조직 차원에서의 이익추구로 정하고, 각 군에서 제기되는 정책결정의 수준을 이익추구로 상정했다.

첫째, A(1. 1)는 무관심형이다. 대상조직과 상대조직의 존재 이유를 상실하는 최악의 상태다. 대상조직과 상대조직은 어떠한 결과가 나오더라도 관심을 두지 않는다. 이것은 군사조직의 몰락을 의미하므로 논외의 대상이다.

둘째, D(9. 9)는 상호 일치형이다. 가장 이상적인 최적의 상황이다. 대상조직의 정책결정과 상대조직 간의 이익이 일치하며 아무런 문제가

---

150) 미국인이 베트남 전쟁에 대한 혐오감 때문에 국제분쟁 해결을 위한 무력사용에 대해 극도의 혐오감을 갖는 현상을 말한다. 베트남 전쟁은 미국역사상 처음으로 미국 국민이 패배감을 맛본 전쟁이었다. 이 전쟁의 패배는 국가의 위신을 손상시켜 미국 내에 심각한 분열과 좌절감을 가져왔고, 'No More Vietnam'이라는 관용어까지 생겼다. 미국인에게 있어 베트남 전쟁은 패배, 실패, 부도덕 그 자체였다. 베트남 전쟁은 미국사회 전체를 괴롭히는 병이 되어 미국은 국가적인 신경쇠약 질환을 앓았다고 해도 과언이 아니었다. 노나카 이쿠지로 외, 『전략의 본질』, pp. 357-358.

151) Lederman, 『합동성 강화: 미 국방개혁의 역사』, pp. 21-94.

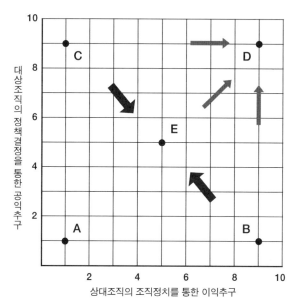

〈그림 2-15〉 각 군 비통제형 합참의장제와 조직정치

출처: Forsyth, 『집단역학』, 1991, pp. 124-125를 응용하여 재구성함

발생하지 않는다. 따라서 논의에서 제외한다.

셋째, B(9. 1)는 상대조직 이익추구의 최대화형이다. 상대조직 중 어느 해당 상대조직의 이익은 최대화되며, 대상조직의 공익 수준은 최저의 상태로 감소된다. 상대조직의 최대화된 이익이 대상조직의 이익과 항상 불일치하는 것은 아니다. 대상조직은 조직의 균형발전을 위해 자원을 효과적으로 분배할 책임이 있다. 그러나 한정된 국방자원 때문에 현실적으로 상대조직의 욕구를 채워주기는 매우 어렵다.

상대조직의 지나친 조직정치 추구는 국방환경을 구성하고 있는 군사 외 조직과 타 조직의 비난을 받게 되고, 대상조직의 상위조직과 주변환경의 압력을 자초하게 된다. 국가의 공익 수준에서도 상대조직의 조직정치를 극복할 필요성이 발생한다. 외부환경인 국방조직, 정부 및 언론은 해당 상대조직의 이익추구를 제한하려고 한다.

이러한 국방 외부환경의 움직임은 상대조직의 자율성과 생존성에 영향력을 미쳐 상대조직의 이익을 침해하는 결과를 유발하게 된다. 또한 어느 일개 상대조직이 최대화의 이익을 추구하면, 다른 상대조직의 이익을 침해하기 때문에 그에 비례하여 다른 상대조직의 반발은 커지게 된다.

상대조직 출신의 합동참모들은 대상조직의 근무가 끝나면 원래 소속했던 상대조직으로 복귀해야 하기 때문에 비난을 받으면 개인의 경력, 승진 및 보직 경력관리에 치명적 손상을 받는다.[152]

넷째, C$(1, 9)$는 공익추구 최대화형이다. 불이익을 받는 상대조직은 대상조직에 파견된 자군 소속의 참모들을 통해 자군의 이익을 보호하려고 한다.

상대조직은 해당 조직 출신의 참모나 대상조직의 해당 조직 출신 구성원을 통해 영향력을 극대화시킨다. 대상조직이 공익 수준을 달성하고 이로 인해 상대조직이 손해를 볼 경우, 대상조직에 근무하고 있는 구성원(합동참모)의 인사경력관리에 치명적인 손상을 받는다.

또한 합동참모회의 구성원인 상대조직의 각 군 참모총장들은 자신의 군 조직에서 지도력 및 지지를 상실할 두려움과 함께 상실 시 집

---

152) 조직 자체는 개인의 지위에 대한 욕구를 충족시켜준다. 각 조직의 구성원은 안정적 지위의 욕구를 가지고 있다. 그들은 조직으로부터 보상 및 승진 그리고 경력관리에 좋은 조건을 얻고자 한다. 송근원, "Kenneth E. Boulding의 조직혁명이론", 오석홍 편, 『조직학의 주요이론』(서울: 경세원, 1991), p. 340; 동기(motivation)는 어떤 목표성취를 지향하는 인간행동을 촉발하고 그 방향을 설정하고 지속시키는 정신적인 힘 또는 정신작용의 과정을 지칭한다. 오석홍, 『조직이론』(2014), pp. 100-102.

단에 대한 통제 약화를 우려한다. 결국 대상조직 내부의 의사결정 방향은 C형이나 D형을 선택할 수 없게 된다.

다섯째, E(5. 5)는 타협형이다. 상호양보 및 흥정 등으로 타협의 산물인 중간적 입장이 받아들여진다. 따라서 각 군 조직들은 타군보다 월등히 나은 이득을 얻지 못하며, 손해도 보지 않는다. 타협은 공익을 추구하는 최적의 해결책이 아니라 대상조직 내의 의사결정에서 마찰을 회피하기 위한 방법이다. 따라서 합참 내 합동참모회의 구성원이나 합동참모는 본인이 받는 타격을 최소한으로 줄이기 위해 적당하게 공익을 추구한다.

합참 내에서 대부분의 의사결정은 E(5. 5) 쪽으로 향한다. 상대조직 중 어느 한 조직이 의사결정 결과를 수용하지 않을 경우, 만장일치제의 합참회의는 타협점을 찾을 때까지 계속된다. 합참의장은 합참의 정책 집행과정에서 각 군의 경쟁과 간섭을 막을 법적인 통제권한이 없다.[153]

각 군의 경쟁은 자군의 이익을 위한 조직정치를 유발하며, 최적의 작전개념이 아니라 타협한 작전개념으로 효과성 저하에도 영향을 미친다. 대상조직의 적시 및 적합하지 못한 자문, 최적화되지 못한 의사결정으로 군 구조 전체의 공익(효과성 창출)을 방해한다.

E(5. 5)의 타협안은 전쟁에서 효과적으로 국가안보를 지켜내지 못한다. 왜냐하면 대상조직은 최상의 전쟁 수행방법을 택하지 못하기 때문이다. 대상조직이 선택하는 작전수행을 위한 작전계획은 결코 상대조직과의 타협점이 되어서는 안 된다. 군사력이 추구하는 근본 목표는 국가 간의 전쟁에서 승리하는 것이다.[154] 그러나 최선의 대안조차 전장

---

153) G-N법 제정 전까지 미군의 모습이다. 한국군은 818계획 이후 군령권을 가지고 있다.

154) 미합동전교리(2000), p. v.

환경의 불확실성 때문에 작전성공을 장담하기 어려우므로 그 심각성이 여기에 있다.

여섯째, D(9, 9)는 공익추구 최대화형이다. 조직정치를 제거하여 C → D, E → D, B → D 등 각 좌표가 최적의 좌표(9, 9)로 이동하도록 최상의 통합활동을 통해 최적의 합동성의 균형점을 이루도록 해야 한다.

결과적으로 합참의 의사결정은 각 군의 조직정치를 최소화하고 합참조직의 공익을 최대로 높일 수 있도록 해야 한다. 공익을 달성하는 방법은 합동참모회의 구성원인 각 군 참모총장의 이중기능을 약화시키고, 합참구성원의 권한 대신 합참의장의 권한을 강화하며, 합동참모가 각 군에서 받는 영향력을 차단하여 조직정치를 차단하는 것이다. 그리고 통합활동으로 결집시킨 국가의 총력을 전투사령관을 통해 가장 효과적으로 군사력을 투사해야 한다.

2) 가설 및 분석의 틀

본 연구는 미국과 한국의 국방개혁과정에서 나타난 조직정치현상이 합동성 강화에 미친 영향을 설명하는 것이다. 그리고 이를 바탕으로 한국의 국방개혁 추진에 도움이 되는 시사점을 도출하는 것이다. 이를 위해 〈그림 2-16〉과 같이 분석의 틀을 구성했고, 가설은 다음과 같다.

첫째, 유한한 자원을 가진 개방체제하에서의 조직은 해당 조직의 자율성과 생존성을 확보하기 위해 확장하며, 이 과정에서 조직갈등이 유발된다. 갈등관리 과정에서 상대조직(각 군)에 의한 조직정치가 발생하면, 대상조직(합참)의 효과성을 제한할 것이다(질문 1).

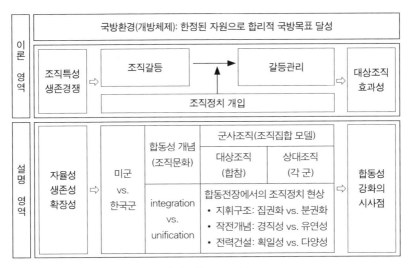

〈그림 2-16〉 한미 국방개혁과정 비교 분석의 틀

　　둘째, 자신의 자율성과 생존성을 확장하기 위한 상대조직 간의 과도한 경쟁은 대상조직의 유연성을 제한하여 대상조직의 공익추구를 제한할 것이다. 각 상대조직은 대상조직에서 작전개념 구상 시 자군 자산이 우선사용(경직성)되는 작전개념을 선호할 것이다(질문 2).

　　셋째, 상대조직은 대상조직의 공익(다양성)보다는 자신의 조직에 이익이 되는 직접통제가 가능(획일성)하다면, 해당 자산의 우선획득(전력건설)을 선호한다(질문 3).

　　넷째, 조직갈등을 유발하는 상대조직의 조직정치 현상을 제한하면, 대상조직의 공익을 강화하게 될 것이다(질문 4).

　　이상과 같이 본 연구는 미국과 한국의 국방개혁과정에서 나타난 '조직정치' 현상이 합동성 강화에 미친 영향을 비교 설명하기 위해 4개의 질문을 했으며, 이 질문을 다시 4개의 가설로 전환했다. 제3장과 제4장에서 4개의 가설을 검증하고, 제6장에서 미군과 한국군의 합동성과 조직정치 현상을 비교하여 합동성 강화를 위한 시사점을 도출했다.

제3장

미군의 합동성과
조직정치

제1절
미군의 합동성과 정치문화

　　미국의 민간 지도자들과 군 최고 지휘관들은 집행적인 면과 법률적인 면에서 군대의 합리적인 통합에 대한 중요성을 인정하고는 있었다. 미군의 합동성을 강화하기 위한 군 구조 개혁의 문제는 각 군의 자율성을 보장하기 위한 분권화와 지휘구조의 집중화 범위에 대한 논쟁이었다.

　　제2차 세계대전 이후 각 군 조직을 통합하여 국가 차원에서의 군사자문을 제공할 수 있는 합동군사조직을 구성하려는 의도는 첫째 각 군의 조직 이기주의를 넘어서 민간 지도자들에게 군사자문을 제공하고, 둘째 정치적 목적과 군사적 수단을 연결시키는 효과적인 통합(integration)지휘와 전략개념을 실현하며, 셋째 이에 필요한 효율적인 군사력을 건설하려고 했다. 이러한 목적들은 원칙적으로 논쟁거리가 안 되었다.[1] 최종적인 법 개혁에 대한 주제는 '어떻게 하면 합동구조를 더 강력하고 집권화된 군 구조로 건설하면서, 동시에 각 군의 분권화된 자율성을 어느 정도까지 허용할 것인가?' 하는 균형의 문제였다.

---

1)　Art, others, ed., *Reorganizing American Defense*, p. 169.

1. 국방개혁에 대한 미 의회의 입장

미 헌법을 기초한 자들이 생각한 문민통제는 민간인이 군 자체를 통제한다는 개념이 아니라 군의 활용 여부를 통제하겠다는 의미였다. 군의 장교들이 정치력을 장악하는 것과 반대로 정치가들이 군을 장악하게 되는 현상 모두를 우려했다. 이러한 이유로 미국의 초기 건국자들은 군에 대한 권한이 단일조직에 집중되는 현상을 두려워했다. 그들은 보수적 성향이 강했기 때문에 권력이 분할되기를 희망했다.[2]

미 헌법을 기초했던 헌법 제정가들의 군에 대한 초기의 생각은 최소한의 국방조직을 유지하며, 이들에 대한 통제권은 의회와 대통령 그리고 주정부와 연방정부가 분할하여 소유해야 한다고 생각했다. 전쟁에 대한 의회의 임무는 전쟁을 선포하고, 유사시 육군의 병력을 동원하여 충원하며, 해군은 평시부터 유지 및 지원하는 것 등 3가지 형태로 귀착되었다. 미 육군과 해군의 최고 지휘관은 대통령이며, 연방정부를 지원하라는 지시가 있기 전에는 주정부가 시민군을 통제하도록 했다. 미국에서 권력을 분할한다는 것은 이들 민간인이 적절히 조화를 이루면서 군을 통제한다는 의미였다.[3]

미군의 조직은 이들 헌법 내용을 근거로 하여 편성되었다. 미 헌법에는 해군과 육군이 해야 할 일을 명백히 구분했다. 미 육군과 해군은 처음부터 서로 상이한 임무를 부여받았고, 군 조직은 상호 독립적이었다. 육군과 해군이 서로 다른 존재라는 점을 부각시키기 위해 조직구

---

[2] Allard, 『미래전 어떻게 싸울 것인가』, pp. 49-50.

[3] 위의 책.

성 형태를 달리했고, 이는 미 군사조직의 전통이 되었다.[4]

이러한 전통은 미 육군과 해군이 지휘와 참모를 바라보는 다른 시각을 갖게 하는 원인이 되었다. 복잡성을 더해가는 과정에서 전쟁에 대해 이들 양군이 대처하는 방식도 달라졌다. 육군과 해군의 임무가 서로 다르다 보니 민주사회인 미국에 각 군이 끼칠 수 있는 위협의 정도도 달랐다.

결과적으로 의회는 육군과 해군의 기능을 확정하는 과정에서 사용된 '이해의 잣대'를 다르게 적용했다. 육군은 대병력을 유지해서도 안 되고, 고비용의 무기로 무장해서도 안 된다고 생각했다. 그 결과, 지휘구조의 성격과 지휘구조 간의 전반적인 관계가 영향을 받게 되었다.[5]

미 의회는 군사조직을 건설할 때, 군사력을 확대하려는 목적과 욕구에 대해서는 공식적으로 수용하려는 입장을 취하면서도 실질적으로는 군 조직의 확대와 권한이 집중되는 것을 억제하는 이중적 입장을 취했다.[6]

의회의 입장은 집권화된 군사기획 및 통합활동을 통해 합동성을 강화할 필요성은 인정하면서도 문민통제를 위협할 수 있는 강력한 군사조직의 출현도 배제했다. 또한 의회에는 각 군의 역사적인 조직문화와 자율성을 보호하기 위해 육·해·공군이 분권화된 조직을 유지하여 군 조직 내 권력의 균형을 유지할 책임도 있었다.[7]

미 의회는 정부의 예산 결정권을 확보하고 있어서 의원들은 군 조

---

4) 위의 책, pp. 55-56.

5) 위의 책, p. 55.

6) Kaufman others ed., *U. S. National Security*, pp. 111-113.

7) Art, others, ed., *Reorganizing American Defense*, p. 169.

직에 대한 의회 통제 권한을 활용해 자신들의 선거구 이익을 추구했다. 의원들은 선거자금을 지원하는 지역 업체들을 위해 가능한 한 최대한의 국가 재정지원을 확보하려고 노력했다.[8] 군 조직의 변화와 관련하여 미군이 개혁을 추진할 경우 의회와 협상해야 하지만, 협상은 종종 국방 목표와는 거리가 먼 의원들의 선거 관심사에서 좌우되었다. 결국 미군은 정치적 환경에 따라 기회를 포착하여 우선사안을 해결하려 했다.[9]

이러한 의회의 태도는 미국이 자국의 군사적 문제를 해결하고, 전쟁을 억제하기 위해 확고한 즉응태세를 유지하거나 중요한 군사력을 확보하려는 국가의 노력을 방해했고, 미 군사조직의 비효율적인 운영에 직접적인 영향을 미쳤다.

다음은 미 의회의 민·군관계에 대한 입장이다. 민·군관계에서 미 의회의 문민통제에 대한 관점은 정치가 군사우위를 유지하며, 군부를 지배하고 통제하는 것이다. 그 취지는 군국주의를 배격하고 민주주의 원리를 관철하는 것으로 문민우위의 바탕이 되었다.[10]

의회는 공식적으로는 확고한 문민통제를 지지하면서 분산된 군 구조를 유지하고자 했다. 이러한 미 의회의 영향으로 1986년까지의 군사조직은 군사자문의 책임을 한 명의 군사장교에게 집중되지 않도록 했다. 이는 강력하게 군 조직을 통합하는 총참모제 같은 군사제도의 등장을 가로막았고, 이러한 군 구조에 대한 문민통제의 미 의회 전통은

---

8) 뱅상 데포르트(Vincent Desportes), 『프랑스 장군이 바라본 미국의 전략문화』, 최석영 역 (서울: 21세기 군사연구소, 2013), p. 206.

9) 위의 책, p. 206.

10) 이선호, "한국 국방체제 발전에 관한 연구: 현대 국방체제의 민군관계를 중심으로", pp. 41-44.

국방조직을 개편할 때마다 개편법을 손상시킬 정도로 법률의 질을 떨어뜨렸다.[11]

미 의회는 전 합참의장 존스(David C. Jones) 장군과 전 육군참모총장 메이어(Edward C. Meyer) 장군의 주장과 같이 강력한 군 구조를 건설하자는 제안들이 문민통제에 대한 민간권위를 손상시키고 실질적으로 군 구조를 개선하지는 못하면서 단순히 군사기구만을 강화하고자 하려는 의도로 인식했다. 미 의회는 "군 구조를 강화하는 것은 가장 비미국적인 변화이며, 군 구조 개혁정책은 불확실한 민간통제를 양산할 가능성이 매우 크다"고 우려했다.[12]

이러한 배경에는 미국의 민·군관계가 민이 군을 후원하는 관계에서 설정되었다. 각 군 지휘관의 후원자는 소속된 군부가 아니라 민간인 장관과 대통령이 되도록 군을 편성해야 한다는 원칙이 존재했다. 중앙집권적이고 관료적인 군 조직에 대한 문민통제란 지휘관이 민간인 장관과 대통령의 적극적인 지원 없이는 각 군을 통제할 수 없음을 의미했다.[13]

미국의 군부도 민간권력이 최고 권력이며 문민에게 반드시 복종해야 한다는 매우 명료한 인식을 갖고 있었으며, 강력한 중앙집권적인 군사기구가 탄생하여 문민통제를 위협하는 것에 대해 우려했다. 또한 과거에 합참의 기능이 활성화되었을 때 군사기구가 쉽게 정치에 관여했던 사례를 경험한 바 있는 미 의회는 강력한 군 조직의 설립에 대해

---

11) Daniel J. Kaufman, "National Security: Organizing the Armed Forces," *Armed Forces and Society*, Vol. 14. No. 1, Fall 1987, p. 89.

12) Clark, others, ed., *The Defense Reform Debate*, pp. 287-288.

13) Blackwell & Blechman, *Making Defense Reform Work*, p. 149.

더욱 배타적 입장을 견지했다.[14]

미국의 정치문화에서 군 조직의 분권화와 문민통제의 전통은 국방환경의 발전에 따라 군 조직을 변화시켜야 할 필요성에도 불구하고 변화의 방향이 의회가 바라보는 관료적 이해와 충돌하게 되었을 때 매우 제한된 대응을 하거나 변화의 요구를 간단히 묵살했다.[15]

미 의회는 1986년 G-N법을 개정하는 과정에서 합동참모와 합참의장에게 각 군 조직의 권한을 견제하는 충분한 권한을 주기를 원했다. 그러나 이러한 법구조 개혁방향의 문제점은 법이 군 조직을 지나치게 집권화하고 합참의장의 권한을 강화하여 문민통제를 위협할 가능성, 그리고 민간인의 권한이 군을 지휘하는 문민우위의 전통에 위해를 가할 가능성 때문이었다.[16] 강력한 군 구조의 탄생을 거부하는 미국의 정치문화 유산은 군 지휘구조 개혁과정에서 격렬한 논쟁의 원인이 되었다.

2. 국방개혁과 각 군의 군사문화

문화는 정신을 형성하는 유산인 동시에 사고 범위를 한정시켜 하

---

14) 1945년대에 군 조직의 대표자로서 합참은 통상적인 군사문제를 훨씬 뛰어넘어 외교·정치·경제 분야까지 확대하는데, 이는 군 문제의 능력범위를 초월하는 것이었고, 게다가 육군성의 참모진은 정치적인 결정문제까지 의식적으로 관여했다. Samuel P. Huntington, 『군인과 국가』, 강영구·송태균 공역(서울: 병학사, 1980), pp. 343-344.

15) Luttwark, *The Pentagon and The Art of War*, pp. 61-64.

16) Robert Holzer and Stephen C. LeSueur, "JCS Chairman's Rising Clout Threatens Civilian Leaders," *Defense News*, June 1994. 13-19, p. 29.

나의 제약점으로 작용하기도 한다. 이 점은 한 국가의 문화가 국민의 사고와 행동방식을 결정하고, 관습의 저변을 형성하는 군사 분야에서 두드러진다.[17] 따라서 각 군의 전통과 문화가 지휘구조에 미친 영향을 살펴볼 필요가 있다.

각 군의 전통과 문화가 지휘구조에 영향을 미친 요인은 첫째 작전환경, 둘째 보유 전력의 차이 등으로 설명할 수 있다. 첫째 각 군의 작전환경이 지휘구조에 미친 영향이다. 땅·바다·하늘이라는 상이한 지리적·공간적 환경은 각 군을 지형적·공간적 공간에서 독특한 문화와 역사를 갖는 독립적인 영역에서 분할되어 발전해왔다.

이러한 특수성에 근거해서 각 군을 분리한 장점은 전승(戰勝)의 가장 중요한 요소인 강력한 충성심이 각 군의 소속감에서 조성되기 때문이다. 각 군은 나름의 역사와 전통을 갖고 장병들에게 역사와 전통을 심어주고, 집단의식과 동기를 부여할 목적에서 교육을 시켜왔다.[18] 이는 조직의 자율성과 생존성을 보장하고 조직을 확장하기 위한 가장 기초적인 행태다.

미군은 각 군 독자적으로 전략사고를 발전시켜나갔다. 육군은 프로이센군의 사례를 바탕으로 전쟁에서 지상군이 중심이 되는 전쟁개념을 발전시켜왔다. 해군은 마한(Alfred T. Mahan)의 영향을 받아 외국을 침략하고자 하는 등 국가의 주요 활동이 해군의 영역이라는 점을 거론하면서 해군력을 발전시켜왔다. 공군은 지울리오 두헤(Giulio Douhet)를 비롯한 항공력 사상가들의 영향을 받아 '전략폭격'이라는 개념을 발전시켰다.

제2차 세계대전이 점차 가열됨에 따라 이러한 사고방식은 더욱 고

---

17) Desportes, 『프랑스 장군이 바라본 미국의 전략문화』, p. 43.
18) Lederman, 『합동성 강화: 미 국방개혁의 역사』, pp. 30-31.

착되었다. 육군은 지상전에서의 승리를 전승을 위한 필수조건으로 생각했다. 이를 위해 육군이 전쟁을 주도하고, 여타 군은 육군이 주도하는 전쟁을 지원해야 한다는 관점이었다. 미 해군은 바다의 통제를 지구적 차원에서 미국의 영향력을 행사하기 위한 필수조건으로 생각했다. 미 공군의 모태인 미 육군 항공단은 항공력을 이용해 대규모 폭격을 통해 적의 전쟁수행능력과 전쟁수행의지를 말살시킬 수 있을 것이라고 주장했다.[19]

육군은 프로이센의 일반참모제도를 모방한 통합구조(Unified Structure)를 활용했다. 육군은 국(bureau)을 통합(unified)해 일반참모가 지원하는 참모총장 휘하에 예속시켰다. 일반참모제도는 다양한 모습의 조직을 통합(unified)해 강력한 단일 참모에게 집행권한을 부여하여 이 참모가 단일의 의사결정권자에게 보고하는 개념이었다.

반면에 해군은 함정, 잠수함 그리고 항공기를 담당하는 각각의 개별 국(bureau)이 독자성을 유지할 수 있도록 하는 분권화된 지휘계통을 견지했다. 육군은 강력한 형태의 중앙집권적 통제가 더 우수하다고 믿고 있었으며, 해군은 의사결정을 효율적으로 하려면 미 국방제도를 분권화된 방식으로 통제하는 것이 더 좋다는 신념을 갖게 되었다. 이는 자군의 조직구조에 근거한 사고방식들이었다.[20]

또한 각 군이 보유한 전력구조와 지형적 특성에 따라 지휘구조를 바라보는 시각 차이가 생겨났다. 첫째, 육군의 병력 중심 구조가 지휘구조에 영향을 미쳤다. 군사력이란 병력의 수와 밀접한 관계가 있는 개념이다. 병력의 수가 늘어나면 이들 병력에 대한 지휘통제가 더욱 어려

---

19) 위의 책, pp. 38-39.
20) 위의 책, pp. 40-41.

워진다. 육군은 병력의 증가에 따른 지휘통제의 문제를 중간제대와 중간계급을 적절히 추가 편성하는 방식으로 해결했다.

둘째, 지상군의 활동 영역인 지형적인 제한이 지휘구조에 영향을 미쳤다. 육군은 개개 병사에서 탱크와 대포에 이르는 무수한 객체와 물자로 구성된 부대다. 지상군의 기동은 지형적인 제한으로 인해 상호 간 직접 교신 또는 통제가 어려웠다. 따라서 지상전력의 하위 제대는 신속한 의사결정이나 민첩한 행동을 하고자 해도 필요한 정보 및 통신 능력이 크게 부족했기 때문에 할 수 없었다.[21]

미 육군은 군사력을 '집중시켜야 한다'는 개념, '여러 다양한 무기(보병·포병·기갑 등)를 결합(combined arms)하여 전쟁을 수행한다'는 개념, 그리고 현대 전략의 기본 지침인 '단일 지휘관이 지휘한다'는 지휘통일(unity of command)의 원칙을 수용했다.[22]

반면에 해군은 해상에서 함정으로 구성되어 있는 전투체계를 가지고 있었다. 이후 전투체계에 항공기가 추가됨으로써 함정과 항공기가 결합된 항공모함이라는 무기체계를 갖게 되었다. 함정의 경우 바다에서 활동하려면 필요한 물자와 장비를 해당 함정에 탑재하고 다녀야 했고, 독립된 함장을 중심으로 지휘체계를 유지했다.

또한 함정과 항공기에는 육군에 비해 통신에 장애가 될 만한 지형적인 방해요소가 거의 없는 편이었다. 그 결과 바다 및 하늘에서는 하위계층에서도 정보를 수집하고 다양한 형태의 군 자산에 명령을 전달할 수 있었으며, 전술적 차원에서 더 조화롭게 유지할 수 있었다. 이와 같은 특성 때문에 해군은 분권화를 선호했다.[23]

---

21) 위의 책, p. 42.

22) Allard, 『미래전 어떻게 싸울 것인가』, pp. 59-61.

23) Lederman, 『합동성 강화: 미 국방개혁의 역사』, pp. 42-42.

다음은 각 조직이 자원의존 정도에서 오는 전쟁을 수행하는 방법상의 시각 차이다. 육군은 지상전이 단연 중요하다고 생각했다. 하지만 육군은 병력을 해외로 투사할 때 해군의 함정과 공군의 항공기에 의존해야 했다. 또한 육군은 전투활동을 지원하기 위해 항공력을 활용한 근접항공지원을 필요로 했다. 육군은 이러한 다양한 요소를 통합하여 육군 중심으로 전쟁을 수행하기 위해 이들 모두를 중앙집권적으로 통제하기를 희망했다.

반면에 미 해군은 미 육군 항공단의 통제를 받지 않는 독자적인 항공력과 지상전력인 해병대를 보유하고 있었다. 해군은 함정과 항공기, 그리고 지상병력 모두를 보유하고 있었기 때문에 굳이 육군처럼 타군에 의존할 필요성이 없었다. 이러한 입장의 차이가 지휘구조의 중앙집권화와 분권화에 대한 시각 차이를 유발했다.[24]

린(William J. Lynn)은 '집권화가 높은 군사제도'의 탄생에 대한 해군과 육군의 인식을 다음과 같이 설명하고 있다.

> "해군은 역사적으로 가장 독립적인 군이다. 해군은 타군들보다 이기주의적인 면이 더 강하다. 해군은 해상통제에 필요한 대부분의 자원을 소유하고 있으며, 타군 지휘관은 해군의 임무와 역할을 바르게 이해하지 못하고 있다고 인식하고 있다. 이러한 요인은 해군이 타군 지휘관의 지휘를 받는 것을 전통적으로 거부하게 만들었다. 또한 해군은 집권화된 중앙군사제도가 각 군 지배형 체제보다 국방자원을 획득하기가 더 어렵다고 생각했다. 반면에 육군은 가장 의존적인 군이다.
>
> 육군은 대규모 지상전투 같은 핵심임무를 가장 완벽히 수행하려면 해군 및 공군의 주요 자원의 도움을 필요로 했다. 따라서 육군은 해군과는 다

---

24) 위의 책, p. 39.

르게 '강력하게 집권화된 중앙군사기구'가 각 군 지배형 체제보다 육군에 대한 지원 임무를 더 확실히 보장한다고 생각했다. 육군은 각 군 지배형 체제에서 각 군이 제출한 예산안을 개별적으로 통합하는 것보다 집권화된 군사제도에서 예산분배를 하면 해군과 공군과의 자원배당 경쟁에서 더 나은 결과를 얻는다고 믿었다."[25]

미 해군은 제2차 세계대전의 경험을 통해 함정이 항공기의 공격에 취약하다는 점을 인지한 후, 항공모함이 함대의 핵심요소가 될 정도로 항공무기에 대폭 투자했다. 그리고 해군 소속의 항공무기 통제에 심혈을 기울였다.

특히, 대잠수함 및 정찰 임무를 수행하고자 할 때 육군이 지상에 기반을 둔 해군 소속 항공기들을 통제하지 못하도록 했다. 해군은 강력한 중앙집권화된 참모제도가 출현할 경우 해군 항공기들을 해군이 직접 통제하지 못하고, 육군 항공단(후에 공군으로 전군)에 의해 통제될 가능성에 대해 우려했다. 이러한 이유 때문에 해군은 미군의 중앙집권화를 결사적으로 반대했다.[26]

결론적으로, 군사조직의 중앙집권화에 대한 미국 군사조직의 전통적 입장은 다음과 같다. 전통적으로 육군은 군사조직의 중앙집권화에 적극적으로 지지하고 있으며, 해군은 반대 입장을 취하고 있다. 공군은 비교적 육군의 입장에 가깝지만 중도적인 입장을 취했다.

---

25) Art, others, ed., *Reorganizing American Defense*, pp. 198-199.
26) Lederman, 『합동성 강화: 미 국방개혁의 역사』, pp. 42-43.

제2절
미군의 작전실패 사례

1. 월남전의 교훈

평시의 국방조직에 나타난 조직정치로 인한 조직결함과 전시의 작전실패는 서로 긴밀히 연계되어 있었다. 양자의 잘못된 원인들은 월남전에서 나타난 조직정치 현상을 분석함으로써 밝혀질 수 있다고 생각한다. 이러한 분석의 중요성은 구조 및 체계에서의 치명적인 결함을 검토하지 않은 채 그대로 존속하게 한다면, 월남전에서 범했던 과오가 개혁되지 않고 그대로 유지될 수 있기 때문이다.[27]

각 군 및 거의 모든 병과가 월남전을 통해 자군의 역할을 강화하고자 모색함에 따라 월남에 매우 복잡한 관료조직이 생겨나게 되었다. 1964년 6월부터 1968년 7월까지 결정적인 시기에 주월군사지원사령부(Military Assistance Command, Vietnam)를 담당하고 있던 최고의 군 지휘관은 육군의 웨스트모어랜드(William C. Westmoreland) 장군이었다. 그는 타군에

---

27) Luttwak, *The Pentagon and the Art of War*, p. 23.

속하는 부대에 대한 형식적인 권한만을 지녔을 뿐이다. 이들 부대에 대한 실질적인 통제 권한은 워싱턴에 위치한 각 군의 총장들과 참모들에게 있었다.[28]

이러한 사태의 원인은 각 군의 기능이 세분화되었다기보다는 명목상 단순히 통합(unification)되었기 때문이다. 이는 각 군 조직이 행한 조직정치 현상을 예방하지 못한 1947년 국가안보법이 만들어낸 합동체제의 실패였다. 제2차 세계대전 당시 각 군의 지휘통일을 국가 차원으로 향상시키려고 했던 법의 효과가 상실되고 있음을 보여준 것이다.[29]

월남사령부가 구성되자마자 각 군은 평등한 대표권과 균등한 계급을 지니고 주요 참모직책을 차지하기 위해 매우 적극적으로 개입했다. 각 군 장교들 간의 공평(equity)을 명분으로 한 월남전에서의 충성어린 관심은 자군의 이익을 위한 조직정치로 나타났다.

월남에서 각 군은 타협을 통해 나누어 가질 것이 너무나도 많았고, 이에 따라 월남사령부는 확장을 거듭했다. 이로써 각 군은 월남사령부 내에 자군의 장교들이 야전보다는 행정보직을 통해 월남전에 참전할 수 있는 고위보직들을 마련할 수 있었다.[30]

1968년에 이르러 110명의 장군 및 제독이 월남에 있었으며, 육군의 장군 인원만도 64명이나 되었다. 이들 가운데 소수만이 야전에서 병력을 지휘했을 뿐 대부분은 수천 명의 대령 및 중령과 함께 후방에 남아 있었다. 이들은 대부분의 시간을 조직정치에 몰두하게끔 강요당

---

28) 위의 책, pp. 26-27.

29) 위의 책, p. 243.

30) 사단사령부 또한 방대하여 대부분 장교로 구성되는 500여 명의 인원을 거느렸으며, 그 위의 군단급 사령부마저 수백 명의 추가적인 인원을 갖추고 있었다. 기타의 타군도 지나치게 많은 참모를 거느린 각급 사령부를 보유했다. 위의 책, p. 28.

했다. 그 이유는 각 군 간의 조직정치를 통한 경쟁은 타협이 유일한 정책결정수단이 되었기 때문이다.[31)]

이런 이유 때문에 월남사령부는 지휘통제를 해야 할 전투현장에서 더 멀리 격리되었다. 월남사령부는 각 군 및 각 군의 다양한 병과로 구성되는 충성스런 관료들 때문에 일관된 전략지침을 마련하는 것이 거의 불가능했다. 월남에 파병된 각 군은 각 군 나름대로의 고유한 작전방식이 있었고, 이들 가운데서 어느 특정 군의 전쟁수행 방식을 선택한다면 타군, 타병과의 이익에 위배되었기 때문이다.[32)]

월남전을 수행하는 동안 합동참모회의(JCS)는 각 군 총장으로 구성된 단순한 위원회에 지나지 않았다. 또한 여기에서 합동참모로서 근무한 장교들은 각 군의 특정한 이익에 얼마나 기여하느냐에 따라 자신들의 출세가 결정되는 단순한 대표에 불과했다.[33)]

통합작전의 기능과 역할을 수행할 책임이 있는 합참은 마비상태나 다름이 없었다. 서머스(Harry G. Summers)는 이러한 상황에 대해 다음과 같이 말했다.

"미군은 월남전에서 공동목표를 달성하기 위한 노력의 통합보다는 오히려 각 군이 독자적으로 공격목표를 먼저 결정했다. …… 이 정도로 군 지휘체제가 무력했다. …… 합참은 미국의 전체적인 힘을 단일목표에 집중되도록 전면전의 수행을 염두에 두고 발족된 것이었다. 합참은 국지적으로 분산된 제한전쟁을 위해 편성된 기구는 결코 아니었다."[34)]

---

31) 위의 책, p. 28.

32) 위의 책, pp. 28-29.

33) 위의 책, p. 18.

34) Harry G. Summers, 『미국의 월남전전략』, 민평식 역(서울: 병학사, 1983), pp. 179-183.

또 다른 저서에서 그는 "존슨 대통령은 군사참모들의 조언을 받아들이지 않았으며, 사실 국방부 장관 맥나마라(Robert S. McNamara)가 군인들의 주장을 대통령에게 전달했는지조차 모른다"[35]고 의심했다.

실제로 월남전의 군사전략은 민간인에 의해 주도되고 수립된 점진적인 공격전략이었다. 군인들은 이 전략의 부적절함을 지적하고 조언했으나, 그들의 의견은 무시당했다.[36]

월남전에서 미군이 선택한 전략도 조직정치 현상이 반영된 관료주의적인 타협의 산물이었다. 각 군의 조직정치가 반영된 작전계획을 기반으로 수행하는 작전은 매우 부실했다. 각 군의 이익이 충족되어야 했기 때문에 지속적으로 간명성의 원칙이 지켜지지 않았다. 또한 전략에서 당연히 요구되는 전술적 독창성, 작전술 및 명확한 선택은 관료적 타협으로 대체되었다.[37]

작전계획을 수립할 때 어느 한 군이 상대적으로 더 우세한 군에 예속된다는 것은 용납할 수 없는 일이었다. 자연히 각 군 사이에 마찰이 일어났으며, 각 군과의 조화가 전쟁에서 승리하는 것보다 더욱 어려운 문제였다.

이러한 문제에 대해 메이나드(Wayne K. Maynard)는 "월남전에서 각 군은 각자 선호하는 방식으로 작전을 실행했다. 협력 문제는 땅과 바다와 공중에서 통합된 체제로 싸워야 할 필요성을 모두 인식했음에도 어느 군도 타군에게 종속되기를 원하지 않았다"[38]고 주장했다.

---

35) Harry G. Summers, *On Strategy II : A Critical Analysis of The Gulf War*(U. S. A.: Dell Book, 1992), p. 50.

36) 위의 책.

37) 위의 책, pp. 19-20, p. 27.

38) Wayne K. Maynard, "The New American Way of War," *Military Review,* November 1993, p. 6.

합참은 각 군 간의 마찰해소를 위한 갈등관리조직으로서 단순한 '통합체제'에 그치고 말았다. 워싱턴의 전쟁지휘기구는 전투전역에서 지휘통일을 이룰 수 없었고, 합참은 각 군의 이기주의에서 발현된 조직정치를 효과적으로 통제하지 못했다.

전쟁이 불가피하게 요구하는 바에 따라 명확한 의사결정과 우선순위를 설정해야 했다. 그러나 주도적 역할을 담당하는 군에 종속된다는 것은 그에 종속되는 타군에게는 신경이 거슬리는 일이었고, 이는 적지 않은 마찰의 요인이 되었다. 따라서 각 군 간의 협조적인 융화가 전쟁에서 승리하기 위한 요구보다 더 중요하다고 판단하기에 이르렀고, 그에 대한 치료 방책으로 월남전의 군사조직은 통합체제(unified system)가 마련되었다.[39]

월남전의 패인은 무능력하고 비효율적인 군 구조에 기인한 조직적인 결함 때문이었다. 월남전을 수행하는 군 구조는 지휘계통이 매우 혼란스러웠다. 그럼에도 불구하고 민간의 의사결정권자들은 이 같은 사실뿐만 아니라 이것이 기획 및 작전 측면에서 초래할 해악에 관해 전혀 알고 있지 못했다.[40] 월남전에 참전했던 각 군의 지나친 조직정치의 추구는 자군 이기주의와 타군과의 상호경쟁을 유발했다. 그 결과 각 군 간의 불화로 통합작전이 불가능했고, 결국 이는 군사조직의 효과성을 제한하는 요인이 되었다.

---

39) Harry G. Summers, *On Strategy II*, p. 27.
40) Lederman, 『합동성 강화: 미 국방개혁의 역사』, p. 87.

2. 월남전 이후부터 G-N법 제정 이전까지

1) 이란 인질구출작전

이란 인질구출작전은 이란 주재 대사관에 억류 중인 인질을 구출하기 위해 1980년 4월 24일에 '독수리 발톱(Eagle Claw)'이라는 작전을 감행했다.[41] 작전은 대통령의 지시에 의거, 존스(David Jones) 합참의장의 지휘하에 실시했다. 작전의 결과는 거의 실패에 가까웠다. 합참의 특별조사단이 구성되어 조사한 결과에 따르면 실패 원인은 전장조건에서 첨단과학무기의 취약성에 의한 교과서적인 사례로, 치밀하지 못한 작전계획 때문이었다.[42]

사막 1호의 비극에 대한 가장 격렬한 비난 중의 하나는 각 군 간의 경쟁의식이 작전계획 초기부터 효과적인 계획수립을 방해했다는 것이다. 작전계획의 질은 합참 수준에서 공익을 달성하기 위해 효과 중심으로 수립된 것이 아니라 각 군의 조직정치 현상이 반영된 타협의 산물이었다.

작전계획은 초기에 육군과 공군의 합동작전으로 계획되었다. 공군은 C-130을 지원하고 육군은 헬기와 특공대를 제공하기로 했다. 그러던 중 합참에서 작전계획의 수립이 진행됨에 따라 해군과 해병대가 작전에 참가하겠다고 나섰다. 결과적으로 작전은 육군·공군 합동작전에 해군함정과 해병대의 헬기가 추가하여 4개 군의 합동작전이 되었

---

41) 위의 책, p. 93.

42) Coates James, Michael Kilian, 『미국의 국방조직 분석』, 국방대학원 역, 안보정책시리즈 85-14, 1985, pp. 64-69.

다. 해병대 조종사가 조종하는 해군 헬기에 육군의 특수대원들이 탑승했다. 작전에 참여했던 각 군 대원들이 사용하던 통신수단 간에 상호운용성이 결여된 관계로 각 군 요원은 상호 교신할 수 없었다.[43]

합참은 임무에 투입되는 특공대원의 수를 늘릴 수밖에 없었다. 더구나 급조된 작전팀은 임무개시 전에 최소한의 사전 훈련조차 실시하지 못했다. 「뉴욕타임스」의 군사문제 선임분석가인 미들턴(Drew Middleton)은 다음과 같이 지적한다.

"각 군은 독특한 훈련방법, 서로 다른 전술교리를 가졌으며, 그것을 쉽사리 포기하려 하지 않았다. 결국 각 군은 작전을 타협했다. 각 군은 자군의 방식대로 업무를 수행하고 절차를 적용했기 때문에 임무수행의 전 과정에서 협조가 빈약했다. 상급지휘계층의 의사소통은 양호했으나 중간지휘계층 관계에 있는 부대들은 상호 의사소통이 어려웠다. 그 결과 공군수송기에 탑승한 육군 특공대원이 해병대 헬기와의 충돌로 사망했다."[44]

당시 존스 합참의장은 별로 지시할 것이 없었음에도 국방성 내의 국가 군사지휘본부를 통제했다. 여기서부터 4단계 내려가서 이 작전을 직접 지휘한 중간 지휘부대는 이집트 소재 '특별 통합 기동타격대 사령부(Special Unified Task Force Headquarters)'였다. 이란 인질구출작전에 해안경비대를 제외한 나머지 모든 군이 참가했고, 독립된 책임자만 4명이나 되었다. 이러한 지휘구조는 지휘통일의 원칙에 위배된 것이었다.[45]

---

43) Lederman, 『합동성 강화: 미 국방개혁의 역사』, p. 93.

44) Coates James 외, 『미국의 국방조직 분석』, p. 68에서 재인용

45) Luttwark, *The Pentagon and Art of War*, p. 45.

2) 레바논 사태

레바논 사태는 1983년 10월 23일 레바논에서 외국군 철수를 계기로 다국적 평화유지군으로 베이루트에 파견된 미 해병대 사령부와 프랑스 공정대 중대본부에 폭탄을 만재한 자살폭탄트럭이 급습한 사건으로, 미군 278명과 프랑스군 56명이 사망했다. 미군은 단일 공격으로는 최대의 인명피해를 당했다. 그 이후 12월 12일에도 미·프 대사관과 국제공항이 공격을 받았다. 이에 대한 대응으로 미국은 12월 9일 레바논에 보복폭격을 감행했다.[46]

이 사건은 미군의 뿌리 깊은 구조적 결함을 또다시 드러냈다. 사건의 원인을 조사한 조사위원회의 결론은 "레바논의 정치·군사 정세를 감안하여 해병대에 대한 안전 확보 조치를 취하지 않았으며, 이러한 문제점들은 비효과적인 지휘체계의 결함을 보여준 사례였다"[47]고 지적했다. 또 레이건 대통령의 회고록에도 "참사의 책임은 베이루트에 있는 미 해병대 지휘관들의 근무태만 때문이다"[48]라고 보고했음을 밝히고 있다.

당시의 지휘체계는 대통령과 해병대 사이에 8개 계층의 지휘계통이 있었다. 설상가상으로 베이루트 폭탄테러에 대한 응징 공격 시 문제가 확대되었다. 출격한 미국의 항공기 28대 가운데 2대의 항공기 손실 및 한 대가 파손되었다. 이러한 상황은 이미 이스라엘군이 베이루트의 방공망을 분쇄한 뒤였기 때문에 당시 항공기가 지상으로부터 어떠한 저항을 받은 것은 결코 아니었다. 미군보다 더 위험한 상황에 처했

---

46) 동아일보사, 『동아연감』(서울: 동아일보사, 1984), pp. 368-369.

47) Luttwark, *The Pentagon and the Art of War*, pp. 50-51.

48) Ronald W. Reagan, 『레이건 회고록』, 고명식 역(서울: 문학이상사, 1991), p. 252.

던 이스라엘군은 한 대의 손실도 입지 않은 것과 비교하면 상대적으로 미군의 자존심을 상하게 하는 커다란 작전적 손실이었다.

이 작전의 실패 원인도 상황에 적합하지 않은 작전계획이었다. 작전은 고질적인 제도적 관례와 조직적 관습에 의해 실행되었다. 작전계획은 현지상황에 무지하고, 작전지역에서 이격되어 있는 고위사령부들 사이의 타협과 흥정을 통한 조직정치의 산물이었다. 현지상황을 정확히 알고 있는 현장에 있는 장교들의 의견이 반영되지 않았다.

당시 합참마저 무고한 민간인에게 피해를 입힐지도 모른다는 두려움과 패배의식 때문에 야간공습을 금지했다. 레이건 행정부는 레바논 사태에 대해 합참의 자문을 구하지도 않았다. 더구나 합참의 지시사항은 작전적 효과를 무시한 지극히 정치적인 결정이었다. 합참은 아랍지역에서 대외정책 수행 시 미칠 정치적 영향에 대해 지나치게 민감했다.[49]

3) 그레나다 침공작전의 교훈

그레나다 침공사건은 미국이 1983년 10월 25일 해병대와 공정대원 1,900명, 동카리브 해안 연합군 600명을 동원하여 인구 111만 명, 면적 364㎢인 카리브 해의 소국 그레나다를 침공하여 약 1주일 만에 완전히 점령한 사건이었다.[50] 외형적인 결과는 성공적이었다.

그러나 백악관의 홍보부서가 브리핑한 것만큼 그렇게 효과적인

작전은 결코 아니었다.[51] 백악관의 공식적인 발표와는 달리 그레나다 침공작전이 성공이라고 인정하기는 어려운 전과였다. 상대적으로 미약한 소국을 침략한 미국은 상대국의 역량에 비해 엄청난 대가를 지불했기 때문이다.

미군이 입은 피해는 전투 외에서 58명 부상, 전투에서 18명 사망, 전투 후 부상이 악화되어 1명 사망, 115명 부상, 28명의 민간인 부상, 쿠바인 24명 사망, 59명 부상, 605명을 생포했다. 오폭으로 14명의 미군 및 그레나다 민간인 21명이 사망했다.[52]

미 대서양사령부 맥도널드(Wesley L. McDonald) 사령관은 "정부가 완전히 성공적인 작전이라고 선전할지라도 이에 동의하는 사람은 아무도 없다"고 비판했다. 린드(William S. Lind)도 "작전명 '신속한 분노(Urgent Fury)'의 실패 원인은 잘못된 정보의 축적 때문이다. 이 작전은 무능력하고 열악한 군사기구가 집행한 대표적인 군사연구 사례다"라고 비난했다.[53] 또 국무성도 "국방성의 우발전쟁기획과 그레나다에서 군사이동에 대한 정보수집능력의 부재를 보고 놀랐다"고 증언하고 있다.[54]

미군은 관광용 지도를 가지고 이 작전에 임했다. 결과적으로 미군은 지상공격목표를 오인했으며, 엎친 데 덮친 격으로 공중공격도 아군진지를 오폭했다. 전쟁의 작전 수준은 전장의 전역 내에서 전략목적을 달성하기 위해 가용한 것이어야 한다. 그럼에도 불구하고 작전에 투입된 군사력은 적에 비해 지나치게 많았다. 작전 전개방식은 점진적 목표

---

51) Coates James 외, 『미국의 국방조직 분석』, p. 69.

52) Daniel P. Bloger, "Operation urgent fury and its critics," *Military Review*, Vol. 66, No. 7, July 1988, pp. 58-69.

53) 위의 책, pp. 58-69.

54) Kai P. Schoenhals and Richard A. Melson, "*Revolution and intervention in Grenada: the new jewel movement, the United States, and the Caribbean*"(Boulder: Westview press inc., 1985), p. 140.

탈취방식을 취했고, 효율성이 떨어지는 작전지휘를 했다. 적의 수준이 빈약한 데 비해 상대적으로 미군이 입은 손실이 과도했다.[55]

또한 지상작전을 해군화한 관료적 조직정치가 작전개념 전체를 망쳐놓았다.[56] 그레나다 침공작전은 섬 안에서 일어난 지상전투임에도 불구하고 섬 밖에 있어야 할 해군장교들이 작전지휘를 했기 때문이다. 메이나드는 작전계획의 부재에 대해 다음과 같이 말했다.

> "이 작전은 승리할 수밖에 없었던 승리였다. 그러나 작전의 성공은 압도적인 군사력의 우위로 인한 승리였을 뿐 군사적 기술이 탁월하여 이긴 전쟁은 결코 아니었다. 이 작전은 믿기지 않을 만큼 어려운 승리를 했다. 각 군은 한때 합동작전의 필요성을 설교했으나 그들의 설교는 실행되지 않았다."[57]

그레나다 침공작전은 각 군의 분리주의 때문에 노력의 통합(unity of effort)과 통합활동(unified action)을 이루지 못했다. 이 작전에서 자군의 이익을 추구하는 조직정치를 다시 한 번 입증했다.

그레나다는 작은 섬에 불과했으나, 작전 영역과 지상군에 대한 지휘는 육군과 해군으로 분할되어 통제되었다. 불완전한 지휘의 통합은 각 군 지배의 효과를 가중시켰고, 구성군 사령부의 작전 시 통합사령관의 작전통제를 속박하는 결과를 낳았다. 각 군이 자군에서 차출된 구성군에 대한 행정과 군수지원의 책임을 가지고 있는 관계로, 각 군 구성군 사령관이 통합사령관의 작전권한을 대행했다. 통합사령관은 통합사

---

55) 위의 책, pp. 58-69.

56) Luttwark, *The Pentagon and the Art of War*, pp. 51-58.

57) Maynard, *The New American Way of War*, p. 6.

령부의 자원배당에 대한 실질적인 직접 통제권도 갖지 못했다.[58]

더구나 그레나다를 침공할 당시 지휘 및 통제과정에서 문제가 발생한 주요 원인은 각 군이 상호 호환성이 없는 통신장비를 운용하고 있었기 때문이다. 이 때문에 적으로부터 집중공격을 받고 있던 부대가 타 부대에 도움을 청하지 못했다.[59] 전투현장에서 각 부대가 분산되어 작전지휘를 하는 동안 통합(integration)작전에 관해 일차적인 책임을 지고 있는 합참은 구조적인 군사문제에 대해 자문도, 감독도 하지 못했다. 합참은 효과적으로 각 군의 임무와 기능을 조화시키지 못했다.

각 군성 장관의 재능 또는 역량이 어떠하든 간에 제도 그 자체가 미군의 효율성을 크게 제한했으며, 미 국방조직의 비효율성을 양산하는 결정적 요인으로 드러났다. 불합리한 법구조는 각 군성 간의 경쟁의식을 부추겼고, 민간관료들이 군부 내에 깊이 개입하도록 함으로써 민간인의 권한이 군 지휘계통에 방법적으로 깊숙이 관여했다.[60]

위의 전쟁 사례들은 법제도의 모순이 각 군의 조직적 이기주의와 결합되어 지휘계통의 혼란과 통합작전기획을 실행해야 할 합참 조직의 기능과 역할에 미친 영향을 잘 보여주고 있다. 이론상으로 미국의 합동참모회의 체계는 각 군 최고위급 군사장교들의 의견이 민간의 의사결정자들에게 전달될 수 있도록 되어 있었다.

각 군 간에 갈등을 조정하지 못함에 따라 중앙집권화, 지역 중심

---

58) Kaufman, others, ed., *U. S. National Security*, p. 117.

59) Kenneth Allard, 『미래전 어떻게 싸울 것인가』, 권영근 역(서울: 연경문화사, 1999), pp. 11-15.

60) Coates James 외, 『미국의 국방조직 분석』, p. 92.

그리고 일반시각이라는 이점이 상실되고 있었다.[61] 각 군의 조직정치로 인한 합참의 기능과 역할의 마비는 군사조직을 비효율적으로 만들었다. 이는 전쟁을 수행하는 과정에서 작전환경의 변화에 적합하게 적응하기 위한 국방조직의 효과성을 심각하게 제한했다.

---

61) Lederman, 『합동성 강화: 미 국방개혁의 역사』, p. 94.

제3절
미군의 국방개혁과정과 G-N법 제정

1. G-N법 제정 이전의 국방개혁

미국은 1776년 7월 4일 독립선언을 한 이래 국방체제는 1789년 전쟁성(Department of War)과 1798년 해군성(Department of Navy)을 창설하여 이원화된 구조로 운영을 시작했다. 그 이후 미국은 국방체제의 합동성을 강화하기 위해 끊임없이 국방조직을 개혁해왔다.

미국 국방체제의 근원은 1947년 7월 24일 의회에서 통과된 국가안보법에 있다. 이 법은 시행 이후 1949년, 1953년 그리고 1958년에 각각 개정됨으로써 1986년 G-N법 개정 전까지 국방체제의 존립 근간이 되었다.[62]

---

62) Victor H. Krulak, *Organization for National Security: a Study*(Washington D. C.: United States Strategic Institute, 1983), pp. 27-73.

1) 1947년 국가안보법 탄생 후부터 1958년 개정 전까지

1947년 국가안보법 제정 시 합참조직에 대한 해군과 육군의 입장은 각기 달랐다.[63] 육군은 단일 지휘권을 가진 단일 지휘관에 의해 지휘되는 합참조직을 선호했다. 반면에, 해군은 단일 지휘관에게 지나친 지휘권을 부여한다며 우려를 표시했다. 결과적으로 1947년의 국가안보법은 해군의 관점이 반영되었고, 합참조직은 각 군의 지배형 구조를 이뤘다.[64]

1947년의 국가안보법의 특징은 국방체제의 근간이 되는 국가군사기구를 탄생시켜 군에 대한 문민통제의 전통을 확립하는 데 기여했다. 즉, 정치와 군사 간의 명확한 책임한계를 규정하고 정치에 의해 군사를 제도적으로 구속하는 기틀을 마련했다.[65]

법은 국가안보회의체제, 국가안보자원위원회, 국방성의 모체가 되는 국가군사기구를 창설했으며, 국방부 장관의 직위를 신설하여 국방부 장관이 각 군에 대해 지휘 및 지시, 통제하도록 했다. 1945년 제2차 세계대전 종료 후 공군청(空軍廳)을 창설했다. 1947년 법을 통해 공군성을 신설했고, 공군이 독립했다.

이 법이 제정되기 전까지 합참은 법적인 근거가 없는 대통령의 직할기관으로서 대통령이 임명한 요원으로 구성된 위원회에 불과했으나, 미 합참을 설치하기 위한 법적 근거를 최초로 명문화했다. 이 법에 의해 합참은 공식적으로 군사력에 대한 전략지시 및 국가지휘권한에 대한 군사자문과 권고안을 제공하고, 전략기획에 따른 합동군수기획을

---

63) Lederman, 『합동성 강화: 미 국방개혁의 역사』, pp. 58-60.

64) Art, others, ed., 앞의 책, p. 173.

65) Cole, *DOD Documents*, pp. 35-50.

준비하며, 합동교육 및 훈련 실시 및 군의 소요 인력 및 자원의 재검토 의무를 수행할 수 있게 되었다.[66]

1947년 법에서 국방부 장관에게 각 군에 대한 지휘·관할·통제 권한을 부여했지만, 그 권한은 매우 취약했다.[67] 작전 및 행정권은 각 군성에 존속시켜 군정과 군령 업무가 이원화된 체제를 유지했다. 또한 각 군성 장관은 국방부 장관 같은 각료로, 대통령과 직접 대면할 수 있는 권한을 가졌다.

법적 권한이 약했던 초대 국방부 장관 포레스탈(James Forrestal)은 각 군의 임무 및 역할을 효과적으로 조율하지 못했다.[68] 합참은 국방 차원에서 공동목표를 추구하지 않고 자군의 이익만을 대변했다. 그 당시 국방부 장관 권한의 취약성은 초대 장관인 국방부 장관이 격무에 시달려 신경쇠약으로 자살할 정도로 심각했다.[69]

국가안보법(The Amendments of 1949)은 1947년 법의 모순을 해결하고자 했다. 국가군사기구가 국방성(Department of Defense)으로 개편되었다. 각 군성의 권한과 기능이 약화되었고, 국방부 장관의 책임과 권한이 일치된 집권화 체제를 갖추었다.

이 법에 의해 각 군성 장관의 직위가 격하되었고, 합참의장의 직위가 설치되었다. 종전까지는 각 군 참모총장으로 구성된 합참과 합동 참모로 조직했다. 합참의장직을 신설함으로써 상설기구 및 회의체로서의 기능을 정상화시켰다. 합참의장에게 투표권을 부여하지 않았고, 통합참모총장의 지위가 없음을 명문화했다. 회의에서 만장일치로 합의되

---

66) 위의 책.

67) 이선호, "미 국방체제의 발전과정에 관한 연구", pp. 25-37.

68) Lederman, 『합동성 강화: 미 국방개혁의 역사』, pp. 62-63.

69) Carl W. Borklund, *Men of the Pentagon*(N. Y.: Frederick A. Praeger, 1966), pp. 39-64.

지 않은 사항은 국방부 장관에게 통보하여 결정하게 되었다.[70]

1953년에는 대통령 아이젠하워(Dwight David Eisenhower)의 '국가보안법 재조정 계획(Reorganization Plan No. 6 of 1953)'에 따라 법을 개정했다.[71]

법 내용의 특징은 다음과 같다. 첫째, 합참의장의 직권을 크게 강화했다. 합참요원의 선발 및 임명을 의장의 전결사항으로 하고, 합참의 내부관리도 합참본부장의 권한에서 합참의장이 담당하도록 했다. 둘째, 해병대의 지위가 향상되었다. 해병대 사령관이 각 군 참모총장과 동격으로 회의에 참석하도록 했다. 셋째, 국방부 장관의 통제권이 확대되었다. 따라서 각 군성의 독립적인 행정처리는 불가능하게 되었다. 넷째, 통합군의 지휘체제를 확립했다. 국방부 장관은 합참의장과 협의하여 어느 한 군의 장관이 통합지휘를 담당하도록 했다. 전시에는 지명된 해당 장관이 자군의 참모총장에게 실질적인 권한을 위임하고, 모든 명령은 국방부 장관 명의로만 하달할 수 있게 했다. 각 군 장관에게는 동시에 상황보고만 하면 되었다.

1953년 개정법 이전에는 통합군의 지휘권이 위임된 합참의 특정 요원에게 부여되었으나, 개편계획에 따라 합참은 '계획 및 자문기관'으로서의 기능만 수행토록 했다.

1958년 국방조직법의 개정(Defense Reorganization Act of 1958)을 위해 의회에 제출된 개혁안은 "전략기획과 기본적인 지휘"의 완전한 통합을 달성하기 위해 각 군이 전략기획의 주도권을 갖지 못하게 했을 뿐만 아니라 국방부 장관과 그의 자문체인 합참의 강화를 요구했다.[72] 지휘계통은 국방체제상 군정·군령의 일원화된 체계를 확립했다.

---

70) Cole, *DOD Documents*, pp. 84-111.

71) 위의 책, pp. 112-159; 이선호, "미 국방체제 발전과정에 관한 연구", pp. 44-47.

72) Art, others, ed., *Reorganizing American Defense*, p. 230.

1958년 개정법은 첫째, 국방부 장관의 권한을 강화하여 군정·군령의 일원화 체제를 확립함으로써 국방부 장관이 법률의 지원을 받을 수 있는 기반을 제공했다. 둘째, 국방부 장관이 통합군 및 특수군에 대한 통합지휘를 가능하게 했다. 이전의 법에서는 국방부 장관이 통합군 및 특수군에 대한 직접적인 권한 행사를 하지 않고, 각 군으로 하여금 특수군 또는 통합군을 지휘하는 집행대행자로서의 역할을 했다. 지휘계통은 대통령, 국방부 장관, 합참의장을 거쳐 통합사령관에게 연결하도록 했다. 각 군은 군사작전에 대한 책임이 없었고, 법적으로는 각 군을 통합지휘하려는 목표가 달성되었다.[73] 국방성은 통합군 및 특수군 사령부를 재편성했고, 이들의 운용은 국방부 장관의 명령이 있을 때만 가능하도록 했다. 셋째, 1959년 대통령의 지시에 따라 합참 및 통합군의 합동참모요원으로 경력이 없는 자는 장군 승진을 불허하는 것을 제도화했다. 넷째, 통합군 사령관은 완전한 작전지휘권을 갖도록 했고, 반면에 각 군은 행정 지휘권을 갖게 되었다. 이론적으로는 통합군 사령관에게 권한이 완전히 위임되었다.

1958년 개정법의 한계는 다음과 같다. 1958년 법은 합참의장에게 더 큰 책임을 부여했으나, 대통령이 요구한 독립적인 지위는 부여받지 못했다.[74] 합참의장은 이전보다는 더 확대된 관리 책임을 부여받았지만, 여전히 합참의 산출물이 국가의 공익을 반영하는 것을 보장하기 위한 권한은 없었다. 합참의장이 민간 지도자에게 개인적인 자문을 제공할 기회는 가졌지만, 국방정책집행과정에서 효과적으로 독립적인 활동을 지원할 참모와 법적인 위임권은 모두 제한되었다. 합참의장이 가

---

73) Luttwark, *The Pentagon and the Art of War*, pp. 246-247.

74) Art, others, ed., 앞의 책, p. 175.

진 권한의 원천은 개인적 관계에 의존했고, 법적으로 보장된 권한은 아니었다.[75]

1958년의 개정법은 과거의 법에 비해 실질적인 절차의 변화가 없었다. 단지 각 군의 독립적인 운용을 금지한 것에 불과했다. 결과적으로 합참은 각 군의 관점을 반영하는 집행실의 역할밖에 수행하지 못했다. 합참에서 제공하는 자문은 민간 지도자들에게 유용하지 못했다. 군사자문은 합동참모회의 과정에서 희석되어 국가적 관점보다는 각 군에 의한 타협의 산물이 제공되었다.[76]

전략기획과 우발전쟁기획 과정에서 합참에 대한 비난은 더욱 거셌다. 합참은 전력기획에 관한 책임이 있었지만, 각 군의 자군 이익을 위한 조직정치를 제어하여 국가에 이익이 되는 수준으로 향상시키지는 못했다.

합참의 전략기획과정은 전략적 사고보다는 관료주의 정책과 자군의 이익을 제도적으로 반영했다. 합참의 구성원들은 전략기획에 있어서 법의 의도와는 달리 각 군의 대변인으로 행동했고, 각 군의 독자적 역할에 우선권을 부여했다. 합동참모는 자군의 인정을 얻기 위한 노력으로 합동참모로서의 고유한 기능과 역할보다는 모군의 이익을 챙기는 데 급급했다.[77]

1958년 개정법은 국가이익 차원에서 자원배분을 위한 개혁을 달성하지 못했다.[78] 합참은 전략문제를 담당했지만, 결과적으로 집행과정은 모두 모군을 위한 것이었다. 합참은 무기체계의 선정과 획득, 계

---

75) 위의 책, p. 176.

76) 위의 책, p. 182.

77) Luttwark, *The Pentagon and the Art of War*, p. 109.

78) 위의 책, p. 240.

획의 수립, 예산배당 등을 각 군의 입장에서 설정했고, 각 군이 결정하도록 했다. 합참은 작전개념을 구상하고 군사력을 건설하는 과정에서 자군의 조직정치 추구현상을 방치함으로써 군사역량을 비균형적으로 만들었다.[79)]

1958년 개정법은 통합된 작전통제를 보장하기 위해 통합작전지휘로 싸울 수 있는 군사력을 조직화하고자 했다. 각 군이 전투사령부를 장악하는 행태를 약화시키기 위해 통합사령부를 설립하여 각 군의 명령계통에 대한 간섭을 배제하고자 노력했으나 결과적으로 실패했다.[80)]

이후에도 미국은 1958년부터 1978년까지 행정적 그리고 입법적 수정을 통해 군사력과 합참의 기능을 개혁하여 국방운영의 합리성 제고와 작전운영의 효율성을 강화하기 위한 노력을 계속해왔다.[81)]

2. G-N법 제정과 합동성 논쟁

월남전 패전에 이어 이란 인질구출작전, 레바논 사태, 그레나다 침공작전 등 1980년대 초 미군의 연이은 군사적 실패는 합동성 강화의 필요성과 합참의 기능 개선을 통한 각 군의 조직정치를 방지할 필요성을 대두시켰다.

---

79) 위의 책, p. 242.

80) Art, others, ed., *Reorganizing American Defense*, pp. 178-179.

81) 이선호, 『국방행정론』, pp. 310-313; 김건태, "국방조직발전 모형에 관한 연구", pp. 90-96.

전 합참의장 존스(David C. Jones) 장군[82]은 합참의장 근무경험을 통해 합참의 구조를 근본적으로 재조직하지 않고서는 국방문제를 극복할 수 없다는 것을 확신하게 되었다. 그는 퇴임 3개월 전에 발표한 논문[83]에서 합참의 구조적 모순에서 오는 비합리성을 지적했다.

그는 합참의 결함 원인을 두 가지로 보았다. 첫째는 개인 차원에서 각 군의 하향식 지배로부터 발생하는 합동참모 관리의 부적절성이다. 각 군에서 합동참모들을 선발하고 진급 및 보직을 관리했는데, 각 군은 합동참모로 근무할 동안 자군의 이익을 얼마만큼 효과적으로 대표했는가로 그들의 자질을 판단했다.[84] 둘째, 조직 차원에 기인한 각 군 총장의 이중 직위(dual cap)였다. 각 군 총장의 이중 직위는 자군에게 직접적인 영향을 주는 합동의제를 다룰 때 자군의 관점에서 문제를 처리했다. 또한 각 군 총장이 자군의 이익보다 합참의 이익에 더 관심을 갖는다면 자군 발전에 대해 지휘관리를 소홀히 한다는 저항에 부딪칠 뿐 아니라, 자군으로부터의 충성심과 지지를 상실하게 된다. 따라서 각 군 총장은 합동자문에 시간을 낭비하지 않고 자신들의 관심을 대부분 자군에 할애했다.[85]

존스는 합참체제 결함을 해결할 방법으로 합참의장의 역할을 강화하고, 합동업무 집행과정에서 각 군 참모들의 간섭을 배제하며, 합참

---

82) '78년 6월 21일부터 '82년 6월 20일까지 합참의장으로 복무함

83) Terry L. Heyns, ed., *Understanding U. S. Strategy: A Reader*(Washington, D. C.: National Defense University Press, 1983), pp. 307-325; David C. Jones의 논문은 "과거 국방조직의 문제"라는 제목의 글로 다음을 참조할 것. 문희목 편역, 『1986년 국방조직개편과 10년 후의 평가』, pp. 115-128.

84) Art, others, ed., *Reorganizing America's Defense*, p. 178.

85) 1976년부터 1981년까지 합동참모회의의 결손비율은 5년 동안 격주모임으로 총 457회의 모임 중 모두가 불참한 경우는 24%, 1명 이상 불참한 경우는 76%, 2명 이상 불참한 경우는 40%, 3명 이상 불참한 경우는 14%였다. 위의 책, pp. 270-281.

근무에 대한 교육훈련과 경험 및 보상을 확대해야 한다고 주장했다.[86]

한 달 후, 당시 육군참모총장 메이어(Edward Meyer) 장군은 존스의 제안을 더 강경한 논조로 지지했다.[87] 이러한 존스와 메이어의 행동은 합참의 개혁문제에 대한 논쟁에 불을 붙였다.[88]

당시 핵심적인 쟁점은 '합동군사구조를 설계할 때 군사자문과 군사기획, 작전지휘를 위한 중앙집권화의 정도를 어떻게 할 것인가?'였다. 이에 대한 세부 논제는 첫째, 최고군사자문체제를 각 군 참모총장으로 구성할 것인가? 또는 각 군에 대한 책임 또는 기능적 역할이 없는 장교들로 구성할 것인가? 둘째, 합동체제에서 군 최고 장교의 권한을 어느 정도까지 부여할 것인가? 셋째, 합동참모를 각 군 책임하에 두고 위원회를 구성하는 방안과 각 군으로부터 독립적인 군사참모로 구성하는 방안, 그리고 군총참모제로 구성하는 방안을 검토하는 것이었다. 넷째, 통합사령관들에게 부대의 구성과 장비 및 훈련과 전쟁준비 과정에서 이들에게 부여하는 권한을 어느 정도까지 부여하는가? 등이었다.

각 군은 자군의 자율성을 보호하기 위해 존스와 메이어가 제안하기 전까지 국방개혁에 대한 모든 시도를 묵살했다.[89] 당시 국방부 장관 와인버거(Casper Weinberger)도 개혁에 반대했으나, 다양한 보고서와 연구안은 개혁에 대해 만장일치에 가깝게 지지하고 있었다.[90]

당시 합참에서 미국 최고 군사기획체제의 개선 필요성에 대한 의

---

86) Clark others, ed., *The Defense Reform Debate*, pp. 284-286.

87) Peter W. Chiarelli, "Beyond Goldwater-Nichols," *JFQ*, Autumn 1983, pp. 71-72; Edward Meyer, "합참의 재편: 왜 변해야 하는가 그리고 얼마나 변해야 하는가?", 문희목 편역, 『1986년 국방조직개편과 10년 후의 평가』, pp. 68-77.

88) Art, others, ed., *Reorganizing American Defense*, p. 185.

89) Chiarelli, "Beyond Goldwater-Nichols," p. 74.

90) 위의 책, p. 73.

견은 노골적으로 양분되었는데, 베시(John W. Vessey) 장군은 합참의장으로 취임하기 전에 존스와 메이어가 제안한 개혁안에 대해 1982년 5월 11일 상원 청문회에서 논쟁하도록 새로운 토론의 대결장을 마련해주었다.[91]

청문회에서 해군과 해병대는 솔직하게 합참에 대한 어떠한 조직적 또는 법률적 개혁에도 반대했다. 해군과 해병대의 현역, 퇴역장성들은 모두가 합심하여 합참조직 개혁안에 대해 거부했다.

당시 해군참모총장 헤이워드(Thomas B. Hayward)는 "합참에 대한 비난은 중상모략이라고 일축하면서 합참을 재조직하는 것은 한마디로 불필요하다"[92]고 증언했다.

해병대 사령관 배로(Robert H. Barrow)는 헤이워드와 같은 선상에서 "체제에 중대한 손상을 준다"며 합참개혁에 대해 더 강력하게 반대했다. 그는 강력한 합참의장 제도가 문민통제를 위협할 가능성을 우려했다.[93]

공군은 4월 21일 하원 군사연구분과위원회에서 격렬한 청문회가 시작되어 6월까지 계속되는 동안 입장표명을 유보하고 이 문제를 주의 깊게 검토했다. 당시 공군참모총장 앨런(Lew Allen)은 심사숙고한 끝에 합참조직의 개혁에 찬성했다.

앨런은 존스와 메이어의 의견을 전폭적으로 지지하지는 않았지만, 각 군 총장과 각 군 참모들과 관련된 개선된 합동체제가 전쟁기획 및 군사전략 그리고 군사력을 분배하는 각 군의 책임 등을 공식화 및

---

91) Heyns, ed., *Understanding U. S. Strategy*, p. 347.

92) 위의 책, pp. 347-349.

93) 위의 책, p. 349.

집행하는 방법 모두 개선할 필요가 있다고 생각했다.[94]

메이어는 공식적으로 존스의 제안보다 더 강력한 제의를 했다. 메이어는 각 군 참모총장의 이중 직위를 종결시키기 위해 합참을 대신하여 구성원이 각 군에 대한 책임을 지지 않으며, 복귀하지 않아도 되는 국가군사자문회의(NMAC)를 창설하도록 제안했다.[95]

베시 장군은 합참의장으로 임명되기 전인 5월 11일 상원 군사위원회가 청문회를 개최했을 때, 상원의원 니콜스(Goldwater Nichols)에게 "어떠한 조직도 개선되어야 하는데 합참이 그 범주에 속합니다"라고 증언했다. 그리고 존스 장군이 제안한 합참개혁에 동의했다. 그는 첫째, 1947년 국방재조직법이 제정된 이래 전통적으로 거부되고 금지된 국방총참모제로 발전되기를 원하는가? 둘째, 각 군의 참모총장을 합참의 구성원으로 지속시킬 것인가? 또는 합참 업무를 수행할 책임을 제거할 것인가? 셋째, 합참 구성원 간에 자문의 내용이 서로 다른 경우 어떻게 처리할 것인가? 등의 3가지 문제를 지적했다.[96]

대부분의 연구서 및 보고서가 합참의 문제점을 지적했고, 합참의장의 권한강화에 대해 지지했지만, 일부에서 반대 의견도 거세게 나왔는데 이는 무시할 수 없는 의견들이었다.[97]

G-N법에서 추구한 강력한 합참의장 모델에 대한 비판과 찬반의 내용은 대체로 자문과 기획의 질(質), 그리고 문민통제에 대한 논쟁이었다.

---

94) 위의 책, pp. 349-350.

95) 위의 책, pp. 327-346; James K. Gruetzner and William Caldwell, "DOD Reorganization," Proceeding/Naval Review, 1987. p. 140 참조

96) Heyens, Understanding U. S. Strategy, pp. 350-351.

97) 당시 하원 군사위원회 청문회에서 증언한 24명 가운데 11명이 존스(Jones) 장군의 제안을 선호했고, 6명이 메이어(Meyer) 장군의 계획을 지지했다. 그리고 나머지 7명은 개혁안에 대해 반대했다. 증언의 세부 내용은 위의 책, pp. 352-359 참조

첫 번째 논점은 자문의 질적 문제였다. 강력한 합참의장제는 민간 지도자들에게 가용한 군사자문의 다양성을 제한한다고 주장했다. 강력한 합참의장은 다양한 군사기획이 존재함에도 불구하고 정치지도자들에 획일적인 전략적 관점과 전쟁 철학을 제공하게 된다. 그 결과 강력한 합참의장 모델은 대안을 획일화시킴으로써 합참의장의 관점과 일치하지 않는 다양한 정보와 대안들을 가로막을 수 있다고 우려했다.[98]

합참개혁에 대한 찬성 의견은 다음과 같다. 합참의장의 경력이 일개 군에서 근무한 경험밖에 없기 때문에 교리나 역량 면에서 각 군의 준비상태를 판단하는 전문가적 능력이 결여되어 있다. 따라서 함축적이고 균형 있는 군사자문을 제공하지 못했고, 3군의 입장을 조화시킬 수 없었다. 각 군에서 최고위급 장교로 근무한 경험과 숙련된 기질로 인해 야기되는 문제는 합리적인 대안의 폭넓은 검토를 제한한다. 강력한 합참의장 모델은 각 군 지배형 합참구조보다 민간 지도자들에게 더 다양한 대안들을 제공할 수 없게 된다.

이에 대한 반론은 다음과 같다. 강력한 합참의장 모델이 각 군 지배형 모델보다 다양한 자문을 제공하지 못한다는 주장은 각 군 지배형 합참체제의 문제점을 직시하지 못한 결과였기 때문이다. 강력한 합참의장 모델에 대한 비난 같은 결과가 발생할 확률이 실질적으로 매우 드물었다. 오히려 무어러(Thomas H. Moorer) 제독이 1970~1974년 합참의장으로서 복무할 때 증명된 사항은 그 반대의 경우가 나타났다.

각 군 지배형 모델은 자문을 제공하기 전에 주요 주제의 99% 이상을 만장일치에 가까운 단일 권고안을 만들었다. 합참의 자문내용이 이렇게 의견일치가 높은 이유는 각 군 지배형 체제가 오히려 다양한 대

---

98) Art, others, ed., *Reorganizing American Defense*, p. 187.

안들을 억누르거나 희석시켜버렸고, 그 대신에 각 군이 동의한 저급하고 타협적인 공통 자문안을 평준화하여 양산했기 때문이다.[99]

둘째 논점은 기획의 질 문제였다. 강력한 합참의장 모델은 기획의 공식화를 위해 그들의 집행 권한과 책임을 분리하려 했고, 합참 개혁을 찬성하는 입장을 취했다.

합참의 가장 효과적인 기획은 실질적으로 기획을 실천할 수 있는 기획집행 역량에 나타난다. 따라서 집행수단과 기획을 분리하는 것은 기획가와 집행자 양쪽 모두 책임감을 소홀히 할 우려가 있다.

그 이유는 군사기획의 기반은 군사력의 역량과 한계점을 아는 것이기 때문이다. 실질적인 집행능력과 기획이 조화되려면 각 군 참모총장이 합동기획을 하도록 하여 기획의 질을 최대로 향상시킬 수 있도록 해야 한다. 이러한 관점에서 보면 오직 각 군 참모총장만이 군사 준비 상태와 역량을 실질적으로 평가하여 기획집행과정에서 반영할 수 있다. 참모들은 합동기획과 독자적인 각 군의 기획을 연결하는 필수적인 구성원이어야 한다.[100]

이에 대한 반론은 다음과 같다. 이러한 비판은 전략기획과 우발전쟁기획을 혼동하고 있는 것이다. 전략기획은 위협평가, 위협에 직면했을 때 전략의 결정, 그리고 전략을 완전하게 수행하기 위한 자원의 할당을 요구한다. 합참의장은 합동전략기획문서(JSPD)[101]를 통해 기본적인 합동군사소요 투입 정도를 결정한다. 주요 민간 지도자들이 이것을 검토한 후에 각 군은 그들의 계획목표각서(POM)[102] 안에서 기획의 결과

---

99) 위의 책, p. 187.

100) 위의 책, pp. 187-188.

101) 자세한 내용은 AFCS, *The Joint Staff Officer's Guide 1993*, pp. 94-95 참조

102) 계획목표각서는 부여된 임무와 목표달성을 위해 각 군 총장 및 국방부 각 부처의 장들이

를 시행한다.

강력한 합참의장 모델에서는 합동전략기획문서의 초안 작성에 대한 근본적인 책임을 합동참모에서 합참의장에게로 이전했고, 집행권한과 기획책임을 분리했다. 각 군 지배형 모델에서도 기획과 집행능력을 분리했지만, 오히려 이 모델에서 기획의 책임을 포기하는 경향이 더 많이 나타났다. 한정된 자원환경하에서 각 군 지배형 모델은 정치지도자들에게 가장 적절한 자문을 제공하지 못했다. 그리고 이것이 불가능하다는 것이 증명되었다.

그러나 강력한 합참의장 모델은 전략기획을 수립할 때 각 군 지배형 체제가 수행했던 역할을 강력한 권한을 가진 합참의장이 단순하게 대신하지는 않는다. 합참의장은 우선순위가 없는 각 군의 군사소요들을 모아서 합동기획전략문서를 우선순위에 맞게 배정한다. 따라서 강력한 합참의장 모델은 제도적으로 합참이 평화 시 한정된 자원에 합당한 군사기획을 만들도록 해서 각 군의 자군이기주의로 상호 간 군사평가서를 만들어 집행을 불가능하게 했던 전략기획을 올바르게 집행할 수 있도록 한다.

우발전쟁기획은 군대가 장차 직면할 특별한 우발사태에 대처하는 작전기획을 포함하고 있다. 각 군은 합참의 우발전쟁기획에 협조할 책임이 있다. 합참체제로부터 합참의장에게 우발전쟁기획을 위임했을 때는 기획준비를 위한 합참의장의 책임과 권한을 분리하지 않았다. 그리고 통합군 및 특수군 사령부도 기획과 집행기능을 보유했다. 실질적으로 강력한 합참의장 모델은 합참의장이 합동참모에 의해 자원을 배분

국방부 장관에게 제출하는 자원배분에 대한 건의내용이다. 위의 책, p. 119.

하도록 하여 합참 예하의 9개 총사령관(CINC)[103]의 우발전쟁기획에 대해 각기 다른 기획과 양립할 수 있고, 국가기획과 조화되도록 보장할 수 있다. 그 이유는 강력한 합참의장 모델은 일반적으로 의장과 총사령관들과 연결을 개선할 수 있는 방법을 찾을 수 있고, 이것은 합참의장이 합참의 구성원들보다 높은 지위에 있으므로 우발전쟁기획의 협력뿐 아니라 기획을 위해 필요한 자원할당을 보장할 수 있기 때문이다.

세 번째 논점은 강력한 합참의장 모델이 강력한 군사조직을 만듦으로써 문민통제를 위협할 수 있다는 우려였다. 이는 개혁에 반대하는 입장이었다. 이 모델에 대한 최종적인 비판의 기본적인 내용은 'Man-on-a-with-horse syndrome,' 즉 강력한 군사지휘체계 민군관계에서 문민통제에 손상을 입힐 염려 때문이었다.

최고 권한을 가진 군 지휘관을 만듦으로써 문민통제를 침해한다는 두려움이다. 강력한 합참의장 모델은 합참의장을 수석보좌관으로 만든 것, 합동참모에 대한 완전한 통제권한을 부여하는 것, 그리고 작전명령 계통에 합참의장을 삽입하는 것 등은 합참의장에게 전반적으로 막대한 권한을 주어 지나치게 강력한 권한을 지닌 군사령관을 탄생시킨다.[104]

이에 대한 반론으로 위와 같은 비판은 지나친 비약이라는 입장이다. 합참의장의 권한과 책임은 분리되어 있어 문민통제에 대한 위협은 감소된다. 위의 주장은 분권화의 맥락에서 권한과 책임을 분리함으로써

---

103) 통합군 및 특수군 사령부 지휘관 의미(CINC: Commander in Chief [Unified/ Specific Command]). 9개의 사령부는 다음과 같다. 대서양사령부, 중부사령부, 유럽사령부, 태평양사령부, 남부사령부, 우주사령부, 특수작전사령부, 전략사령부, 수송사령부. 위의 책, pp. 2-23.

104) Art, others, ed., *Reorganizing American Defense*, pp. 188-189.

미국의 오랜 전통과 일치한다고 하지만, 권한과 책임은 상호 모순된다.

만약 강력한 합참의장 모델이 합참의장에게 실질적인 기획에 관한 최고 책임을 허락하고, 각 군과 총사령관들에게 집행권한을 부여한다면, 합참의장이 문민통제를 위협한다고 말하는 것은 부정직하다. 강력한 합참의장의 책임과 권한을 분리하기 때문에 문민통제를 위협하지 않는다. 양쪽은 동시에 진실이 될 수 없다.[105]

문민통제를 위협한다는 논쟁의 절대적인 전제는 합참의장이 국방부 장관에게서 확대된 권한과 영향력을 획득하는 것이다. 이 전제의 정당성은 매우 의심스럽다. 강력한 합참의장 모델에서 합참의장에게 모든 특별 권한을 허락하는 것은 현 합참 구성원에 의해 견제된다.

그 이유는 각 군의 집행에 대한 영향력이 합동체제 위에서 장관의 권한을 통해 실행되는 것이 아니라, 강력한 합참의장 모델에서는 의장의 집행권한이 축소되어 다른 합참의 구성원(각 군 조직)을 통해 실행된다. 게다가 합참의장의 문민통제에 대한 영향력은 경쟁 상대들에 의해 억제되기 때문이다.

케스터(John Kester)는 1940년 이래로 합참의 영향력이 특정화되는 업무가 될 때 다른 조직들과 경쟁해야 함을 상기시켰다. 국방성 내에는 국방부 장관 아래에 군사참모들만큼이나 국방부 장관을 지원하는 중요한 민간인 참모들이 있다. 국방성 밖에는 군비통제와 군축국, 국무성의 정치·군사 문제담당 관료들, 그리고 국가안전보장회의(NSC) 참모들도 있다. 그러므로 합참의장에게 독립적인 권한을 부여하는 것은 이러한 민간권력의 핵심을 지배하는 것이 아니라는 입장이다.[106]

---

105) 위의 책.

106) 위의 책.

그는 오히려 강력한 합참의장 모델이 합참의장에게 권한을 부여함으로써 합참의장이 민간 지도자들에게 각 군 상호 간의 관점에서 군사자문과 기획을 제공하도록 하여 민간 지도자들이 군사문제에 대해 바르게 이해하여 군에 대한 문민통제를 도울 수 있다고 주장했다.

강력한 합참의장 모델은 민간 지도자들에 군사자문의 개인적 원천으로서 합참의장을 두는 것이 아니라, 각 군의 독립적인 자문에 첨가하여 합참의장의 견해를 제공하는 것이기 때문에 집행권한과 기획 및 자문에 대한 책임을 분리하는 문제는 강력한 합참의장 모델에서 제기될 문제가 아니라는 관점이다. 가장 중요한 것은 강력한 합참의장 모델이 민주주의체제 또는 군에 대한 문민통제를 위협하지 않는다는 점이다. 강력한 합참의장 모델은 근본적으로 군사개혁을 통해 민간 지도자들의 문민통제 능력을 향상시키고자 했다.

1982년 3월 존스 장군에 의해 제안된 합참개편안은 위와 같이 의회에서 진지하게 토의되었다. 그리고 의회는 법률이 국방부 장관에게 작전문제에 관해 충분한 권한을 부여했지만, 합동참모회의 형식으로 운용되는 합참의 관행에 의해 약화되고 있다는 결론을 내렸다.

의회는 전략지침, 통합작전 기획·작전·교리 등을 수립하는 과정에서 각 군이 간섭한다고 인식했다. 이에 의회는 작전지휘계선을 크게 변경시키는 강력한 합참의장 제도를 만들고자 했다. 그러나 각 군의 입장은 군의 조직을 정비할 필요가 있다는 의회의 주장을 겉으로는 찬성했지만, 의회가 주도하는 개혁으로 인해 각 군 간의 관계 및 절차가 와해되지 않을까 내심 크게 우려했다.[107]

하원의원 니콜스(Bill Nichols)는 합참개혁법은 "합동작전을 위해 또

---

107) Allard, 『미래전 어떻게 싸울 것인가』, p. 12.

는 통합군의 기반을 만들도록 군에게 더 큰 권한을 제공하기 위해" 필요하다고 주장했다. 또 애스핀(Les Aspin) 위원장도 "각 군의 편협주의를 제거하기 위해" 합참의 개혁은 반드시 필요하다고 인정했다.

의회 군사위원회는 합참에서 합동특기를 가진 합동작전 전문 장교들에 의해 합동작전을 운용하게 하고, 통합군 및 특수군 사령부의 법적권한을 확대하며, 합동구조의 권한을 공고히 하여 각 군의 권한을 약화시켰다.[108]

합참개편법은 1982년 8월 초 하원 군사위원회의 후원 아래 분과위원회 대표의원들에 의해 제정되었다. 이 법은 존스(Jones)의 제안을 대부분 수용했으며, 'H. R. 6954'라는 공식명칭을 부여받았다. 비록 인준을 받지 못했지만, 법의 제정 노력은 각계의 증언을 통해 국방조직의 중요한 취약성을 인식하도록 하는 계기가 되었다.[109]

의회는 1983년에도 제도적으로 합참의장의 역할을 강화하고, 합동참모의 개인적인 문제를 다루어 합참의 구조와 운용의 변화를 제안한 합참개편법(공식명칭 H. R. 3718)을 제정했다. 그러나 이 법 역시 상원에서 통과되지 못하고 사문화되었다. 합참개편법은 1983년까지 두 차례 기각되었다.

그러나 의회의 노력은 99차 회기에서 결실을 맺게 되었다. 하원은 1985년에 합참개편법을 통과시켜 상원에 상정했고, 1986년 9월에 하원·상원 회의가 개최되었다. 상원은 법의 명칭을 "Barry Goldwater – Nichols Department of Defense Reorganization Act of 1986"으로 명명했다. 이 법은 9월 16일에 하원에서, 9월 17일에 상원에서 통과되었

---

108) David L. Gray, "In the name of Jointness," *Air Force Magazine, August 1986*, p. 8.

109) Heyns, ed., *Understanding U. S. Strategy*, p. 249.

다. 최종적으로 1986년 10월, 1일 레이건(Ronald W. Reagan) 대통령은 법률안에 최종적으로 서명했다.[110]

1947년의 국가안보법이 미 국방성을 강화할 목적으로 각 군성의 권한을 약화시켜 국방성을 중앙집권화하는 것이었다면, G-N법의 개정 의도는 합참의 기능을 강화하는 데 중점을 두었다.[111]

G-N법 이전에는 각 군의 병립에 의한 관료적 및 조직적 이해관계 때문에 합참의 기능과 역할을 실행하는 데 제약을 받아왔다.[112] G-N법의 핵심은 합참의장의 권한을 강화하고, 각 군의 통합(integration)과 관련된 모든 부분을 강화하는 것이었다.

G-N법의 의회보고서 서두에서 "국방부 장관은 헌법이 규정하는 문민 우위원칙에 부합하여 국방기구에서 제일권위를 가진다"라고 명시했듯이, G-N법은 국방부 장관의 권한을 상당한 정도로 강화시켰다. G-N법은 국방부 장관을 강력한 지도자로 만들어 문민통제를 최대한 보호하면서 강력한 합참의장의 지위를 통해 합참의 기능을 향상시키려고 시도했다.[113]

---

110) Gruetzner and Caldwell, *DOD Reorganization*, p. 140.

111) 편집부, "Goldwater-Nichols 법", 『군사저널』, 6월호, p. 54.

112) 황병무, "미국의 군사", 『국제정세』(서울: 국방대학원, 1994), pp. 87-88.

113) G-N법, pp. 54-55.

제4절
미군의 합동성과 국방개혁과정 분석

1. 미군의 지휘구조 개혁

G-N법 이전에는 단지 합참의장의 개인적 책임만을 암시했다. 그러나 〈표 3-1〉과 같이 새로운 법에서는 이를 더욱 확대하여 합참의 책임을 명백하게 명시했다. 합참의장은 전략기획수립, 지휘 및 통합군 사령부의 설치 등에 관한 업무를 가지고 있었으나, 그 이전에는 합참의장 개인이 아니라 하나의 집단으로서 합참이 위의 기능을 수행했다.

〈표 3-1〉 G-N법 전·후 합참의장의 기능과 역할 변화 비교

합참의장의 기능	G-N법 이전	G-N법 이후
책임(responsibility)	함축적(Implied Only)	명시적(Explicit)
책무(accountability)	의심스러움(Questionable)	명백함(Clear)
권한(authority)	도덕적(Moral only): 약함	법률적(Statutory): 강함
능력(capacity)	알맞음(Modest)	실무적임(Substantial)

출처: Blackwell & Blechman, ed., *Making Defense Reform Work*, p. 108.

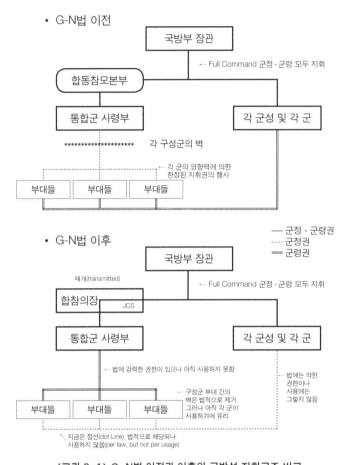

• G-N법 이전

국방부 장관

← Full Command 군정·군령 모두 지휘

합동참모본부

통합군 사령부

각 군성 및 각 군

********************** 각 구성군의 벽

← 각 군의 영향력에 의한
한정된 지휘권의 행사

부대들   부대들   부대들

— 군정·군령권
⋯⋯ 군정권
═ 군령권

• G-N법 이후

국방부 장관

매개(transmitted)

← Full Command 군정·군령 모두 지휘

합참의장   JCS

통합군 사령부

각 군성 및 각 군

← 법에 강력한 권한이 있으나 아직 사용하지 못함

법에는 약한
권한이나
사용에는
그렇지 않음

← 구성군 부대 간의
벽은 법적으로 제거,
그러나 아직 각 군이
사용하기에 유리

부대들   부대들   부대들

지금은 점선(dot Line), 법적으로 해당되나
사용하지 않음(per law, but not per usage)

〈그림 3-1〉 G-N법 이전과 이후의 국방성 지휘구조 비교

출처: Blackwell & Blechman, ed., *Making Defense Reform*, p. 106, p. 118.

G-N법은 합참의장에게 최종결과의 평가, 우발전쟁기획의 준비, 부대능력에 관한 중요한 약점을 장관에게 조언하는 것, 통합사령부 전투준비의 평가, 각 군의 예산제안에 대한 자문, 비용·우선순위 및 대안적 예산제의에 대한 건의, 방위조달기획에 대한 군소요 평가 등에 대해

개인적 책임으로 임무를 집행토록 했다.[114]

G-N법(151항)에 명시된 합참의장의 군사자문권한은 대통령, NSC, 국방부 장관에 대한 수석 군사자문관의 역할을 수행하는 것이다. G-N법은 합참의장의 권한을 강화하여 국방부 장관이 작전기획의 수립과 그 집행 책임에 필요한 전문적 군사조언을 제공할 수 있도록 했다.

다른 합동참모회의 구성원들도 대통령에 대한 자문관들이지만, 과거와는 달리 합참의장은 자신의 기능과 책임, 의무를 수행하기 위해 스스로 적절하다고 여기는 대로 다른 합참의 구성원과 총사령관들에게 자문과 상담을 요청할 수 있게 되었다.

G-N법은 합참의장의 독단을 방지하기 위해 어떠한 문제에 대해 자문과 의견을 제시할 때 가능성 있는 모든 대안을 총망라하여 다양한 정보를 제공하도록 했다. 다른 합참 구성원은 합참의장이 자문을 제공할 때 합참의장의 의견이나 자문내용에 동의하지 않는 내용을 제출할 수 있으며, 만약 구성원이 이와 같은 자문이나 의견을 제출했다면, 합참의장은 자신이 자문을 제공할 때 동시에 구성원이 제공한 내용을 함께 제출하도록 했다.

G-N법은 합참의장이 다른 합참 구성원의 개별적인 자문이나 의견을 제출하는 이유로 과도하게 지연하지 못하도록 했다. G-N법은 각 군 총장이 대통령과 국가안전보장회의 위원 및 국방부 장관과 직접 접촉하는 특권을 금지하고 있다. 다만 대통령, 국방부 장관, 국가안보회의에서 개인적 또는 단체로 의견을 직접 제공하기를 요청할 때 자문을 제공할 수 있다.[115]

---

114) Blackwell & Blechman, ed., *Making Defense Reform Work*, p. 108.

115) 위의 책, pp. 105-106.

G-N법 151항으로 인해 합참의장은 합동참모회의에서 만장일치 또는 각 군 총장들과 타협하지 않아도 되었다. 따라서 자문의 다양성과 적시성을 보완할 수 있었다.[116]

다음은 지휘구조에 관한 내용이다. G-N법 162(b)항에 의하면 국방부 장관은 군정권과 군령권 등에 대해 완전한 권한을 갖게 되었다. 지휘계통은 국방부 장관의 권한과 지시, 통제하에 합참을 매개하여 총사령관들까지 운용된다.

지휘계선상에서 합참의장의 역할은 〈그림 3-1〉과 같이 대통령 및 국방부 장관과 총사령관들 사이의 의사소통을 매개(transmitting)한다. 합참의장은 대통령과 국방부 장관이 그들의 지휘권한을 집행할 때 조언할 의무가 있다.

국방부 장관은 합참의장에게 총사령관들의 전투사령부 작전에 대해 감독할 책임을 위임했다. 이것은 국방부 장관이 합참의장에게 어떠한 지휘권한을 부여한 것이 아니며, 전투사령부 사령관의 법률에 명시한 책임을 박탈하는 것도 아니다. 단지 합참의장을 국방부 장관과 전투사령관 사이의 명령계통선상에 놓도록 했다.[117] 합참의장에 의해 내려지는 명령은 국방부 장관에 의해 시작되고 위임을 받아야 한다. 합참의장은 국방부 장관이 허락하기 전에는 명령을 내릴 수 없다.[118]

합참의장은 국방부 장관의 지시·권한·통제에 따라 총사령관들의 특별 소요에 대한 대변인의 역할을 수행한다. 이를 위해 합참의장은 각 사령부에 대해 총사령관들로부터 정보를 획득, 제공, 통합 및 평가한

---

116) 위의 책.

117) 황병무, 미국의 군사, 『국제정세』, pp. 87-88.

118) Douglas J. Murray and Paul R. Viotti, ed., *The Defense Policies of Nations*(Baltimore: The Johns Hopkins Univ. Press, 1989), p. 55.

다. 합참의장은 개별적 또는 집단적으로 국방부 장관에 대한 권고안을 작성하고 자문하며, 국방성의 다른 부서와 전투사령부 사이에 적절한 의사소통이 이뤄지도록 도와준다. 합참의장은 과거 누구보다도 강화된 권한으로 결정을 내릴 때 법적인 영향력을 갖게 되었다.

다음은 G-N법 153항에 명시된 합참의장의 전략기획 기능이다. 합참의장은 전략기획을 작성해야 한다. 과거 합동전략기획문서(JSPD: Joint Strategic Planning Document)는 자원제약에 대한 고려 없이 입안되었으며, '기획·계획·예산체계(PPBS: Panning, Programing and Budgeting System)'에서 합참의 역할은 매우 제한되었다.

G-N법은 합참의장에게 전략기획에서 우선순위를 설정하고 여러 가지 대안을 제시하도록 하여 좀 더 현실적인 기획목표를 작성할 것을 명시하고 있다. 합참의장은 광범위하게 강화된 권한으로 통합사령부 사령관과 합참에 관해 국방성이 결정을 내릴 때 새로운 영향력을 발휘할 수 있게 되었다.

G-N법은 오랫동안 지켜져온 '집행자와 기획자' 간의 구분을 명백하게 했다. 즉 "집행자는 야전사령관이며, 기획자는 합참에서 기획 및 관리를 담당"하도록 규정하고 있다.

합참의장은 기획 분야의 수장으로, 국가의 최고 군사기획·관리자의 역할을 수행하게 되었다. 이는 군복을 입고 있는 사람 중에서 합참의장 개인에게 최고 군사판단관의 책임을 부여한 것이다. 과거에는 합참에 기획 기능이 주어졌지만, 이제는 합참의장에게 주어졌다.

합참의장은 제한된 재정 범위 내에서 전략기획 및 우발전쟁기획, 총체적 평가, 사령관들의 필요를 감안하여 각 군의 예산 소요를 검토하고, 전략소요량과 사령관들의 목적에 합당한 예산대안의 제의, 전술에 입각한 구매 계획에 대한 평가, 그리고 합동교리 개발 및 교육훈련에 대한 기능을 수행하게 되었다.

G-N법은 군사력 기획, 계획 및 예산편성에서 국방부 장관의 지침을 받지 않고는 합참의장이 직접 지침을 내릴 권한을 부여하지 않았다. 그러나 이 법으로 합참의장이 국방부 장관에게 전략검토 보고서를 제출하도록 했다. 이는 G-N법이 합참의장의 역할을 강화한 것 가운데 가장 큰 성과를 달성한 부분의 하나였다.[119]

1987년에 합참의장은 개편법에 의해 합동전략기획문서(JSPD)를 처음으로 수립했다. 합동전략기획문서는 국방부 장관이 국방성의 희소한 자원 배분 시 국방부 장관에게 도움이 될 수 있도록 국방성의 중요한 계획수립 훈련을 나타내는 국방성지침과 합동전략기획문서를 개선하여 군사계획수립과 사업계획입안 및 소요예산 간에 연계를 강화할 기반을 만들었다.[120]

G-N법에서 합참의 계획입안을 개선하기 위한 두 가지 조치는 다음과 같다.[121] 첫째는 국방성의 주요 계획 수단인 국방지침(Defense Guidance)을 제도화했다. 둘째는 합참을 통한 '합동전략기획체계(JSPS: Joint Stategic Planning System)[122]'를 처음으로 마련했다. 각 군의 자율권을 위협하

---

119) Blackwell & Blechman, ed., *Making Defense Reform Work*, p. 15.

120) 위의 책, p. 50.

121) 위의 책, p. 49.

122) JSPS는 합참의장의 업무를 수행하는 중요한 공식적 수단이다. JSPS는 합참의장으로 하여금 합동참모회의 위원과 CINCs의 자문을 거쳐 대통령과 국방부 장관이 미군에 대한 전략지시를 제공할 수 있도록 그들을 보좌하고, 그들의 권한을 위임받아 지시하는 것이다. 또한 의장은 전략기획과 우발기획을 준비 및 검토하며, 대통령 및 국방부 장관에 소요, 프로그램, 예산에 대한 조언, 미국 및 동맹국의 잠재적국과 상호 비교한 군사능력에 대한 평가를 한다. 이 문서는 이러한 합참의장의 법적 책임을 수행하도록 한다. 합참, 『합동기획』(서울: 합참, 2011), pp. 30-31.

는 계획과 평가에 복지부동하는 각 군의 저항을 극복하기 위해 대통령, 국방부 장관은 국방개혁을 통해 합참에 힘을 실어주어야 했다.[123]

합참의 새로운 합동전략기획체계는 적절했다. 개정된 전략기획의 공식화 과정도 발전했다. 이 개정된 기획체계와 참모절차는 G-N법의 효과를 반영하고 있었다. 이제 기획체계는 급격히 변화하는 국가안보 환경에 적응하도록 적시에 실행될 가능성이 생겼다.[124]

합동전략기획체계 문서들을 작성하는 과정에서 각 군의 작전장교 및 기획장교 그리고 합동참모 장교들의 보고내용은 더 큰 일치점을 찾을 수 있게 되었다. 따라서 국가통수기구(NCA)에 제공하는 자문은 명확·정확하고, 적시성과 적절성을 갖게 되었으며, 전략적 수단과 목적 사이에 조화를 이루도록 변화되었다.[125]

과거의 합참회의에서는 토의가 극단적으로 제한되었고, 각 군의 목적에 따라 토의안들이 급격히 수정되었으며, 토의 과정도 타협으로 점철되었으나, 만장일치제도가 제거됨에 따라 이러한 관례가 점진적으로 개선되었다.[126]

각 군 참모들은 자신들의 영향력이 점점 감소함에 따라 G-N법에서 개선된 합동참모절차의 재검토 과정을 선호하지 않았다. 그 이유는 합동작전 집행절차 수행 시 각 군이 합동참모들에 대해 행사하는 영향력이 제한되었기 때문이다. G-N법의 개편으로 군조직의 발전문제 및 공식정책 집행과정에서 합동문제를 해결하는 데 따르는 시간 낭비와

---

123) Blackwell & Blechman, ed., *Making Defense Reform Work*, p. 66.

124) Christopher Allan Yuknis, "The Goldwater-Nichols Department of Defense Reorganization Act of 1986: An Interim Assessment"(Pennsylvania: USAWC, 1992), p. 29.

125) 위의 책, p. 18.

126) 위의 책, pp. 19-21.

과도한 간섭적인 행동과 논쟁은 감소했다.

다음은 합동참모에 대한 내용이다. G-N법은 제38장 '합동장교 관리'에서 합동참모에 대해 합참의장이 확실히 통제할 수 있도록 했다. 합동참모는 합참의장의 참모가 됨으로써 의장의 지휘·권한·통제 아래에서 임무를 수행하게 되었다. 합동참모들은 무기력한 합참의 집합체가 아니며, 각 군의 눈치를 보지 않아도 되는 자유로운 환경에서 근무하도록 했다.

또한 합동특기가 신설되었다. 합동특기를 소지한 장교들은 대부분 모군에서 근무하겠지만, 이른바 'Purple Suit'[127] 업무 위주가 될 것이다. 따라서 이제는 각 군 본부의 참모들과 동등하게 경쟁할 수 있게 되었다. 적어도 동기 면에서 우수한 자질을 갖춘 구성원이 충원되었고, 성실한 합동임무를 수행할 수 있는 토대를 마련했다. 합동참모에 대한 G-N법의 효과는 합참의 근무가 군복무 경력상 승진을 위한 필수경로가 되었다.[128]

G-N법 제6장에는 전투사령부에 대한 내용이 기술되어 있다.[129] 전투사령부의 지휘계통은 대통령 – 국방부 장관 – 전투사령부에 이른다 〔제162조 (b)항〕. 대통령 또는 국방부 장관 및 통합 또는 단일 전투사령부 사령관의 의사소통이 합참의장을 통해 전달(transmitted)되도록 지시(direct)했다〔제163조 (a)항〕.

전투사령관은 대통령과 국방부 장관의 권한·지시·통제에 따라

---

127) 'Purple': 각 군의 군복 색을 혼합한 색상으로, 군대 밖에서 제기되는 견해에 귀를 잘 기울이는 장교를 가리키는 펜타곤의 용어다. Bob Woodward, *The COMMANDERS* (New York: Simon & Schuster, 1991), p. 79.

128) Blackwell & Blechman, ed., *Making Defense Reform Work*, pp. 23-24.

129) G-N법, Chapter 6. Combatant Commands, pp. 18-28.

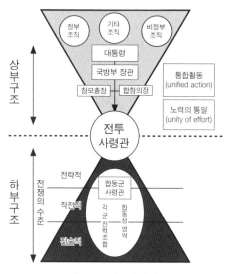

〈그림 3-2〉 미군의 지휘구조

자신의 임무를 수행한다. 자신의 사령부에 할당된 임무를 수행할 수 있도록 국방부 장관의 권한에 따라 사령부가 대비태세를 갖출 수 있게 직접적인 책임을 지게 되었다.

G-N법의 성과는 각 군과 전투사령관 간에 '작전에 대한 책임'을 명확히 구분한 것이다. G-N법에 따라 전력의 조직, 훈련 및 장비에 대한 책임은 각 군에, 작전의 기획과 시행은 전투사령관에게 부여하여 합리적인 작전수행을 위한 기반을 제공하게 되었다. 전투사령부 및 국방 관련 기관 간에 명확한 책임 분할로 이전에 존재했던 모호성의 상당 부분을 제거했다.[130]

전투사령관에게 군사작전을 준비하고 시행할 수 있는 권한을 보장해줌으로써 작전에 필요로 하는 전력의 기획, 발전, 훈련 및 전개에 관한 권한을 증대시켜주었다. 동시에 합참의 지원을 받는 합참의장은 이들 활동에 대한 전투사령관의 계통상에 위치하여 역량을 발휘할 수 있게 되었다.[131]

---

130) John P. White, "오늘날의 국방조직", 문희목 편역, 『1986년 국방조직개편과 10년 후의 평가』, pp. 106-107.

131) 위의 책, p. 107.

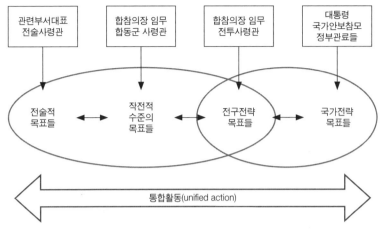

〈그림 3-3〉 전략과 작전술의 관계

출처: *Joint Operations*(2011), p. Ⅰ-13.

오늘날 전투사령관은 〈그림 3-2〉와 같이 통합활동의 중심점(pivot point)으로 실전에 대한 책임에 상응하도록 기획 및 사업계획에 직접적으로 자신의 의사를 반영시키고 있다. G-N법은 합참의장을 합의도출자에서 수석군사보좌관의 책임을 수행토록 조정함으로써 합참의장과 합참이 군사력의 기획과 사업계획 같은 핵심적인 자원결정에 자연스럽게 관여하게 되어 이 분야에서 전투사령관의 입장을 대변하게 되었다.[132]

이러한 사실은 〈그림 3-3〉의 '전략과 작전술의 관계'에서와 같이미 『합동작전』 교범(2011)에 명시되어 있다. 전투사령관은 상위조직의'국가전략목표들(National Strategic Objectives)'을 달성하기 위해 이를 군사적으로 지원하는 '전구전략목표들(Theater Strategic Objectives)'을 설정하고 성취해

---

132) 위의 책, p. 110.

가는 과정에서 군사력 운용의 핵심적인 역할을 하고 있다.

예하 합동군 사령관은 '작전적 수준의 목표들(Operational Level Objectives)'을, 전술사령관은 '전술적 목표들(Tactical Objectives)'을 각각 성취함으로써 통합활동(Unified Action)을 지원할 수 있도록 했다.

전투사령부와 관련한 G-N법의 내용은 과거에 전투사령관을 지낸 해군대장 프루어(Joseph W. Prueher)의 "새로운 시대의 실전 전투사령관"이라는 글에서 찾을 수 있다.[133] 그는 G-N법의 효과를 걸프 전쟁에서 슈워츠코프(Herbert Norman Schwarzkopf Jr.) 전투사령관이 직접적으로 군사작전을 통제하거나 예하 지휘관에게 권한과 책임을 위임할 수 있게 되었다는 점을 강조했다.

또한 자원 배분과정은 국방자원을 더욱 효율적으로 사용할 수 있게 했고, 전투사령관에게 명확한 책임과 권한을 부여했으며, 합참의장이 민간 지도자가 주도하는 추진사업에 대한 조언의 준비를 도와주는 합동소요검토위원회(JROC: Joint Require Oversight Committee)를 통해 전투사령관의 견해가 합참의장의 조언에 반영되었다.

G-N법의 개혁에 따라 권한이 강화된 국방부는 합동작전의 준비 및 국방자원의 관리 면에서 장족의 발전을 거뒀다.[134] G-N법의 영향으로 단일군 사령관으로부터 국방부 장관에까지 유연한 지휘계통을 갖는 지휘구조로 변화시킬 수 있었다.

당시 파월(Colin L. Powell) 합참의장은 G-N법을 바탕으로 1989년 파나마 침공작전과 걸프 전쟁에서 성공적으로 군사작전을 수행했다.[135] 파월은 G-N법 하에서 "합참의 역할에 대해 각 군이 지속적으로 타협

133) Joseph W. Prueher, 새로운 시대의 실전 전투사령관, 위의 책, pp. 162-171.
134) John P. White, 오늘날의 국방조직, 위의 책, p. 106.
135) *Defense News*. 1994. 6. 29, pp. 13-19.

함으로써 자원배분뿐만 아니라 기획과 작전적 결심에 대해 심각한 영향을 미치는 것[136]"을 제한하고 합참의장의 관점 및 전투사령관의 생각, 필요사항과 계획이 중요한 작전 및 자원배분의 결정에 반영되도록 했다.

합참의장 파월 장군은 합동참모에 대한 새로운 형태의 영향력을 확대했고, 합참의 전쟁수행력 강화와 예산안을 평가할 때 합참의장과 총사령관들의 권한을 강화하여 각 군의 조직정치 현상을 극복하려는 의도를 달성했다.[137]

G-N법은 1989년 12월에 파나마 전역에서 적절한 지휘계통의 창출과 작전의 성공에 기여했다. 그 사례는 합참회의에서 파나마 침공작전의 실행계획 심의 시에 나타났다. 파나마 침공작전은 육군과 공군 위주로 이뤄진 기습공격작전이었다. 육군참모총장 부노(Carl E. Vuono)는 작전계획을 전적으로 지지했다.[138]

해병대 사령관인 그레이(Al Gray)는 작전계획이 육군과 공군 위주로 수행되는 작전 자체는 찬성하면서도 해병대가 작전에 참가하지 못하는 데 대한 아쉬움을 표시했다. 그러나 합참의장은 해병대를 위해 일정이나 계획을 변경할 수 없다고 확실하게 말했다.[139]

해군참모총장인 트로스트(Carlisle Trost) 제독은 해군이 카리브 해와 태평양상에 함정들을 출동시켜두고 있었지만, 소수의 SEAL(Sea Air Land: 특수부대)팀과 소형함정이 상징적으로 참가하는 정도로 만족하고 육군과 공군의 합동작전임을 인정하겠다는 자세를 보였다. 공군참모총장 웰치

---

136) John P. White, 오늘날의 국방조직, 앞의 책, pp. 106-107.

137) 위의 책.

138) Woodward, *The Commanders*, pp. 161-171.

139) 위의 책.

(Larry D. Welch)는 이 작전의 수행 시 제기될 부정적인 문제점을 제시하고, 작전 실행에는 동의했다.[140)

G-N법 아래에서 각 합동참모회의 구성원들은 합참심의과정에서 자군이 작전에서 부여받는 임무와 역할이 없다고 해도 작전 자체가 타당하고 실행 가능한 것이라면 강력히 거부하지도, 지연시킬 수도 없었다. 합참의 전쟁계획과 자문은 적시성을 가지고 각 군의 이익과 무관하게 상황에 맞는 작전계획을 기획할 수 있게 되었다.

합참 구성원들의 문제제기는 합참 수준에서 공동이익이 달성될 가능성이 높고 합리적일 때 합동작전에 반영되었다. 이제 합동참모회의는 상호 간에 자군의 이익을 위해 싸우기보다는 합참의장의 적절한 통제 아래 혁신적인 발전 모습을 보여주었다.

G-N법은 합참의장의 군 지휘권을 강화한 것이 아니었다. 상부구조에서 합참의장을 중심으로 통합활동이 유연하게 운영되도록 했으며, 합참의장이 각 군과 협력하여 통합군사령부를 지원하게 함으로써 통합활동의 결과가 하부구조에서 구현되도록 '군 운용성(integration)'을 강화한 것이었다.

2. 작전개념 및 전력건설

걸프전 이후 미군의 합동성 논쟁에서 주요 핵심은 합동전장 영역

---

140) 위의 책.

에서 과연 어느 군이 주도적인 역할을 담당할 것이며, 타군은 이를 어떻게 효과적으로 지원할 것인가에 대한 문제였다. 따라서 각 군은 첨단 무기체계를 활용한 현대전에서 자신들이 주도적인 역할을 담당해야 한다는 논리를 경쟁적으로 개발하기에 이르렀다.

특히 기존의 전쟁에서 주도적인 역할을 담당했던 지상군과 걸프전을 계기로 부각된 항공력 간의 논쟁이 주를 이뤘으며, 이러한 점은 미군의 작전개념과 전력건설에도 지대한 영향을 미쳤다.

항공력(air power)이란 항공기를 보유한 공군력만을 지칭하는 것이 아니라, 공중에서 또는 공중을 통해 작동하는 기계류를 군사적으로 사용하는 것이다. 항공기는 물론 공중공간을 활용하는 능력, 군용항공기, 미사일, 무인항공기 등의 유형능력과 이를 지원하는 무형능력까지 포함한다.[141]

이러한 항공력의 급속한 발전으로 작전 가능 범위, 속도, 유연성, 대응력과 집중력이 강화되었고, 급속히 변화하는 전략환경에 분권적으로 적절히 대응할 수 있게 되었다. 이러한 융통성에 기반을 둔 항공력은 일련의 전략적·작전적·전술적 등 전쟁의 모든 수준에서 적용 가능한 힘이 되었다.[142]

항공력의 발전으로 합동전장이 지상군 또는 해상군 중심의 2차원 전쟁에서 3차원의 공간으로 옮겨가기 시작함에 따라 합동전장에서 "누가 항공력을 통제할 것인가?"[143]라는 주제를 가지고 공지전투 옹호

---

141) 군사용어사전(2013), p. 364; 공군기본교리, p. 120; Richard P. Hallion, 『현대전의 알파와 오메가』(서울: 연경문화사, 2001), p. 9; 항공우주력에 대해서는 다음을 참고할 것. 이성훈, 『한국 안보외교정책의 이론과 현실: 위협, 동맹, 한국의 군사력 건설 방향』(서울: 오름, 2012), pp. 323-330.

142) AFDD 1, USAFBDOC(2011), pp. 16-18.

143) Lt Col. Terry L. New, UASF, "공지전투 시 공군과 지상군 간의 지휘권 관계", 권영근 역,

자들과 전략마비전 옹호자들 사이에 논쟁이 일어났다.

이러한 논쟁은 합동성을 통해 국가이익을 추구해야 하는 당위성에도 불구하고 자군의 입장에서 전훈분석의 교훈을 편협한 시각으로 해석하고 이를 둘러싼 이해관계는 더욱 복잡하게 전개되었다. 이러한 갈등은 전쟁이 끝난 후 진행된 전력구조 재편과 자원의 축소과정에서 최고조에 이르렀다.[144]

미군은 전훈분석을 통해 나타난 결과를 군 구조, 전력구조와 건설에 반영했다. 그중에서도 국방예산 분배과정에서 가장 빠르게 가시적으로 나타났다. "미국의 총 국방예산에서 육군의 몫은 1990년 26.8%에서 1993년 24.3%로 떨어졌고, 공군의 몫은 1990년 31.7%에서 32.9%로 증가했다."[145]

이러한 이유로 각 군은 전훈분석과정에서 자군의 이권과 지배력을 확산시키고 자원 확보를 통해 자군의 자율성과 생존성, 확장성을 보장하기 위해 노력했다. 결과적으로 전훈분석과정에 조직정치현상이 내재될 수밖에 없었다. 원칙적으로는 전훈분석을 통해 전쟁의 교훈을 반영하여 관련된 교리와 조직을 개선하며, 변화하는 전장환경에 적합한 장비를 획득할 책임을 다해야 하는 것이 합리적임에도 불구하고 실제로 전훈분석 교훈들이 국방개혁과정과 작전개념을 수립하고 전력건설을 보강하거나 개선하는 과정에 충분히 반영되지 못해 각 군이 비합리적으로 행동하는 원인이 되었다.

『군사논단』 제28호, 가을호, 2011, p. 50.

144) David E. Johnson, *Learning Large Lessons: The Evolving Robe of Ground Power and Air Power in the Post-Cold War Era*, Rand Project Air Force(PAF)[Santa Monica CA: Rand corporations, 2007], p. 42(이하 Learning Large Lessons로 인용).

145) 위의 책.

따라서 국가 차원에서 적절한 공지통합(airland integration)으로 합동성이 발휘되어야 할 전투수행의 잠재력 확보를 충분하게 하지 못했다. 다만, 확실한 것은 육군과 공군(및 타군)이 냉전 후에 발생한 분쟁들을 각각 자군의 독특한 시각을 통해 전장상황을 인식하고 있다는 점이다.[146)

1) 합동전장에 대한 지상전력과 항공력의 관점

합동전장에서 합동성을 구현하는 과정에서 아직도 두 가지 시각이 충돌하고 있다. 첫째는 지상전력을 중심으로 전쟁을 수행하면서 항공력에 의한 근접항공지원(CAS: Close Air Support)을 지상군 공격의 보조수단으로 인식하고 작전을 시행하는 것이다. 둘째는 항공력 중심의 전략적 마비 개념이다. 이는 항공력을 활용하여 전략목표를 직접 공격하여 효과 중심으로 전쟁을 운용하는 방식이다.

근접항공지원과 관련하여 먼저 지상전력과 항공력의 활동무대가되는 합동전장의 성격부터 설명하겠다. 지상군 무기의 기동성과 사거리 증가로 지상군의 작전가능 범위가 증대함에 따라 근접지원항공의 활용은 아군이 공중 또는 해상으로 침투하면서 진정으로 절박한 상황을 맞을 경우를 제외하고는 전투지역전단에서 실시되지 않을 추세다. 근접지원항공과 전투지역 지원 및 저지·차단의 경계는 모호해져가고 있다. 사막의 폭풍작전에서는 이러한 지역적 경계가 거의 사라져버렸다.[147)

---

146) 위의 책, p. xi.
147) 위의 책, p. 259.

합동전장 관리문제는 지상전력과 항공력의 전쟁수행에 대한 견해 차이를 극복해야 해결될 수 있다는 점에서 경계가 모호해지는 현상은 합동성을 강화할 때 점점 더 심각한 문제로 인식되었다.

합동성 강화의 논쟁에서 지상전력의 종심공격 개념과 화력지원협조선(FSCL: Fire Support Coordination Line)의 위치 선정이 합동전장 관리문제의 핵심적인 주제다.[148]

화력지원협조선은 합동화력지역의 남쪽 끝단을 연결하는 선으로, 화력지원협조선 너머에 위치한 표적에 대해 공군화력을 포함한 모든 사격을 허용하는 선이다. 아군의 신속한 타격을 보장하는 한편, 필요시 육·해·공군의 화력을 협조하기 위해 설치된다.[149]

합동전장에서의 지상전력은 "작전적·비선형적 속성이 점차 증가하고 있다"는 점을 인정하면서도 지상군 지휘관들이 공간적 측면에서 결정적 작전을 조성하고 지속해야 할 상황이 발생할 수 있다고 인식한다. 실제로 이러한 공간적 인식을 통해 주요 전투작전지역 내에서 전투지경선과 통제지역을 설정하고 있다.

먼저, FM 3-0, *Operation* 2001년 판에서 사용된 '근접지역'이라는 용어는 2008년 판에서는 다르게 설명하고 있음을 밝혀둔다. 2008년 판에서는 'deep, close, and rear areas'라는 용어는 폐지하고, '근접전투(close combat)'라는 용어를 사용하고 있다. 〈그림 3-4〉는 FM 3-0 2008년 판에서는 삭제되었음을 밝혀둔다. 그러나 합동전장을 설명하기 위해서는 가장 기본이 되는 모델이기 때문에 이 책에서는 2001년 판을 인용했다.[150]

---

148) 위의 책, p. 131.
149) 군사용어사전, p. 380.
150) FM 3-0, *Operations*(2008), p. D-4.

미 육군 야전교범 FM 3-0, *Operation* 2001년 판에서는 〈그림 3-4〉와 같이 육군이 작전지역을 근접지역, 종심지역 그리고 후방지역으로 분류한 교리적 방식과 화력지원협조선이 위치한 지역을 보여준다.[151] 근접지역(close area)은 우군이 즉시 적과 교전하고 양측 모두 전략적 예비군을 투입하거나 지휘관들이 근접전투를 수행하기로 결정한 지역이다. 근접지역은 대개 지상기동군에게 할당된다. 이들은 예하군의 후방전투지경선에서 기동군의 전방전투지경선까지 이른다.

지상군 사령관들은 근접지역에서의 기동 및 화력능력에 힘입어 결정적인 작전수행을 기획하고, 대부분의 기동군을 근접지역에 배치한다. 전투부대를 직접적으로 지원하는 전력 역시 근접지역에 배치한다. 근접지역에 소속된 군사령관들은 예하군의 종심지역, 근접지역 그리고 후방지역을 설정할 수 있다.

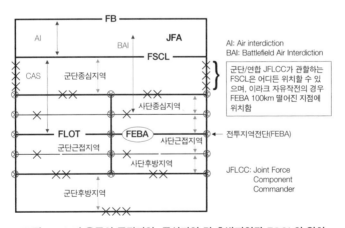

〈그림 3-4〉 미 육군의 근접지역, 종심지역 및 후방지역과 FSCL의 위치

출처: FM 3-0, *Operations*, June 2001, pp. 4-26; JP 3-03, *Joint Interdiction*(2011), p. IV-8; JP 3-09, *Joint Fire Support*(2014), p(A). 5-8.

---

151) 위의 책, 132, FM 3-0(2001), pp. 4-25 to 4-27.

〈그림 3-4〉를 이해하기 위해서는 'FB, FLOT, FEBA, 종심작전, AI, BAI' 등의 용어에 대한 개념을 이해해야 하는데, 정리하면 다음과 같다.[152)]

- **FB(Forward Boundary: 전방전투지경선)**
  지상군이 작전을 수행하는 데 필요한 최대한의 전장을 확보할 수 있는 위치에 설치하는 것. 지상군 책임지역의 북단 경계선으로, 합동화력지역(JFA)을 운용할 때 합동화력지역의 북단에 설치된다.
  * JFA(Joint Fire Area): 합동작전부대 사령관 및 예하 구성군 사령관들이 작전지역 내에서 추가적인 협조 없이 합동화력으로 표적을 동시에 공격할 수 있도록 연합사 및 예하 구성군사에서 사용하는 3차원의 허용적인 화력지원협조수단(FSCM)

- **FLOT(Forward Line of Own Troops: 전선)**
  통상 엄호 및 차단부대(screening forces)의 전방 위치를 나타내며, 특정시간에 군사작전상 최전방 아군 위치를 나타내는 선으로, 합동화력지역(JFA)의 남단을 연결하는 선이다. 화력지원협조선 너머에 위치한 표적에 대해 공군화력을 포함한 모든 사격을 허용하는 경계다. 신속한 타격을 보장하는 한편, 필요 시 지상군·해상군·공군의 화력을 협조하기 위해 설치한다.

- **종심작전(Combat in Depth)**
  아국 영토를 보전하기 위해 조기에 전장을 적지로 확대하고 적지결전을 추구하며, 아 전투력을 보존하면서 적 전투력 및 전투의지를 약화시키기 위해 적의 깊은 종심에 있는 적 전투력의 중추부를 타격한다. 접적구역에서의 적의 강점은 고착·견제하면서 접적지역 후방의 적 중심에 아군 전투력을 집중하는 개념으로서 적지 결전을 추구하는 작전이다.

- **FEBA(Forward Edge of the Battle Area: 전투지역전단)**
  엄호 및 차단부대가 작전을 수행하는 지역을 제외한 지상전투부대의 주력이 전개하는 일련된 지역의 가장 끝단에 해당하는 한계선이다.

- **AI(Air Interdiction): 항공차단작전**
  적의 군사잠재력이 우군의 지·해상군에 대해 효과적으로 사용되기 전에 이를 교란·지연·파괴하거나 우군의 지상군에 대해 단기간에 효력발휘가 가능한 위치에 있는 적을 공격하여 적 전력의 증원, 재보급 및 기동성을 제한함으로써 전투지역 내의 적을 고립케 하는 항공작전이다.

---

152) 군사용어사전(2013), p. 238, p. 239, p. 276, p. 348, p. 380; FSCL JP 3-03(2011), *Joint Interdiction*, p(Ⅳ). 8-10.

- **BAI(Battlefield Air Interdiction) : 전방항공차단작전**

  후방항공차단작전의 한 종류이지만, 육군의 요청으로 실시하되 실행 과정에서는 육군의 협조를 필요로 하지 않는 형태의 작전으로서 아 지상군에게 영향을 미칠 가능성이 높으나 실제로 직접적인 영향을 미치고 있지는 않은 적 지상 전력에 대한 공격 임무. BAI는 FSCL 양쪽 모두에서 수행된다. 일반적인 항공차단작전에서 육군과 공군 간 합동작전으로서의 성격이 강조된 임무다.

종심지역(deep areas)은 근접지역 전방에 위치하고, 사령관들이 근접지역에서 적군과 조우하거나 이들과 교전을 수행하기 전에 적군이 전력을 조성하는 지역을 말한다. 종심지역은 통상 예하부대의 전방전투지경선(FB)에서부터 통제제대의 전방전투지경선까지다. 종심지역은 단순히 지리적 측면에서뿐 아니라 목적과 시간적 측면에서도 근접지역과 연관되며, 범위는 우군이 정보 취득 및 표적을 공격할 수 있는 영향지역에 의해 좌우된다. 사령관들은 여건조성작전을 수행하기 위해 종심지역에 전력을 배치할 수 있다.[153]

후방지역(rear areas)은 사령부의 후방계선에서부터 예하 사령관의 후방전투지경선까지의 지역을 포괄한다. 군은 본 영역에서 지원기능을 수행하고 제대가 수행하는 지속작전의 대부분이 이 지역에서 발생한다.

지상군 사령관들은 작전지역들의 전체 또는 일부를 예하부대들에 할당하여 분할한다. 예하부대가 관할하는 작전지역들은 서로 근접할 수도 있고 그렇지 않을 수도 있다. 전자의 경우 전투지경선이 이들 지역을 구분한다. 후자의 경우 전투지경선을 설정하지 않고 작전개념에 따라 암묵적으로 분류한다. 또한 직속 사령관들은 근접하지 않은 작전지역들 간의 영역을 관할할 책임이 있다. 그러므로 전투지경선과 화력지원협조 조치를 한 대규모의 지상 작전지역에서 조성되는 전장들은

---

153) Johnson, *Learning Large Lessons*, p. 133.

선형 및 비선형 형태를 띠게 된다.

합동전장을 바라보는 시각은 지휘구조와 작전개념과 전력건설까지 영향을 미친다. 그 예로 지상군의 경우는 '작전지역 중심(Area of Operation)'의 통합에 익숙해져 있는 반면, 공군은 '작전 수행과 같은 목표(Object) 중심'의 통합에 익숙해져 있다.[154]

합동전장에서 지휘통제를 바라보는 지상군의 시각은 지역과 구역의 구분이 매우 중요하다. 지역의 지형은 지상군의 이동과 화력에 대한 직접적 마찰로 작용하고, 구역은 지상부대 간 작전 영역과 책임을 한정 짓기 때문이다. 그러나 항공력의 관점에서는 지형 때문에 지상군이 겪는 지상에서의 마찰은 거의 없다. 따라서 지역·구역이라는 개념은 지상군보다는 공군에게 상대적으로 덜 중요하다. 공군이 중요하게 생각하는 것은 표적의 성격이다.[155]

〈그림 3-4〉는 현재 우리가 이해하고 있는 지상군 중심의 부대별 작전지역 개념을 바탕으로 구분한 것이다. 〈그림 3-4〉에서 종심지역이라는 말은 지상군의 군단과 사단의 관점에서 바라본 것이다.

공군은 전쟁의 모든 수준에서 지역과 구역의 구분 없이 전구 사령관의 의도를 달성하기 위해 전구 사령관의 책임지역(AOR: Area of Responsibility) 또는 합동작전지역(JOA: Joint Operation Area) 모두에서 전투를 수행한다.

공군의 관점에서 중요한 것은 전선으로부터 표적이 있는 거리가 아니다. 전구 사령관이 "의도하는 목표를 달성하는 데 가장 효과적인

---

154) 권영근, "전력통합: 작전지역중심 통합과 목표중심 통합", 『합참』 제17호, 2001년 7월호, pp. 112-121.

155) 권영근, 『합동성 강화 전시작전통제권 전환의 본질』(서울: 연경문화사, 2006), p. 85.

표적을 식별하고 그의 의도된 효과를 창출"하는 것이다.[156]

그러나 지상군은 지리와 시간의 관점에서 종심을 바라본다. 적 군사력에 도달하려면 어느 정도 시간이 걸리는가? 또는 그곳까지의 거리는 어느 정도인가? 지상군의 경우 시간과 거리는 전장 형성 능력과 동일한 의미가 있다. 적군에게 도달하기까지 소요되는 시간이 길고, 거리가 멀수록 상대적 능력, 지형 이점 그리고 다른 요인들을 활용할 기회는 더욱 많아진다.

지상군의 관점에서 보면 종심지역에서 작전을 수행하는 2개 군 이상의 전력은 적정 차원에서 '통합(unification)되어야 할 뿐 아니라 노력의 통합(unify of effort)'이 되어야 한다.[157] 여기에서 "항공력을 최상으로 사용하기 위해 합동전장을 누가 통제할 것인지에 대한 또 다른 문제가 발생했다."[158]

2) 지상전력의 시각─공지전투와 전력건설

미 육군은 클라우제비츠(Karl von Clausewitz) 이론을 수용하여 "미 육군의 전승은 지상전을 통해 적군의 격멸을 통해 이뤄지며, 지상전은 공군과 해군의 지원을 받아 육군이 주도한다"는 개념을 정립했다.[159]

육군은 연속되는 지상전투를 수행할 수 있는 유일한 군으로 기능

---

156) 위의 책, pp. 88-89.

157) 위의 책, pp. 90-91.

158) New, 공지전투 시 공군과 지상군 간의 지휘권 관계, pp. 50-54.

159) John Gordon Ⅳ and Jerry Sollinger, "The Army's Dilemma," *Parameters*, Summer, 2004, pp. 34-35.

한다.[160] 육군은 전구 차원의 주요 전쟁에서 지상작전이 결정적인 의미가 있으며, 육군이 지상작전에서 결정적인 역할을 한다는 입장이다.

오랜 기간 육군은 이 같은 육군의 개념이 전역계획을 주도해야 한다고 생각했다. 따라서 적군과 육군의 교전을 용이하게 하는 것이 전역계획의 주안점이 되어야 한다고 생각했다.[161]

그리고 육군은 타군의 전략적 동원과 공중지원능력에 의존했기 때문에 육군의 "중심적 역할"을 지킨다는 전제하에 "합동성을 옹호(Champion jointness)"하기에 이르렀다. 이처럼 육군은 언제나 피지원군이었다.[162]

9·11테러가 발발한 2001년 이전까지만 해도 미 육군은 이 같은 관점을 견지했다. 여기에는 항공력이 육군을 지원하는 세력이라는 육군의 관점이 암시되어 있었다.[163] 육군은 공군이 자군을 지원해야 하고, 공군을 통제해야만 전쟁을 잘 수행할 것으로 생각했다.

이는 해군과 공군이 자군의 중요성을 강조하는 것처럼 "육군이 전쟁을 주도하고 해·공군이 육군을 지원해야 한다"는 육군 중심의 전쟁수행개념 또한 자군 중심사고와 다를 바 없다.

그러나 걸프전 이후 전쟁경험을 통해 항공력의 위력이 점차 더 증가하고, 지상작전의 결과가 전승에 미치는 영향력이 감소해가자 이러한 주장은 그 의미가 퇴색되기 시작했다. 이는 육군의 입장에서 매우

---

160) FM 100-5, *Operations*(1993), p. I-4.

161) Gordon IV and Sollinger, *The Army's Dilemma*, p. 34.

162) Michael R. Gorden and Bernard E. Trainor, *The Generals' War: The Inside Story of the Conflict in the Gulf*(Boston: Little, Brown and Company, 1995), p. 473.

163) 권영근·김종대·문정인 공저, 『김대중과 국방』(서울: 연세대 출판문화원, 2015), p. 180.

큰 문제였다.[164]

육군의 지상전은 근접전투를 통해 수행하며, 그 핵심은 공지전투였다. 공지전투 발전의 시발점은 월남전쟁의 경험이었다. 1972년 12월, 항공력의 공격에 의한 월맹의 방공망 붕괴로 인해 북부베트남 정부는 '파리평화협정(Paris Peace Accords)'[165]으로 복귀해 조약에 서명할 수밖에 없었다. 이때 무장 헬기가 출현하고, 헬기에 의한 공격이 나름의 효과를 보게 됨에 따라 미 육군의 항공력 활용에 대한 사고가 전환되었다.

미 육군이 월남전에서 발견한 공지전에 관한 두 가지 주요 개념은 첫째 항공수단을 이용한 대규모 병력이동, 둘째 헬기 및 고정익 항공기를 이용한 지상공격의 효과였다. 이러한 경험을 바탕으로 미 육군은 항공력에 의한 공격 효과를 반영하기 위해 지상군 전투교리에 대해 일련의 검토를 했고, 1980년대에는 '공지전투(Airland Battle)'라는 개념을 발전시켰다.[166]

공지전투는 1981년 3월 25일 새로운 미래형 독트린에 관한 '공지전 및 86군단, 미 육군훈련 및 교리사령부(TRADOC: United States Army Training and Doctrine Command) 팸플릿 525-5'라는 공식발표문에서 나왔다.

이 개념은 미 육군의 야전교범인 "FM 100-5(1982) 『Operations』"[167]에서 공식화되었다.[168] 이 교리가 강조한 것은 공·지(Air-Land) 간의 긴밀한 협동, 제1·제2 및 그 후속부대의 전장 도착 차단, 그리고 과거

---

164) Gordon IV and Sollinger, *The Army's Dilemma*, p. 35.

165) 1973년 1월 27일 파리에서 북베트남, 남베트남, 미국 사이에 조인된 베트남 전쟁 종결을 약속한 협정이다.

166) Hallion, 『현대전의 알파와 오메가』, pp. 50-53.

167) FM 100-5, *Operations*, 20 August 1982(Washington D. C.: HQ DOA).

168) Alvin and Heidi Toffler, 『전쟁과 반전쟁』, 이규행 역(서울: 한국경제신문사, 1994), p. 84.

핵무기에 맡겨졌던 표적들을 타격하기 위한 새로운 기술의 사용이었다.[169]

공지전투 교리는 처음 등장한 이래로 수차례 바뀌었다. 공지전은 적의 후방부대들을 와해시키는 것을 목표로 했다. 이후 공지전투는 나중에 나온 개념인 '공지작전(Air-Land Operation)'으로 대체되었다.[170] 이는 초기 작전으로 적의 후방부대들이 편성되지 못하도록 촉구하고 있다.[171]

공지전투 교리는 1986년에 개정되었는데, 여기에서 공지전투 이론의 기본 기조인 주도권(initiative) 장악, 민첩성(agility), 종심(depth) 그리고 동시통합(Synchronization)의 중요성을 재차 강조하고 있다.[172]

FM 100-5, *Operations* 1986년 판이 처음 출판될 때의 분위기는 매서웠다. 육군은 이 개정판에서 "육군은 국민과 국가에 필연적인 지상지역을 지배할 수 있는 능력 덕택에 군사력의 결정적인 구성요소가 된다. 사람들은 땅에서 산다. 궁극적으로 땅의 지배가 국민과 국가들의 운명을 결정한다[173]"고 주장했다.

이는 FM 100-1, *The Army* 1978년 판에서 "오로지 지상군만이

---

169) 위의 책, p. 85.

170) Jennifer Morrison Taw, Robert C. Leicht, "The Doctrinal Renaissance of Operations Short of War?"(Santa Monica: RAND, 1992), p. 32.

171) Douglass W. Skinner, "Airland Battle Doctrine," Alexandria Virginia, Center For Naval Analyses, 1998. pp. 1-45.

172) 주도권을 장악한다는 것은 행동을 통해 전투 상황 또는 전투 조건을 구체적으로 변화시키는 것이다. 민첩성은 적과 비교해 신속히 행동할 수 있는 능력을 말한다. 종심이란 공간·시간 및 자원 측면에서 작전 영역이 확대됨을 의미한다. 동시통합이란 결정적인 순간에 상대적 전투력을 극대화하기 위해 시간·공간 및 목적의 측면에서 전투행위를 배열함을 의미한다. 권영근·이석훈·최근하,『미래 합동작전 수행개념 고찰』(서울: 국방대학교, 2004), pp. 29-30.

173) FM 100-1, *The Army*(Washington D. C.: HQ DOA, 1986). p. 8.

땅과 그 땅의 자원과 사람들을 지배할 직접적이고 계속적이며 포괄적인 힘을 지니고 있다는 것은 근본적인 사실이다[174]"라고 기술되어 있었는데, 이 입장을 고수한 것이다. 이 때문에 육군과 공군의 역할과 관련된 논쟁이 붙었을 때, 토론의 분위기는 매우 살벌했다.

이후 1987년도부터 공지작전교리(Air – Land Operation)[175]에 대한 연구가 시작되었고, 1989년도에 동구권이 몰락한 후 공지전투 개념은 원래 적용하고자 의도했던 중부유럽에서 바르샤바조약국들과의 전투에 사용되지 못하기도 했지만,[176] 1991년 8월 1일에 미 육군의 공식 교리로 채택되었다.

이 교리는 군사력을 신속하게 장거리에 투입할 수 있는 역량을 강조했다. '공지전투 2000, 그리고 21세기를 지향한 육군(Army 21)'이라고 명명되었고, 이 교리는 미 육군 작전의 근간을 이루고 있다. 이 교리에서는 지상군의 전투전장이 확장되었는데, '확장된 전투전장을 어느 군이 통제해야 하는가?'라는 의문을 불러일으켰다.[177]

미 육군의 공지전투의 문제점은 "'종심공격(Deep Strike)' 개념을 공지전투 교리와 동일시하는 데 있었다.[178]"육군에서는 군단 단위가 공지전투의 핵심부대가 되며, 군단장은 적 후방 100마일(약 161㎞) 이상 떨어진 곳에 위치한 전장을 볼 수 있고, 이들 지역을 책임져야 한다고 생각했다. 확장된 전투전장에서 육군의 종심공격을 위한 핵심적인 무기체계는

---

174) FM 100-1, *The Army*, 29 September(Washington D. C.: HQ DOA, 1978), pp. 10-11.

175) Colonel Bill Benson, U. S. Army, "Unified Land Operations: The Evolution of Doctrine for success in the 21st Century," *Military Review*, March-April 2012, pp. 1-12.

176) Allard, 『미래전 어떻게 싸울 것인가』, p. 314.

177) 위의 책, p. 298.

178) James A. Machos, "전술공군의 공지전투지원", 『공군평론』 제67호, 1985. p. 73.

'아파치(AH-64) 공격헬기'[179]와 '육군전술미사일체계(ATACMS)'[180]였다.

작전지역은 일반적으로 공격적인 지상 기동체계를 지원하고 지상 구성군의 조직적 역량을 최대로 끌어낼 정도로 광범위했다. 육군 교리는 넓은 작전지역에 대한 통제력을 보유함으로써 군이 전투수행을 위해 전장을 통제하고 형성하며 역량이 닿는 데까지 육군 자산을 배치시킬 수 있도록 했다.[181]

미 육군이 종심작전을 추구함에 따라 미 육군과 공군 간에 조직 차원에서의 마찰이 불가피해졌다. 육군이 보유하고 있는 무기 및 감지체계가 지원할 수 있는 범위를 벗어난 지역을 육군이 담당하고자 했는데, 이는 전선으로부터 적 후방에 이르는 모든 지역에 대한 책임을 관례적으로 담당하고 있던 공군의 세력권을 침해하는 것이었다. 독자성 측면에서 각 군 간의 미묘한 균형관계가 다시금 뒤집어질 위험에 처하게 되었다.[182]

지상 및 공군 장교들 간의 논쟁은 대부분 누가 전구 전장에 대한 권한을 지니고 있는가에 관한 것이었다. 이러한 논쟁은 특정한 화력지

---

179) AH-64 Apache는 미 육군의 주력 공격형 헬리콥터로, 벨 AH-1 코브라의 후속 기종이다. 1972년 AH-56 샤이엔 개발계획이 취소된 이후 A-10 선더볼트나 해리어 같은 미 공군과 해병대 프로젝트처럼 미 육군은 지상 통제하에서 장갑차량을 공격하기 위한 항공기를 원했다.

180) Army TACtical Missile System는 육군이 보유한 장거리지대지미사일이다. 냉전시대 소련군전차부대를 제압하기 위해 만들어진 기존의 Lance 단거리미사일을 대체하기 위해 1985년 미국 록히드마틴사에 의해 개발되었다. 1991년 미·소 간에 발표된 전술 핵 전면폐기 조치에 따라 본격적으로 양산되고 있는 비핵탄두 미사일로, 다연장 로켓시스템(MLRS: Multiple Launch Rocket System) 발사대를 이용하여 발사한다. 종류는 Block-1이 최대사거리 165km, 관성유도, 자탄 수 950개, Block-1A가 최대사거리 300km, 관성유도/GPS, 자탄 수는 300개다.

181) Johnson, *Learning Large Lessons*, pp. xi-xvi.

182) Allard, 『미래전 어떻게 싸울 것인가』, p. 299.

원협조 조치를 지배하는 권한인 화력지원협조선을 둘러싸고 더욱 두드러지게 나타났다.

미 육군교리 FM 6-20-30(1989)에는 화력지원협조선의 목적을 "군단, 예하부대 그리고 공군을 비롯한 지원군들이 원정 기능을 통해 화력지원협조선 외부의 표적을 공격할 수 있도록 한다[183]"고 정의되어 있다.

이는 군단사령관이 화력지원협조선을 설정할 권한을 가지고 있고, 화력지원협조선의 위치를 선정할 때 군단이 종심작전전투를 수행할 것으로 예상되는 영역의 외부에 배치해야 한다는 점이다. 군단지역 안의 화력지원협조선 내에 위치한 표적들을 공격하기 위해 지상구성군의 협조가 필요했다.

화력지원협조선에 대한 육군의 입장은 "화력지원협조선이 작전지역의 통제와 종심공격을 위한 무기의 사용을 활성화시켰다[184]"는 것이다. 이에 반해 공군의 입장은 "화력지원협조선이 군단의 작전지역 깊숙한 곳에 위치했기 때문에 육군의 화력이 미치지 못한 곳이 발생했고, 이 표적을 공군이 공격하는 데 장애물로 작용하는 요소였다"[185]고 지적했다.

화력지원협조선 확장 운영에 대한 육군의 과오는 "화력지원협조선을 별도의 협조과정 없이도 화력지원협조선 이외 지역에 무기를 운용할 수 있도록 한다"는 정도로 인식했을 뿐 화력지원협조선 확대가 항공력의 운용을 제한할 수 있다는 점을 간과했다는 것이다. 또한 육군

---

183) FM 6-20-30, *Tactics, Techniques, and Procedures for Fire Support for Corps and Division Operations*, October 18(Washington D. C.: HQ, DOA, 1989), p. F-2.

184) Johnson, *Learning Large Lessons*, p. 39.

185) 위의 책.

과 공군 간의 적절한 협조체계뿐 아니라 항공기가 육군 무기를 공격하지 못하도록 하는 제한조치들마저 부재하여 공군 조종사들은 화력지원협조선 이외의 지역에서 임무를 자유롭게 수행하지 못했다.

지상군은 이동과정에서 화력지원을 통합하고 우군의 오폭으로 인한 피해를 방지하기 위해 화력지원협조선을 활용했다. 연합군 항공기는 연합지상군의 영역과 화력지원협조선 사이의 지역에서 지상 또는 공중통제기의 지시 하에서만 공격을 수행할 수 있었다.

이러한 근접항공지원 절차는 임무 협조 및 근접항공지원(CAS)을 실시할 경우 적시성을 상실할 우려가 있었다. 또한 항공기가 비행할 수 있고, 조종사가 육안으로 표적을 식별할 수 있는 특정한 기상조건과 지상통제관 또는 공중전방항공통제관(AFAC: Airborne Forward Air Controller)의 도움을 받아야 공격을 수행할 수밖에 없다는 제한이 있었다.

화력지원협조선에 대한 정의는 화력지원협조선 이외 지역의 무기 운용 협조에 대한 내용을 거의 담고 있지 않기 때문에 지상군 사령관들은 화력지원협조선 이외 지역의 지원 화력은 별다른 협조 없이도 '자유롭게' 운용할 수 있다고 보았다. 육군은 화력지원협조선 너머 지역에 미사일 공격 또는 헬기를 운용하는 데 어떠한 제한이 생기는 것을 거부했다. 육군은 공군의 이런 시각이 육군의 화력을 합동군공군구성군 사령관의 통제하에 놓으려는 노력의 일환으로서 육군화력을 공군의 항공임무명령서(ATO: Air Tasking Order)상에 통합시키려는 시도로 보았다.[186]

'RAND 연구소'[187]의 선임연구원인 벤저민(Lambeth Benjamin)은 육군

---

186) 위의 책.

187) 랜드연구소(RAND Corporation)는 미국의 대표적인 싱크탱크 중의 하나다. 미국의 방산 재벌 맥도넬 더글러스의 전신인 더글러스항공이 1948년에 설립했다. 군사문제에 대한 연구에서 세계적으로 권위가 있는 싱크탱크 집단이다.

의 지상전역 중 전장통제상태를 유지하기 위해 화력지원협조선을 더욱 전방에 배치하여 공격헬기의 운용을 활성화시키고 지상종심전투를 수행했지만, 기대와는 달리 부정적 결과를 초래했다며 다음과 같이 지적했다.

"미 육군의 18항공군단 지휘관은 합동군공군구성군 사령관(JFACC)의 통제를 피하기 위한 노력 하에 화력지원협조선을 유프라테스 강 북쪽으로 전진시켰다. …… 그러고 나서 공격헬기작전을 자유롭게 수행할 수 있는 지역을 확보했다. …… 이는 결과적으로 17시간 동안 바그다드와 쿠웨이트를 연결하는 중요한 재보급라인을 차단하는 합동군공군구성군 사령관의 작전을 방해했고, 7군단 지휘관에 의한 화력지원협조선의 확장은 공화국 수비부대에 대한 항공공격 보호구역을 만들어내는 효과를 가져와 공화국 수비부대 지휘관들이 바스라로 탈출할 수 있도록 도왔다."[188]

전투작전을 종심과 동시통합의 측면에서 바라볼 필요가 있다는 육군의 주장은 전구 차원의 작전에서 전략 목표를 달성하기 위해서는 군사력을 합동군 수준에서 활용함이 중요하다는 의미였다. 이를 위해 첨단 지휘통제체계가 절실히 요구되며, 전투작전을 수행하는 과정에서 육군과 공군이 더 높은 차원에서 작전적으로 통합되어야 한다는 취지였다.[189]

그리고 '동시통합'이라는 용어는 전구에 할당된 육군과 공군 간의 지휘통일(Unity of Command)을 더욱 강화해야 했고, 이는 '합동전장에서 육

---

188) Lambeth Benjamin, "미 항공작전 협력방안", 『제11회 국제항공전략 심포지엄 논문집』 주제: 합동작전(대전: 공군대학, 2005), p. 28.

189) FM 100-5, *Operations*(Washington D. C.: HQ DOA, 1986), pp. 14-18.

군과 공군 중 어느 군이 예속되어야 하는가?'라는 매우 어려운 문제를 내포하고 있는 용어였다.

미 공군이 공지전투 개념을 반대한 주된 이유는 이러한 지휘구조·교리 및 자원분배 측면에서였다. 이는 "항공력은 본질적으로 공세적이고도 융통성 있게 사용되어야 한다"는 공군의 항공전략 개념과는 맞지 않는 것이었다.

결론적으로 말해 공군의 입장에서 공지전투 이론은 항공력을 육군의 보조적 수단으로 사용하고 있기 때문에 합동교리라고 볼 수 없었다.[190]

미 공군 역사가 푸트렐(Robert Frank Futrell)은 "공지전투는 육군과 공군의 협력과 동의를 내포한다. 그러나 사실상 이 교리는 육군 주도의 일방적인 발전이었다"[191]고 지적했다. 또한 RAND 연구소의 데이비드(Johnson David)의 결론은 "항공력은 전쟁수행 단계에서 공군이 …… '임무-종심타격'을 수행하는 데 효과적인 수단으로 입증되었으며, 육군의 종심타격 핵심자산인 아파치(AH-64) 헬기와 육군전술유도탄체계(ATACMS)는 종심작전에 고정익 항공기만큼 효과적이지 못했다"[192]고 주장했다.

걸프전에서 지상구성군 사령관에 의해 통제되고 운용된 화력지원협조선은 단지 작전적 교리를 수행하기 위해 전장을 통제하려는 육군의 바람을 나타낸 수단에 불과했다. 화력지원협조선 내에서 육군의 종심작전 수행은 육군이 보유한 무기체계보다 더욱 효과적인 고정익 항

---

190) Allard, 『미래전 어떻게 싸울 것인가』, p. 314.

191) Summers, Jr., 『미국의 걸프전 전략』, p. 172.

192) Johnson, *Learning Large Lessons*, pp. xi-xii.

공력의 운용 가능성과 효율을 제한했다.[193)

따라서 이와 같은 관점에서 합동작전을 수행할 때 전구(theater)를 형성할 임무는 전략적 수준부터 전술적 수준의 임무가 가능한 공군구성군이 담당해야 한다. 또한 합동 및 타군 교리와 프로그램은 이에 맞추어 적절하게 변화되어야 한다.

3) 항공력 시각—전략마비와 전력건설

1903년에 비행기가 출현한 이래로 항공력 이론가들은 공중공간을 활용하여 적의 심장부를 직접 공격할 수 있는 방법을 찾고자 노력했다. 항공력을 활용한 전략폭격의 선각자 지울리오 두헤(Giulio Douhet, 1869~1930)로부터 태동한 전략항공력 이론은 현대 과학기술의 발전과 더불어 점점 구체화되고 현실화되기 이르렀다.

전략마비(Strategic paralysis)는 저항하고자 하는 적의 도덕적 의지를 감소시키기 위해 전쟁활동을 지속시키고 통제하는 적의 물리적·정신적 능력을 공격하는 형태의 기동전을 통해 신속한 결단을 얻어내는 방식으로, 1990년대를 기점으로 합동전장에서의 전략마비이론은 현대 항공력이론가로 불리는 존 보이드(John Boyd)와 존 와든(John A. Warden Ⅲ)에 이르러 전투현장에서 꽃을 피웠다.

전략마비 개념을 탐구하기 위해서는 먼저 선대의 전략가인 영국의 풀러(J. F. C. Fuller)와 독일의 역사가인 델브뤼크(Hans Delbruck), 영국의 리델 하트(Basil H. Liddel Hart)에 대해 언급할 필요가 있다.

---

193) 위의 책, pp. xvii - xviii.

전략마비의 개념을 더욱 명확하게 이해하려면 풀러의 유형론 (typology)에서 나온 전략마비의 개념과 델브뤼크를 통해 무엇이 전략마 비가 아닌가를 배울 수 있으며,[194] 리델 하트를 통해 간접접근 개념에 대해 배울 수 있게 된다.[195]

풀러의 마비전이란 "적의 야전군을 격멸하는 것보다는 적 국민 의 저항의지를 말살하는 데 전쟁의 목적을 둠으로써 전투력의 물리적 파괴가 아닌 공포와 전쟁지도체계의 붕괴를 전쟁승리의 요체로 보는 것"[196]이다.

풀러는 전차의 혁명적 운용을 통해 전차가 교착된 전선을 돌파할 수 있는 새로운 수단이 될 것이라고 확신했다. 풀러는 제1차 세계대전 당시 1917년 11월 캉브레 전투(Battle of Cambrai)에서 378대의 전차를 대 규모로 처음 운용했다. 영국군이 2개 군단을 선도하여 약 9km의 종심 돌파에 성공한 경험은 전차가 기동성, 방호력, 공격력, 파괴력을 이용 하여 대량살육전으로 변한 교착된 참호전의 난국을 타개할 수 있을 것 으로 보았다.[197]

결국 전쟁에서의 마비란 인체의 신경기능 장애에 비유될 수 있다. 마비는 군의 지휘체계를 차단함으로써 지휘통제가 불가능한 상태가 되 도록 하는 것으로, 적의 중추신경을 파괴하여 단번에 적을 와해시키고

---

194) David S. Fadok, "항공력에 의한 전략마비 구현", 『공군력의 이해』, p. 128.

195) 박창희, 『군사전략론』, pp. 247-252.

196) 박창희, 위의 책, p. 242.

197) 풀러의 마비전 수행방법은 첫째, 항공기로 적 후방을 공격하여 적의 전의를 마비시킨다. 둘째, 경전차를 이용하여 적의 강점을 회피하고, 약한 측방을 통해 배후로 깊숙이 진격하 여 공포와 혼란을 야기해 적 지휘부를 마비시킨다. 셋째, 중전차부대가 본격적으로 혼란 에 빠져 전투력 발휘가 불가능한 적 부대를 공격하여 섬멸시킨다. 넷째, 기계화 보병부대 가 적 지역에 대한 점령임무를 수행한다. 다섯째, 병참부대가 후속하면서 보급을 지원한 다. 위의 책. pp. 242-243.

무력화시키는 것을 의미한다.

풀러의 마비전 수행 개념은 "우선 전선의 적을 고착시키고, 고착된 적의 전선 중 가장 취약한 지점을 기습적으로 돌파한 뒤 후방에 있는 적의 지휘부를 마비시키고, 그 후에는 지휘의 상실로 인해 유기적 전투력 발휘가 불가능한 적을 최종적으로 섬멸하는 것이다."[198] 이 개념은 전장을 전방지역에서 적 후방지역까지 포함시킴으로써 비약적으로 확대했다. 또한 화력의 누진적 파괴를 통해 승리를 쟁취하는 소모전략이 아니라, 적에 대한 우세한 기동력으로 적의 종심으로 기동하여 적을 마비시키는 전략이다.

이러한 사상은 후티어(Oscar von Hutier) 장군의 '후티어 전술'[199]로부터 아이디어를 얻었다. 후티어 전술의 특징은 적의 강점을 피하고 약점을 공격한다는 것이다. '침투(infiltration)'로 요약될 수 있는 후티어 전술의 개념은 풀러에게 깊은 인상을 심어주어 마비전의 효시가 되는 "Plan 1919"[200]를 작성하게 된 기본 아이디어를 제공받게 되었고, 이는 제2

---

198) 위의 책, p. 242.

199) 후티어 전술은 1917년 9월 당시 동부전선에서 독일 제8군을 지휘하여 리가(Riga) 전투를 승리로 이끈 오스카 폰 후티어(Oscar von Hutier) 장군의 이름을 딴 것이다. 이 전투에서 그는 수적으로 열세였던 독일군을 지휘하여 러시아군의 강력한 드비나(Dvina) 강 방어선을 돌파하여 하루 만에 리가를 점령하는 대승리를 거뒀다. 그 개념은 소규모 부대에 좀 더 큰 재량권을 주어서 인접 부대의 엄호 하에 은폐·엄폐물을 이용하여 적진으로 접근한 다음, 적의 방어태세를 살펴서 강한 지점은 우회하고 약한 지점을 골라서 공격하는 것이다. 이후 적진 깊숙이 침투하게 되면 고립된 적의 방어 거점은 후속 부대에 의해 포위·섬멸되는 것이다. 이 전술은 훗날 제2차 세계대전 당시 독일군 전격전의 모태가 되었다.

200) 1918년 3월 춘계 대공세 시 후티어 전술을 응용한 독일군은 영국 제15군 후방을 40마일이나 돌파해 들어가면서 연합군에게 대타격을 가했다. 독일은 열세한 병력으로 커다란 성과를 거뒀으나 예비병력의 부족으로 전략적 승리로는 연결시키지 못했다. 그 당시 영국 전쟁성에 근무하던 풀러는 적 침투부대에 의한 전화선 절단과 전령의 통로로 차단 등으로 연합군 야전부대들의 명령체계가 두절되어 적절한 대응행동을 하지 못하고 우왕좌왕하는 일종의 마비상태에 빠져 결국 퇴각하는 것을 보았다. 풀러는 이러한 사실에 주목하여 '전차의 가능성과 결합한 중형 D전차의 행동반경과 속도에 의한 공격전술'이라는

차 세계대전 전격전의 모체가 되었다.

델브뤼크(Hans Delbruck)는 클라우제비츠의 경향이 분명하게 드러나는 "정치사의 틀 안에서 본 전쟁술의 역사"라는 글에서 '소모전략(Ermattungs‒Strategie)'이라는 용어를 통해 '섬멸전략(Niederwerfungs‒Strategie)' 개념을 만들어냈다. 하지만 소모전략은 적을 지치게 만드는 것인 반면 섬멸전략은 적의 군사력 파괴를 목표로 삼는다는 개념으로 비쳐졌고, 이 개념은 각각 약자(양적인 열세자)의 전략과 강자의 전략이라는 오해를 받았다.[201]

그는 섬멸전략이 언제나 결전(Decisive War)을 통한 적의 파괴를 추구하기 때문에 소모전략의 개념을 '기동을 통해 계속적으로 전투를 회피하는 것'이라고 오해하는 것을 염려했다. 그래서 이를 피하기 위해 소모전략을 한쪽 끝이 전투이고 다른 한쪽이 기동인 '양극전략(double‒poled strategy)'이라고 정의하고, 섬멸전략이 적군의 압도적인 패배를 통해 신속한 결단을 이끌어내는 반면, 소모전략은 느리지만 꾸준하게 적 의지를 약화시킴으로써 장기간 지속되는 사태를 만들어내는 것이라고 말했다.[202]

그러나 전략마비는 섬멸전략도 소모전략도 아닌 제3 형태의 전쟁이다. 전략마비는 전투와 기동을 융합하여 적을 무력화시킴으로써 신속한 결단을 추구한다. 전략마비는 적군과의 직접 전투보다는 적군의 전쟁수행 지속능력과 통제력에 대한 공격을 선호한다. 전략마비는 순수한 전투도 아니고 순수한 기동도 아닌 양자의 독특한 혼합물로, 적의

보고서를 작성하고 "결정적 공격목표로서의 전략적 마비전"으로 개칭했다.

201) David S. Fadok, 『공군력의 이해』, pp. 129-130.

202) 위의 책, p. 130.

전쟁수행 잠재력에 대한 '기동전투(maneuver battle)'다.[203]

리델 하트는 풀러와 마찬가지로 전략마비의 강력한 지지자였다. 풀러와 리델 하트는 전쟁에서 항공무기의 도입을 목격했고, 두 사람 모두 전략마비 달성을 위한 항공력의 결정적 역할을 상상했다. 풀러는 "육군은 적군을 궁지로 몰아넣는 반면에, 항공기는 적 통신망과 기지를 파괴함으로써 적을 마비시킨다"고 보았다. 이와 마찬가지로 리델 하트는 타격이 충분히 신속하고 강력하다면, 교전 개시 후 수시간 혹은 수일 이내에 항공력이 열세인 나라는 국가 신경조직이 마비되지 않을 수 없다"[204]고 보았다.

간접접근전략은 제1차 세계대전의 소모전 양상에 대한 회의적인 시각에서 비롯되었다.[205] 리델 하트가 풀러와의 사상적 교류를 통해 제1차 세계대전에 참전한 작전경험을 통해 얻은 기계화부대를 활용한 마비전 사상을 작전 수준에서 군사전략 수준으로 발전시킨 것이 간접접근(Indirect Approach)전략이다.[206]

간접접근전략은 "직접적인 힘을 사용하여 적에게 도전하는 것이 아니라 적이 예상하지 않았던 불의의 방향으로 접근함으로써 적을 기습하고 심리적으로 동요시켜 균형을 잃게 한 다음에 공격한다는 것이다. 따라서 간접접근전략은 교착된 전선을 돌파하기보다는 적의 강한 방어지역을 우회하는 것에 가깝다.

간접접근전략의 목적은 교란에 유리한 전략적 상황을 조성하는 것이다. 물리적 교란으로 적 균형의 파괴와 조직 기능을 와해하고, 심

---

203) 위의 책.

204) 위의 책, p. 131.

205) 박창희, 『군사전략론』, p. 247.

206) Liddel Hart, 『전략론』, 주은식 역(서울: 책세상, 2004), pp. 573-579.

리적 교란으로 적의 심리적 분열과 자신감을 파괴하는 것이다. 수단은 모든 가용한 군사적 자산이며, 방법은 최소 예상선과 최소 저항선에 따른 간접적 기동으로 전투를 최소화하고, 가급적 직접적인 전투를 회피하는 것을 원칙으로 한다. 그러나 적의 전투력을 격멸한다는 사상에는 직접접근 방법과 다를 바 없다.

구데리안(Heinz Wilhelm Guderian)은 제1차 세계대전에 참전한 후, 소모전을 타개할 기갑전술과 전격전(Blitzkrieg) 이론을 창안하여 제2차 세계대전 초반 독일군의 승리에 크게 기여했다. 전격전은 기계화부대가 가진 기동력과 속도에 의존하여 적을 결정적으로 패배시키는 전략이다.

구데리안은 패전의 원인과 전승을 위한 방법을 고민하다가 영국의 풀러와 리델 하트의 종심타격이론에 감명을 받고 차량화부대의 운용을 방어로부터 공격으로 전환하는 문제를 구상하게 되어 전차와 이와 동일하게 기계화된 제병협동부대에 의한 기갑부대에 의해 승리를 획득할 수 있다고 확신하게 되었으며, 마침내 1935년 10월 15일 사상 최초로 기갑사단을 창설함으로써 전격전의 새로운 장을 열었다.

또한 기계화전차에 의한 소수 정병주의를 주창한 데 이어 기계화부대와 전차의 대량 활용을 주창했으며, 기동과 기습의 효과를 배가하기 위해 병력규모를 대규모화하고, 기습효과를 최대화하기 위해 적이 주공의 방향을 예측할 수 없도록 하는 대안적 목표(Alternative objectives) 개념을 전략적 차원으로 발전시켜 독일식 전격전을 창안했다.

이후 1939년 독일군 참모총장 할더(Franz Halder)에 의해 신속기동전력의 운용개념이 연구되기 시작하여 급강하폭격기와 제병합동기갑부대(전차, 대전차, 대공포, 차량화 장갑화부대, 공병 등)를 결합해서 쾌속으로 적군의 종심으로 진격하여 적을 혼란시켜 붕괴시키는 전격전 기동을 구사했다.

이러한 전격전사상은 1930년대 후반 러시아군 종심전투사상의 모체로 도입되었으며, 그 중심에는 투하체프스키(Mikhail Nikolayevich Tukhachevsky)가 있었다. 그는 소련의 전통적인 공세적 교리에 이를 적용시켜 충격군이론과 종심전투이론으로 발전시켰다. 사상의 핵심은 총합전투(All-arms battle)와 동시성(Simultaneity)의 원리에 입각한 종심작전이다. 요점은 제병협동전투와 동시성(simultaneity)을 달성하는 것으로, 적이 완전히 패배할 때까지 적 방어의 전 종심을 동시에 타격하는 강력한 공격이다.[207] 이 개념은 오늘날 'OMG 개념'[208]으로 수용·발전되었고, 이후 미군의 공지전투에 영향을 미쳤다.

이러한 마비전 개념들은 현대 항공전략사상 형성에 영향을 미쳤고, 현대적 마비전 개념형성 배경의 모태가 되었다. 항공력의 발전으로 항공력이 지상군의 보조역할에서 탈피하기 시작했고, 항공력의 신속한 기동, 정확성, 파괴력은 전략마비의 가장 적절한 수단으로 각광받게 되었다.

현대 전장에서는 감시체계의 발달과 대응 무기체계의 위력 때문

---

207) 종심작전의 기본개념은 리델 하트의 '간접접근'에 해당하는 운동전환(turning movement)으로 표현된 소련식 사고에서 출발한다. 1단계는 보병, 전차, 포병, 항공을 결합하여 적의 전술적 방어종심을 돌파하여 틈을 형성하고, 2단계는 이 틈으로 전차군, 기계화 보병, 동력화 보병 및 공정부대를 투입하여 전투적 성공을 작전적 성공으로 확대하고, 3단계는 작전적 추격을 통해 작전의 성공을 확대시키는 것으로 작전을 위해 유리한 선제지형을 점령할 때까지 계속되는 것이다. 박기연, 『기동전이란 무엇인가?』(서울: 일조각, 1998), pp. 164-170.

208) 소련의 작전기동군(operation maneuver group; OMG)은 구 소련군의 작전교리이며, 대NATO전을 상정하고 재래식 전쟁 또는 제한 핵전쟁 상황에서의 운용을 목적으로 제창·발전된 교리이다. 이 개념은 전선의 깊은 종심과 종심 이후로 존재하는 넓은 여유공간이라는 이점을 가지는 방어 측을 격파하기 위한 전술이다. OMG의 운용방식은 첫째, 제병협동부대로 구성된 제1제대가 돌파구를 형성(또는 제한 핵전쟁 시 전술핵공격으로 형성)하고, 둘째 기갑부대를 주축으로 하는 OMG를 투입하며, 셋째 투입된 OMG가 고속으로 적 후방을 교란하는 순서로 전개된다.

에 마비 자체를 달성하기 쉽지 않고, 마비 달성을 위한 침투는 필히 아측의 막대한 피해를 동반한다. 따라서 속도가 느리고, 지형에 따라 기동이 제한되는 전차에 의한 마비를 수행하는 것이 사실상 불가능해졌다. 결국 전차는 항공기로 대체되었다. 그리고 마비개념은 정보, 사이버 영역까지 확대되었다.

항공력에 의한 초보적 수준의 전략적 마비는 1982년 6월 9일 레바논 전쟁의 베카 계곡 전투에서 발생했다.[209] 이후, 1991년 걸프전에서 연합군은 최첨단 기술을 적극 활용하여 기술적 우위를 통한 항공력에 의한 전략마비를 실시했고, 그 결과 항공력의 위력을 목격한 군사이론가들은 전쟁을 공군 중심으로 항공력을 활용한 전략마비를 해군과 육군의 지원을 받아 공군이 전쟁을 주도해야 한다고 주장하기 시작했다.[210]

1998년의 코소보 사태는 "지상군 없이 항공력만으로 전쟁 종결이 가능한가?"라는 논쟁을 종식시킨 사례로서 항공력을 활용한 전쟁사의 새 지평을 열었다.[211]

현대의 전략마비이론을 간략히 소개하면 다음과 같다.[212] 첫째, 1976년 미 공군 대령 보이드(John Boyd)에 의해 구상되었고 1991년 걸프

---

209) 이스라엘군은 고성능 전자전 및 공중통제 항공기, 그리고 우수한 전투기를 투입하여 교란작전을 수행함으로써 적의 눈과 귀를 마비시켰다. 또한 시리아군 지대공무기의 탐지 레이더에서 나오는 주파수를 포착하여 공대지미사일과 유도폭탄 등으로 집중 공격하여 파괴하고 이스라엘 공군 전투기들은 조기경보통제기를 투입하여 작전적 수준의 마비를 효과적으로 수행했다. Benjamin S. Lambeth, "1982년 레바논 항공전역에서 소련이 얻은 교훈(Moscow's Lesson from the 1982 Lebanon Air War)", 『항공력 이론과 교리』(청주: 공군사관학교, 2006), pp. 250-262.

210) 권영근 외, 『김대중과 국방』, p. 175.

211) 공군본부, 『유고슬라비아에 대한 NATO 항공전역 분석』(계룡: 공군본부, 1999), p. 29.

212) 좀 더 자세한 내용은 다음을 참조할 것. 김진항, 『화력마비전』(서울: 시선, 2010), pp. 100-116.

전에서 만개한 OODA(Observation[관측] – Orient[판단] – Decision[결심] – Action[행동])
Loop 이론이다.[213]

보이드가 주장한 전략사상의 핵심은 'OODA Loop'라 불리는 의사결정 순환과정을 적보다 빠른 속도로 진행하는 것이다. 먼저 보고(See First), 먼저 이해한 후(Understand First), 먼저 행동함으로써(Action First) 결정적으로 전투를 종료한다는 것이다. 즉 자신의 OODA Loop를 빠른 속도로 순환시키면, 적은 상대적으로 느린 OODA Loop 때문에 대응행동에 연이어 실패하게 되고, 대응행동 실패의 누적과 OODA Loop 속도의 격차로 인해 공황상태(전략마비)에 빠지게 된다. 보이드는 정부 같은 대형 조직에는 작전적·전술적·전략적 수준의 OODA Loop가 있다고 주장했다.

둘째, 1987년 뎁튤라(David A. Deptula)가 제시한 개념인 효과기반작전(EBO: Effective Based Operation)과 뎁튤라를 중심으로 미 공군에 의해 연구 제시된 1998년의 신속결정작전(RDO: Rapid Decision Operation)이론이다.

효과기반작전은 "작전환경에 대한 전반적인 이해를 바탕으로 부여된 정책목표를 달성하기 위해 운용체계평가(ONA: Operation Net Assessment)를 통해 수립된 방책(DIME[214] 조치)을 통합 사용하여 적의 행동 또는 능력을 변화시킬 수 있도록 수행되는 작전이다."[215]

---

213) 보이드는 '사막의 폭풍작전' 기획에도 참여하여 전역계획 입안에 실질적으로 기여했다. 이라크군은 다국적군의 공격에 사기 및 지적으로 완전히 붕괴되었는데, 이 개념은 보이드가 기획한 대로 실행됐다. 보이드는 1976년에 작성한 「파괴와 창조(Destruction & Creation)」라는 논문에서 OODA Loop를 이용한 전쟁이론을 주장했다. Edward A. Smith, 『전승의 필수 요건: 효과기반작전』, 권영근 외 공역(서울: KIDA Press), pp. 169-191.

214) Diplomacy(외교), Information(정보), Military(군사), Economy(경제)

215) 공군본부, 『한국공군 EBO 발전방향』(계룡: 대전, 2006), p. 17; Edward A. Smith, 위의 책, pp. 45-88; 해군대학, 『Effects Based Operations 이론과 실제』(대전: 해군대학, 2004), pp. 68-76.

EBO 수행개념은 부여된 임무(task)를 달성하기 위해 항공우주전구 통제하에 정보·감시·정찰(ISR) 자산을 활용하여 수집된 지식에 기초를 두고, 실시간에 가깝게 적을 보면서 C4I체계를 통해 신속한 의사결정을 하여 가용한 수단과 방법으로 적의 전략적·작전적·전술적 표적(Key Node)을 정밀·지속 타격함으로써 최소의 전투로 원하는 효과를 달성하는 작전이다.[216)]

신속결정작전(RDO)은 공중 및 해상 우세, 실시간 정보, 정밀유도무기, 완벽에 가까운 C4I 상호운용성과 같이 적에 비해 우세한 아군의 첨단능력을 동시·통합·결정적으로 운용하여 적의 의지와 능력을 말살하고 아(我)측의 의지를 강요하여 신속하게 전역목표를 달성하는 개념이다.[217)]

그 수행방법은 적 중심을 다방면·다차원에서 신속한 작전을 동시에 시행하여 적의 응집력을 파괴함으로써 마비효과를 창출하여 단기간 내 압도적 승리를 하는 것이다. 이를 위해 적에 대한 지식, 지휘통제, 작전 등의 제 요소가 통합되어야 한다.

셋째, 1988년에 논문으로 쓰였고 1991년에 적용된 와든(John A. Warden Ⅲ)의 5동심원이론(Five Ring Theory)이다. '지휘부 – 핵심시스템 – 하부구조 – 시민 – 군대'의 5개 전략 동심원 모델을 공격하는 공격계획은 1990년 8월 말 슈워츠코프 장군에게 보고된 항공전역계획의 중심내용이었다.[218)] 와든은 적을 하나의 체계로 보고 지휘통제통신체계의 기능을 와해시켜 전략마비시키고자 했다.[219)]

---

216) 위의 책, p. 19.
217) 김진항, 위의 책, pp. 115-116; Edward A. Smith, 위의 책, pp. 91-123; 해군대학, 위의 책, pp. 295-329.
218) John A. Warden Ⅲ, 『항공전역』, 박덕회 역(서울: 연경문화사, 2001), pp. 219-238.

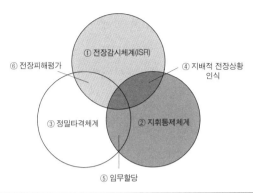

조합	효과
② 지휘통제체계 + ① 전장감시체계	④ 지배적 전장상황 인식 ⇒ 전투공간에 대한 우위의 지식 보유
② 지휘통제체계 + ③ 정밀타격체계	⑤ 임무할당 용이 ⇒ 실시간 전력통제 및 화력통합으로 작전효과 극대화
③ 정밀타격체계 + ① 전장감시체계	⑥ 전투피해평가 ⇒ 전략목표의 정확한 식별/정밀타격, 전장 주도권 확보

※ '정찰 및 타격복합체: ① → ② → ③'과 '전투수행 사이클: ④ → ⑤ → ⑥'을 조합하여 시너지 효과 극대화

〈그림 3-5〉 오웬스의 신시스템복합체계

출처: 김진항, 『화력마비전』, p. 103을 바탕으로 재구성함

이 이론의 핵심은 중심에 대한 중요성의 인식과 식별이다. 일단 각 원별 중심이 식별되면 정밀무기를 이용하여 동시 타격하는 방법으로 전쟁을 수행함으로써 마비효과 창출을 지향하고 있다. 와튼은 이 개념을 통해 항공력이 지상작전의 지원전력에 불과하다는 전통적 공지전투 개념을 정면으로 반박함으로써 항공력이야말로 현대전 승리의 결정적 전력임을 입증했다.

넷째, 1995년 미국의 전 합참차장 오웬스(William A. Owens) 제독이

---

219) John A. Warden Ⅲ, "적을 하나의 체계로", 『공군력의 이해』, pp. 105-126.

제시한 신시스템복합체계(NSoS: New System of System)이론으로, 이는 시스템 이론을 응용한 것이다.

〈그림 3-5〉와 같이 전쟁수행시스템은 '정찰·통제·타격 복합체'의 3개 시스템 요소로 구성되어 있다. 이 중 정보·감시·정찰(ISR)의 ① 전장감시체계와 ③ 정밀타격체계를 ② 첨단지휘통제체계(C4I)로 상호 결합·연동시키면 상호 중첩되는 부분에서 새로운 전투수행능력이 창출된다. 이러한 새로운 능력이 상호 연결되면 일련의 전투수행 사이클에서 시너지 효과를 극대화할 수 있다고 보는 이론이다.[220]

다섯째, 1998년 미 해군 제독이었던 세브로스키(Arthur K. Cebrowski)가 기업이 정보기술(IT)을 활용하여 경영혁신을 하는 방식을 군에 적용하여 군사혁신(RMA)을 성취할 수 있다고 착안하여 제시한 네트워크 중심전(NCW: Network Centric Warfare)이론이다.[221]

NCW는 탐지·식별·추적체계(Sensor)와 결심권자, 타격체계(Shooter)를 네트워크로 연결함으로써 같은 시간에 같은 정보를 인식하여 지휘 속도를 증가시키고 빠른 작전을 구사함으로써 적의 치사율을 높이는 반면 아군의 생존성은 제고시키며 전투력을 동시에 구사할 수 있는 작전을 가능하게 하는 정보우위의 전쟁이다.[222]

RDO, EBO, NCW의 상관관계를 도식화하면 〈표 3-2〉와 같다. 이 중 합동작전 개념으로 제시된 RDO가 가장 포괄적인 개념이다.

---

220) 김진항, 위의 책, pp. 102-105.
221) 해군대학, 위의 책, pp. 241-274.
222) 위의 책, pp. 103-105.

〈표 3-2〉 RDO, EBO, NCW의 상관관계

* RDO: 적에 비해 월등한 능력을 신속하고 결정적으로 투사시켜 승리를 추구하는 작전방식(작전수단: EBO)

* EBO: 적의 의지·행위를 변화시키거나 그것에 영향을 미치기 위해 작전환경에 대한 전체적인 이해를 중심으로 시행되는 작전방식 [실행방법: NCW+병행전(스텔스+PGM)]

* NCW: 여러 가지 센서들을 네트워크화하여 전투력을 대폭 증진시키기위한 작전방식[실행방법: 네트워크(지휘속도 증진, 전투력 생성주기 단축)]

출처: 김진항, 『화력마비전』, p. 116.

여섯째, 2003년 미국의 전 공군대령 바넷(Jeffry R. Barnett)이 제시한 병행전장(Parallel Warfare)이론이다. 병행전장이란 적이 보유하고 있는 다수의 전략적·작전적·전술적 표적들을 아측이 보유하고 있는 다수의 다양한 타격수단으로 지리적 공간의 제약 없이 동시에(simultaneous) 일제히 공격하여 적이 재정비하고 복구할 시간을 박탈하고 혼절시켜 마비효과를 창출함으로써 단기간 내 전쟁을 종료한다는 이론이다.[223]

이 이론의 핵심은 시간이다. 과거의 직렬적·순차적으로 공격하여 효과를 누적시키는 개념에서 적의 전략적·작전적·전술적 중심을 병행적으로 동시에 타격하여 마비시키는 개념이다.

전략적 마비의 관점에서 '합동성 강화'의 의미를 명확히 하려면 〈그림 3-6〉의 전쟁 수준에서 보듯이 다음 3가지를 고려해야 한다. 첫째, 합동성이 전구적 차원에서 전략마비를 위한 것인지, 아니면 전술적 차

---

223) 위의 책, pp. 110-111; John R. Pardo, Jr., "병행전쟁의 성격과 적용(Parallel Warfare its Nature and Application)", 『공군력의 이해』, pp. 166-184.

원에서 지상전력 중심으로 수행되는 근접전투에 대한 항공력의 지원을 의미할 것인지, 아니면 두 가지를 포함하는 동시적 개념인지에 대한 수준 정의를 해야 한다. 만약에 동시적 개념이고 항공력이 충분하지 않다면, 항공력 할당 우선순위는 중요한 문제가 된다. 호너(Horner)는 "항공력이 적절히 배분되지 않는다면 합동작전의 분열이 일어날 수도 있다"[224]며 항공력 배분의 중요성을 강조했다.

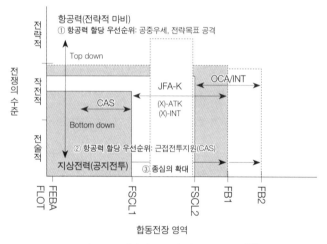

〈그림 3-6〉 전쟁의 수준과 합동전장 영역[225]

224) Horner, "협력에 대한 공군 구성군 시각", p. 64.

225) X-ATK(표적 공격대기): 항공전력이 공대지 무장을 하고 공중에서 지상표적을 공격하기 위해 대기하는 전력으로, 북한의 장사정포를 공격할 수 있는 대화력전 핵심 전력. X-INT(공중비상대기 항공차단): 공중에서 공대지 공격무장을 하고 일정 지점에서 대기하는 항공전력을 말함. OCA(Offensive Counter Attack, 공세적 제공): 공중우세를 확보하기 위해 적 지역에 대해 항공력을 운용하여 작전을 수행하는 것으로 지대지 유도무기, 특수전 부대 등을 포함한 종심타격력과 결합하여 운용함으로써 타격효과를 높일 수 있음. OCA를 성공적으로 수행하기 위해서는 우선 적의 조기경보 및 지휘통제체계, 공군력

둘째, 누가 합동전장을 지휘통제할 것인가의 문제다. 지상군의 군단장 관점이라면 전술적 수준에서 전략적 수준으로, 전구 사령관이나 공군구성군 사령관 관점이라면 전략적 수준에서 전술적 수준으로 요망하는 효과에 기반을 두어 표적의 성질에 따라 항공력을 운용하는 작전계획이 실행되기 때문이다.

또한 수도 서울로 인한 짧은 종심 때문에 발생하는 지리적 특성과 산악지역이 혼재된 지형적 특성, 그리고 휴전선에 밀집된 병력 배치는 한국에서의 합동전장 지휘가 걸프전보다 더욱 다양하고 복잡하게 전개될 가능성이 농후하다. 따라서 한국 전구에서의 전투사령관은 전략적 안목과 작전적·전술적 수준의 전쟁을 동시에 수행할 수 있는 합동지휘 능력을 갖춰야 한다.

걸프전 당시 공군구성군 사령관을 역임한 호너(Horner)는 걸프 전쟁 기획 당시에 "지상군 사령관들은 전구 전체의 전략적 차원이 아닌, 그들에게 할당된 책임지역, 즉 지도에 나타난 군단, 사단, 여단, 대대가 관할하는 지역의 경계선이라는 전술적 측면에서 항공지원을 바라보았다"[226]고 증언했다.

셋째, 확대된 지상전력의 종심지역과 항공력의 작전구역이 중첩될 때 효과적으로 종심을 공격하도록 어떠한 전력으로 어떻게 운영할 것인지를 결정해야 한다. 자산의 배합순서에 따라 전력운영의 효과가 달라지기 때문이다. 추가로 작전에 자군의 자산을 사용하여 전쟁을 수

등을 공격하여 적의 공중 공간 통제 및 사용능력을 무력화해야 함. INT(차단작전): 적의 군사잠재력이 우군의 지·해상군에 대해 효과적으로 사용되기 전에 이를 교란·지연·파괴하거나 우군의 지상군에 대해 단기간에 효력발휘가 가능한 위치에 있는 적을 공격하여 적 전력의 증원, 재보급 및 기동성을 제한함으로써 전투지역 내의 적을 고립케 하는 임무. JFA-K(한반도합동화력지역), 기존의 Kill Box.

226) 위의 책.

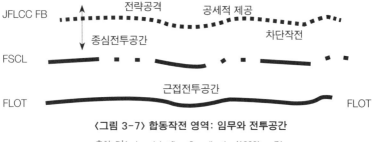

〈그림 3-7〉 합동작전 영역: 임무와 전투공간

출처: D'Amico, Joint fires Coordination(1999), p. 71.

행했다면, 추후에 전력건설을 위한 각 군 간 자원할당 싸움에서 유리해
진다.

최근의 합동작전 영역은 〈그림 3-7〉과 같이 근접전투공간과 종
심전투공간으로 구분한다. 종심전투는 차단(interdiction)으로 통일되어 있
고, 전장항공차단(BAI)이라는 용어는 사용하지 않고 있다. 그 대신에
'공세제공작전(OCA: Offensive Counter Attack)'[227] 개념이 추가되었다.[228]

다음은 합동전장에서 전투사령관과 각 구성군 사이의 합동성에
대한 논의다. G-N법 하에서 전투사령관은 자신의 의지대로 통합군사
령부를 구성하도록 광범위한 재량권을 부여받았다. 재량권의 결과는
현직에 있는, 그리고 미래의 최고사령관들과 그 외 합동군 사령관들의
인식과 감정이 합동군 사령관들이 항공전력을 어떻게 조직하고 취합할

---

227) 공중우세를 획득하기 위해 적 지역에 대해 항공우주력을 공세적으로 운용하여 적 C4I,
   방공체계(항공기, SAM, 대공포), 비행장 및 지원 기반시설과 미사일체계 및 관련시설을
   아측이 의도한 시간과 장소(가능한 근원지)에서 파괴, 무력화, 저지 및 제한하는 작전이
   다. 공세제공작전을 성공적으로 수행하기 위해서는 먼저 적의 조기경보체계와 지휘통제
   체계, 항공우주선 등을 공격하여 적의 공중공간통제와 사용능력을 무력화해야 한다. 군
   사용어사전, p. 26.

228) Robert J. D'Amico, "Joint fires Coordination: Service Competencies and Boundary
   Challenges," *JFG*, Spring 1999, pp. 70-77.

지에 대해 강력한 영향력을 미치도록 되어 있다. 따라서 합동군공군구성군 사령관은 합동전장에서 전투사령관을 도와 합동항공전 관련 문제를 다룰 수 있는 가장 중요한 위치에 있었고, 직무를 수행할 때 전투사령부에 배속된 구성군들 사이에 가장 첨예한 대립이 일어났다.[229]

각 군은 이해득실에 따라 합동군공군구성군 사령관의 권한을 확대하거나 제한하려 했다. 대부분의 경우, 공군 대 여타 3군(육군, 해군, 해병대)이라는 대결구도가 성립되었다. 공군은 합동군공군구성군 사령관에게 최대한의 권한을 부여하려 했다. 여타 3군은 일반적으로 합동표적조정위원회(JTCB: Joint Targeting coordination Board)[230]의 자문을 구하도록 못박거나 합동군사령부(JFC) 참모진 중에 존재하는 특수 조직들의 자문을 구하도록 하는 방식으로 합동군공군구성군 사령관의 권한을 축소하려고 했다.[231]

그 이유는 지상전력들 사이에 특별한 이해가 걸린 지역에서 이해관계에 있는 해당 지상군 지휘관이 자신의 부대가 단독으로 통제할 수 있는 항공력을 할당받으려는 의도 때문이었다. 더구나 걸프전이 시작되기 전에 전략적 차원의 항공력 운용에 대해 공군 내부뿐만 아니라 타군과 국방부, 언론 등 외부에서 우려와 불신의 목소리가 가득했다. 그리고 이들은 과거의 전쟁에서 항공력의 효과가 제한적이었다는 점을 거론했다.

걸프전 발발 직전, 미 육군전쟁학교(Army War College)의 연구보고서는

---

229) Hallion, 『현대전의 알파와 오메가』, pp. 241-242.

230) 항공작전과 타 구성군의 지상 및 해상작전의 동시통합을 위한 협조·조정·통합 임무를 수행하며, 합동표적 처리를 총괄하는 기구로 합참의장(연합사령관)의 권한을 위임받아 공군작전 사령관(공군구성군 사령관)이 타 구성군 사령관과 협조하여 운영하는 위원회다. 군사용어사전, p. 356.

231) 위의 책, pp. 242-243.

이라크군이 방어전에 능숙하기 때문에 분쟁이 발발한 후 며칠 이내에 이라크군을 굴복시키지 못할 경우, 이라크군은 지하 갱도를 이용할 것이며 이 때문에 쿠웨이트 지역 곳곳에 숨어 있을 이라크군을 찾아내는 것이 쉽지 않아 과도한 인력 및 자원의 손실을 유발하는 장기간에 걸친 소모전 형태의 피비린내 나는 유혈전쟁을 예견했다.[232]

슈워츠코프(Normam Schwarzkopf) 대장은 이러한 분위기 때문에 전역계획을 수립할 때 항공력 사용에 따른 심적 부담을 떨치지 못했다. 그는 "합참의장인 파월뿐만 아니라 나 또한 전략적 차원의 항공전역을 통해 전쟁에서 승리한 경우를 경험한 바 없었다. 우리는 나름의 의지를 갖고 있는 적을 항공력을 통해 아측의 의지에 순응하도록 한 경우를 목격한 바가 없었다"[233]고 심경을 토로했다.

슈워츠코프 장군은 미 공군의 도움을 받아 "Instant Thunder(즉각적인 천둥)" 항공전역을 구상했다. 이 계획은 '사막의 폭풍작전(Desert Storm)' 첫 단계의 근간이 되었다. 이와는 달리 당시 공군 내부에서도 점증적인 방식으로 항공력을 활용하려는 입장이 있었다. 이들의 주장은 중부사령부 휘하의 항공력이 방어적 차원에서, 그리고 지상군에 대한 지원 차원에서 활용되어야 함을 의미했다.

또 다른 입장은 공세적 차원의 항공력 활용방안이었다. 공군 기획가들은 슈워츠코프의 지시에 부응해 지상군이 나름의 전과를 거두려면 전장지역에 대한 전술 항공작전이 아니라 전략적 차원의 공격이 매우 중요하다고 주장했다. 이 두 가지 입장에 대해 당시 공군참모총장이던 듀건(Michael Dugan) 대장은 "우리는 점진적이 아니라 결정적인 방식으로

---

232) 위의 책, p. 243.
233) 위의 책.

항공력을 활용할 것이다"[234]라고 하면서 전략적 입장을 지지했다.

다음은 지상전력의 CAS와 항공력 지원에 관한 논쟁이다. 전통적으로 지상군 지휘관들은 전선 너머의 위치에 있는 전략적 위협요소보다는 자신들의 면전에서 직접적으로 진행되고 있는 전술적 전투에 더 많은 관심을 표명해왔다. 이는 매우 위험한 형태의 고착관념이었다.[235] 이러한 이유로 미 육군은 공지전투 교리를 통해 추구한 목표는 지상전을 수행할 때 숲을 보지 못하고 나무만 보는 단견을 방지하고자 했다.

〈표 3-3〉 전쟁의 수준(전략적 · 작전적 · 전술적)

구분	수단	방법/수준	목표	운용개념
	정치, 외교, 경제, 사회 · 심리, 군사	국가전략 (대전략)	정치목표 달성	사회심리적 영향력 / 경제적 수단 / 정치외교적 압력 / 군사적 성공 → 정치목표 / 아측에 유리한 평화
전략	동맹국 및 자국 군사력 동원, 생산, 전구전쟁의 군사적 성공	국가 군사전략	군사목표 달성	군사목표 / 가용군사력 동원/생산 → 전구전쟁#1 / 전구전쟁#2 / 전구전쟁#3
	특정동맹, 증원유지, 전구예비, 특수무기정책, 작전 영역의 군사적 성공	전구 군사전략	전구 전쟁에서 군사적 성공	가용군사력 동원/생산 / 전략목표 / 적

---

234) 위의 책, pp. 247-249.

235) 위의 책, p. 345.

구분	수단	방법/수준	목표	운용개념
작전	해상작전, 공중작전, 공지작전	작전전구에 대한 우발계획	작전 전구에서 군사적 성공	
	전통적인 전개 (누적적, 점차적)	공지작전 계획	주작전의 성공	
	현대적인 전개 (직접적, 효과적)	항공작전 계획	전략목표 직접지향 (마비)	
전술	집단교전	전술	전투 성공	
	지휘통솔력, 기동, 화력, 방호	전술/전기	교전 성공	

출처: Kenneth G. Carlson, "Connecting the Levels of War," *Military Review*, 1987, Vol. 67, 6월호. pp. 80–82.

그러나 걸프전의 기획 과정에서 이 같은 현상이 재차 불거졌다. 지상군 지휘관들은 자신들 앞에 놓여 있는 표적에 더 많은 항공 소티를 배정해달라고 지속적으로 요구했다.[236)]

이러한 주장은 지상군이 담당하고 있는 전투지역에 따라 항공력을 분산시키는 행위였다. 지상군 지휘관들의 요구는 전구 차원에서 전

---

236) Johnson, *Learning Large Lessons*, p. 37; Benjamin, 미 항공작전 협력방안, pp. 64-65.

략적 목적을 달성하기 위해 계획된 항공전역을 전술적 수준으로 끌어내려 중앙집권적으로 활용되는 항공력의 효과를 제한하는 행동이었다.

슈워츠코프는 본인이 비록 지상군 지휘관 출신이었지만, 하급제대의 지상군 지휘관이 인지하고 있는 전술적 차원의 관점이 아니라 〈표 3 - 3〉의 전략적 · 작전적 · 전술적 등 전쟁 수준에서 전구 차원 전체를 바라보며 전략적 시각에서 표적의 우선순위를 결정했다.[237]

프랭크스(Frederick Franks) 육군 장군은 제7군단이 하루에 수백 번의 CAS 소티를 수행해야 한다는 주장을 했고, 호너(Horner) 공군구성군 사령관은 프랭크스의 의견은 항공력을 너무나 등한시한다고 강력히 반발했다. 이 와중에 부머(Walt Boomer) 해병대 장군은 자신이 관할하는 해병대를 위해, 럭(Gary Luck) 육군 장군은 자신이 관할하는 제18군단에 더 많은 CAS 투입을 요청했다.[238]

그러나 슈워츠코프 장군은 항공력 할당에 대한 지상군 사령관들의 논쟁 중지를 명했다. 결국 논쟁은 종결되었고 항공력은 집권화된 지휘 상태를 유지할 수 있었다. 슈워츠코프는 자신의 합동군공군구성군 사령관을 경유하여 모든 지상군 사령관들이 항공력을 지원받도록 했다.

걸프전에서 이라크군의 전투능력을 격감시키고, 보급능력을 차단하며, 지휘통제 능력을 파괴할 목적에서 항공전역을 기획했던 사람들은 1991년 1단계(1.17~1.18) 전략적 항공전, 2단계(1.19~1.26), 3단계(1.27~2.23) 지상전 준비, 그리고 4단계(2.24~2.28) 지상전 실시라는 작전 계획을 입안했다. 걸프전에서는 42일간의 작전 중 38일간의 항공전역이 실시된 후, 4일간 지상군 작전이 수행되었다.[239]

---

237) Horner, 협력에 대한 공군 구성군 시각, p. 65.

238) Johnson, *Learning Large Lessons*, p. 37.

239) 1991년 1월 17일 01시 30분을 기해 미국과 다국적군의 항공기들이 이라크의 주요 전략

걸프전은 항공력이 전쟁에서 중추적 역할을 수행한다는 생각에서 한층 발전하여 전쟁의 승패를 좌우할 수 있다는 결과를 증명한 새로운 패러다임의 전쟁이었다. 42일간의 전쟁에서 38일간 항공작전이, 그리고 4일간 지상군 작전이 수행되었다는 점에서 알 수 있듯이 걸프전은 항공력 중심으로 진행되었다.[240]

그러나 걸프전 종료 후 작전 성과를 해석할 때 지상전력과 항공력 간의 입장은 서로 달랐다. 지상군들은 항공전역을 지상군 공격을 위한 "전장 준비"로 인식했다. 그러나 항공기획가들은 항공전역을 또 다른 시각에서 바라보았다. 뎁튤라(David Deptula)는 "우리는 지상군 작전을 위해 전장을 준비하는 것이 아니라 전장을 격파하고 있다"[241]고 강조했다.

1991년 걸프전 종료 후에 걸프전이 "미 육군의 공지전투 이론에 근거해 수행되었는지의 문제"를 놓고 진지한 논쟁이 일어났다. 1991년도에 걸프전에서 승리할 수 있었던 것은 미 육군교범 FM 100-5에 언급되어 있는 '공지전투'의 교리 때문이었다고 주장하는 군사 분석가들이 다수 나타났다.[242]

지상군의 관점은 걸프전에서 "미 육군의 확실한 승리(Certain victory: The U. S. Army in the Gulf War)"라는 보고서를 통해 이라크의 작전적 중심과 군대가 공중공격으로 극심한 타격을 입었지만, 이라크군은 전쟁수행 의지를 바탕으로 강력한 전투력을 발휘했다. 적을 격퇴하고 완전히 몰아내야 궁극적인 승리를 일궈낼 수 있다고 주장했다.

미 육군의 결론은 "사막의 폭풍작전을 통해 전쟁의 본질이 변하

표적에 대해 일제히 공격을 개시했다.

240) 공군본부, 『걸프전쟁 분석: 전략·전술자료 중심』(서울: 공군본부, 1991), 전권.

241) Hallion, 『현대전의 알파와 오메가』, p. 348.

242) 위의 책, p. 434.

지 않았다. 자원, 인력, 영역을 통제하는 것이 전쟁의 중심요소로 기능하고 합동전의 궁극적인 전략 핵심은 결정적인 지상전투를 수행하는 데 있다"[243]는 것이다. 걸프전 당시 육군 사단장 출신인 맥카프리(Barry McCaffrey) 장군은 이러한 관점을 다음과 같이 지지했다.

"역사상 가장 놀랄 만한 위력을 발휘한 항공전역 이후, 7개의 육군 사단과 2개의 해병전투사단이 연합하여 세계에서 두 번째로 거대한 연합지상군 전력이 형성되었고 이들은 100여 시간의 전투를 수행했다. 본 연합군(지상군)은 기동, 기만, 속도, 능력, 그리고 신중히 선정된 파괴수단을 통해 군사적 목표를 달성했을 뿐 아니라 장기전으로 확장될 위험성을 종식시켰다."[244]

지상군의 관점은 항공력이 걸프전을 통해 공군의 역량이 증가했지만, 이라크 정부를 전복시킬 만큼의 역량은 표출하지 못했다고 주장했다. 그러나 이러한 주장은 "당시 전쟁에서 공지전투 개념이 나타난 것은 사실이지만, 공지전투는 전쟁 전체에서 극히 제한적으로 사용되었음에도 불구하고 전체로 사용한 것처럼 확대하는 오류를 범하고 있다"[245]는 비판을 받았다.

그 이유는 공지전투 개념의 본질이 기동과 공격이라는 2개 축을 중심으로 공세적으로 진격하는 적 후속제대를 전략·전술 목표를 염두에 둔 상태에서 공격함에 따라 아군 항공력과 적 기갑군 간에 격렬한

---

243) Johnson, *Learning Large Lessons*, p. 26.
244) Barry R. McCaffrey, "Lessons of Desert Storm," *Joint Force Quarterly*, Winter 2000-2001, p. 13.
245) Hallion, 『현대전의 알파와 오메가』, p. 434.

전투가 벌어져야 했다. 그러나 이라크 지상군의 저항을 무력화시키는 과정에서 이 같은 전투가 없었기 때문이다.

모브레이(James A. Mowbray) 미 공군대학 교수는 항공력의 관점을 견지하여 걸프전을 다음과 같이 분석하고 있다.

"걸프전은 공군이 베트남전 이후부터 활용해온 기술, 전술, 기법 그리고 작전방식을 전면에 부각시켰다. 공군은 정밀유도탄, GPS 같은 정밀항법체계, 그리고 주야 전천후 작전을 통해 지난 10여 년간 최악의 기후조건에서도 비행 및 전투 임무를 수행하여 승리를 일궈낼 수 있었다. 뛰어난 파괴역량을 바탕으로 압도적인 우세를 점할 수 있었다. 이제 공군의 역량은 절정에 달했다."[246)

맥픽(Merill A McPeak) 미 공군참모총장은 "육군이 항공력에 패배한 최초의 전쟁"이라고 했으며, 공군 역사학자인 핼리온(Richard P. Hallion)은 "항공력은 군사력을 지배하고 있었다. 항공력이 미래의 전쟁을 독자적으로 수행할 것이라고 예측하지 않지만, 항공력은 전쟁의 결정적인 요소이며, 전쟁을 승리로 이끄는 확실한 요소로 기능했다"[247)고 주장했다.

걸프전을 통해 공군은 공군구성군 사령관(ACC)이 종심작전을 이끌고 적군을 효과적으로 차단할 수 있다고 주장했다. 이로 인해 합동전역에서 육군이 차지하는 우월적인 위치에 대한 논쟁이 발생했다. 이는 공지전투로부터의 이탈을 의미했는데, 종심전투와 근접전투가 동시에 발생하는 경우가 없었기 때문이다.[248)

---

246) Johnson, *Learning Large Lessons*, p. 27.

247) 위의 책.

248) Rebecca Grant, "Deep strife," *Air Force Magazine, June 2001*, p. 57.

1991년 5월 당시 언론에 대한 국방부 장관 체니(Dick Cheney)의 답변에 따르면, 당시의 전쟁에서 "이라크군이 그처럼 신속히 붕괴될 수 있었던 것은 항공전 때문이었다고 생각합니다"[249]라고 말했다.

미 육군중령 체임벌인(E. W. Chamberlain)은 동맹군의 사상자 수가 크게 늘어나지 않았던 것은 항공력 때문으로, "효율적인 형태의 항공작전이 없었다면…… 수많은 인명이 손실되었을 것이다. 아측의 항공력이 지상에 위치한 이라크군의 수많은 표적을 정확히 공격해주었다"[250]고 증언하고 있다.

말리우코프(Anatoliy Malyukov) 중장의 대담자료에서 걸프전이 미 육군의 공지전투 교리에 근거해 진행되었는지를 묻는 질문에 대해 그는 다음과 같이 답변했다.

"그렇게 생각하지 않는다. 공지전투가 아니었다. 걸프전 발발 이전, 당시 미 공군참모총장 마이클 듀건(Michael Dugan)이 언급한 바처럼 걸프전은 항공력에 의한 공격을 통해 적을 탈진시키고, 적의 지휘통제체계를 와해시키며, 적의 방공체계를 파괴하고, 적 지상군의 공격력을 크게 약화시킬 목적의 항공전으로 기획되었다. 표적선정 측면에서 보면, 걸프전은 공세적 차원의 항공전이라고 할 수 있다. 미국을 중심으로 한 동맹군은 의도하는 바를 완벽히 달성했다. 전반적으로 보면, 걸프전은 항공력을 이용해 전쟁의 대부분 주요 목표를 달성한 최초의 전쟁이었다."[251]

---

249) 1991년 3월 2일 CNN 방송의 "Newsmaker Saturday"에서 인터뷰 내용 참조.

250) Fermand Sema, "Eye of the Rolling Storm: Air Force-Army Ground Teams," *Airman*, July, 1991, p. 48.

251) 권영근 외, 『미래 합동작전 수행개념 고찰』, pp. 34-35.

이를 종합하면, 1991년도 걸프전의 전쟁계획은 공지전투가 적용된 것이 아니라, 『항공전역(Air Campaign)』이라는 책을 저술한 미 공군대령 존 와든(John Warden)의 작품이었다.[252] 걸프전은 항공력의 발전으로 전쟁의 패러다임을 지상군 전투의 지원에서 주도적인 공격력으로 새롭게 바꾸는 분수령이 되는 시기였다.

지상전력 중심으로 전쟁을 수행하는 전술적 관점은 지상전력이 주 공격선이 되고 항공력은 보조적 수단으로 근접항공지원(CAS)을 지원하게 된다. 이러한 관점으로 항공력을 사용할 경우 군단 전투에 항공력을 분산하여 배정하기 때문에 중앙집권화된 지휘통제를 어렵게 만든다.

지상군 관점으로 전구 차원의 합동성을 시행할 경우, 각 군이 가진 상이한 전력운영 속도와 표적에 대한 화력효과(표적효과)에 차이가 나기 때문에 합동성 효과를 강화하기 위해서는 각 군의 상이한 전력운영 속도를 조율하고, 표적효과가 극대화되도록 각 군 전력을 조합해야 한다. 합동전장에서 지상군 중심으로 전장을 운영하면 전술적 차원에서는 효과가 있을지 모르지만 전력운영 속도나 표적효과 측면에서 전구 차원에서는 효과가 낮아지게 된다.[253]

결론적으로 합동성이란 전구적 차원에서 전략적 수준의 효과 중심으로 표적목록을 작성하여 전투사령관이 의도한 우선순위에 따라 항공력과 지상전력을 배당하고 전력운영 속도를 조정하는 지휘·통제 능력에 달려 있다. 그 핵심에는 전투사령관이 있었다. 합동성의 문제는 전투사령관이 합동전장을 균형 잡힌 시각으로 볼 수 있는 지휘능력을

---

252) Allard, 『미래전 어떻게 싸울 것인가』, pp. 214-245; Donald M. Snow, 『미국은 왜? 전쟁을 하는가』, 권영근 역 (서울: 연경문화사, 2003), pp. 344-347.

253) 장은석·이성만·박대광, "항공력 등장 이후 전쟁에서의 합동성 효과 사례 연구", 『공사논문집』, 제59집 제2권, 2008, pp. 115-140.

가지고 있느냐 없느냐의 문제였다.

걸프전 직후 미군은 냉전 후 병력을 대규모로 감축했다. 이 때문에 걸프전의 전공에 대한 논쟁은 전쟁 이후 예산을 둘러싼 전력건설 논쟁으로 이어졌다. 전쟁 직후 합동교리가 전 구성군의 관점을 지속적으로 병합해나간 반면 육군과 공군은 각 조직의 입장만 견지하는 경향을 보였다.[254] 전훈분석은 차후 군사력을 건설할 때 전력구조와 자원할당에 영향을 미치기 때문에 전훈분석과정에서의 논쟁은 치열하지 않을 수 없었다.

이후에도 합동전장에서 주도권을 장악하기 위해 공군은 제어단계(Halt Phase) 개념을 발전시켰고, 육군은 전략적 배제(Strategic Preclusion)로 대응했다.[255] 제어단계라는 용어가 나타나게 된 배경은 1996년 4월 공군참모총장 포글맨(Ronald R. Fogleman) 대장으로부터 비롯되었다.

그는 "육군이 자신의 목표를 추구할 수 있는 자질을 갖춘 것처럼 항공력도 그만큼 완전한 역량을 갖춰왔다"고 강조했다. 또한 "우리는 적의 전략을 교란시키기 위해 적의 국가를 점령할 필요가 없다. 우리는 적의 전투역량을 감소시키고 대개의 경우 공중에서 적을 격퇴시킬 수 있다"[256]고 주장했다. 그는 항공력이 미래에 전투수행방식의 근본적인 변화를 가져올 것이라고 믿었다.

미 공군은 1997년 9월에 발간된 AFDD 1 공군기본교리에서 이러한 포글맨 대장의 비전을 공식적으로 교리에 반영했다. 미 공군기본교리는 '분쟁을 바라보는 새로운 시각'을 옹호하면서 이와 같은 시각을 통해 제어단계는 지상전력을 지원하기 위한 과정의 준비가 아니라 전

---

254) Johnson, *Learning Large Lessons*, pp. 30-31.

255) 위의 책, pp. 59-63.

256) 위의 책, p. 58.

쟁의 결정적 단계로서 기획될 수 있고, 결정적인 제어의 핵심은 작전 초기에 항공력을 대거 적용시켜 적군이 작전한계점을 넘어서도록 하는 것이라고 논했다.[257]

AFDD 1(1997)은 제지(counterland)에 관한 논의에서 제어단계를 재차 거론했다. 제지작전은 "적의 지상군을 파괴하거나 무력화시킴으로써 지상작전보다 우세한 위치를 차지하고 이를 유지하기 위해 수행되는 작전을 말한다. 제지작전의 핵심 목표는 지상환경을 지배하고 적군이 동등한 능력을 발휘하지 못하도록 하는 것이다"[258]라고 기술했다.

제어단계 개념을 실현시키기 위해서는 미 육군의 현역 구성군의 규모를 큰 폭으로 감축해야 했기 때문에 이는 미 국방부에서도 큰 논란을 불러일으켰다. 1998년 7월 미 육군대학 전략연구위원회 회원인 틸퍼드(Earl H. Tilford, Jr.)는 "제어단계 전략(Halt phase strategy)"[259]을 통해 제어단계의 핵심을 설명하면서 "제어단계의 옹호자들이 '합동항공력'이라는 말로 포장하지만, 이는 공군 주도의 편협한 사고방식이다"[260]라고 주장하며 육군의 입장을 대변했다.

제어단계 개념은 공지전투와는 다소 차이가 있다. 이 개념은 공군을 주도적 위치로 격상시켜 항공력에 피지원 부대로서의 역할을 부여했다. 그랜트(Rebecca Grant)는 "제어단계에서 공격이 제대로 수행된다면 미군은 종심전투를 통해 적군이 우군에 근접하기 전에 전장 지배력을 행사할 수 있었을 것이다"[261]라고 주장했다.

---

257) AFDD 1, *Air Force Basic Doctrine*, 1997, p. 42.

258) 위의 책, p. 48.

259) Earl H. Tilford, Jr., "Halt phase strategy: New wine in old skins⋯ with powerpoint," July 23 1998, U. S. Army War College.

260) Johnson, *Learning Large Lessons*, pp. 59~60.

261) Rebecca Grant, "Deep strife," *Air Force Magazine*, June 2001, p. 58.

제어단계 개념에 대해 육군이 우려한 실질적 측면은 항공력 중심의 제어단계가 합동교리의 핵심으로 정착될 경우 지상전력의 비중이 그만큼 더 줄어들 것을 우려했다. 즉, 제어단계를 통해 공군이 예산 배정을 둘러싼 각 군의 논쟁에서 유리한 고지를 점한다면 이는 곧 육군에 불리하게 작용할 것이 명백했기 때문이다.

1999년 미 육군은 미 공군의 제어단계 개념에 대응하기 위해 '전략적 배제(Strategic Preclusion)'라는 개념을 개발하여 전쟁을 종결시키는 피지원군으로서의 역할을 탈환하려 했다.[262]

육군은 "우발상황대응작전을 수행하기 위해서는 합동기동능력과 더불어 우수한 신속성과 파괴성을 지닌 차단전력을 형성하여 잠재적 적이 전력을 운용하거나 이익을 취득하지 못하도록 해야 한다"고 주장했다. 이 작전들의 궁극적 목표는 '전략적 배제'로 적이 목표 달성의 불가능성을 인지하고 전력을 증강하지 못하도록 하는 것이었다.[263]

육군은 전략적 배제임무를 수행하기 위해 완전한 범위의 작전 (Advanced Full Dimensional Operations)을 수행하는 합동원정군 개념을 구상했다. 완전한 범위의 작전은 적응력을 갖춘 초기진입 지상군을 공중, 해양, 우주 및 특수작전군과 협력하여 운용시킴으로써 합동역량에 따른 효과를 개척하는 작전으로, 분쟁의 결정적 지점에서 임무를 완벽히 수행하기 위해 주요 지점 및 시간 내에 우위를 점하는 데 필요한 정보우세를 형성하는 것을 목적으로 한다.[264] 그러나 이 개념의 문제점은 완전한 범위의 작전을 수행하기 위한 개념을 수행할 수 있는 전력이 구비되지

262) Johnson, *Learning Large Lessons*, p. 63.

263) James Riggins and David E. Snodgrass, "Halt Phase Plus Strategic Preclusion: Joint Solution for a Joint Problem," *Parameters*, Autumn 1999, pp. 70-85.

264) Johnson, *Learning Large Lessons*, p. 63.

않았다는 데 있었다.

1998년 코소보에서의 'Operation Allied Force' 작전이 종료된 후 각 구성군은 워싱턴 회의에서 코소보전에서 자신들이 한 역할을 앞 다투어 주장했다. 바이맨(Daniel Byman)과 왁스맨(Matthew Waxman)은 "밀로셰비치의 항복 이유를 따지는 토론의 중요성은 각 군의 업적을 자랑하는 데 있지 않다. 일부 군사 기획관들은 미래전역을 구상하기 위해 벌써부터 코소보에서의 항공전을 분석하고 있지만, 모든 구성군은 코소보전에서의 경험에 근거하여 조달을 요청하고 있는 실정이다"[265]라고 지적했다.

미 공군은 항공력이 코소보 작전에서 강압적인 수단으로 기능했다는 점을 명확히 했다. 미 공군은 항공력 중심의 시각이나 항공력의 독자적인 전략에 주력하고 있었다. 코소보전이 종료된 후 전훈분석 과정에서 제어단계 개념을 둘러싼 공군과 육군의 논쟁이 다시 전개되었다.[266]

제어단계는 다수의 국방부 발간물과 계획에 반영되어 있었다. 2001년 2월 JP 3-0, *Doctrine for Joint Operation* 개정판 초안에 포함되어 있던 내용은 "제어단계는 공격을 종결시키고 미국의 목표를 달성하는 전투작전을 수행해야 할 때 필수적으로 진행되어야 한다"[267]는 것이었다. 이 구절이 중요해지는 이유는 작전적 측면에 국한되는 것이 아니라 향후 예산 배정에 영향을 줄 수 있었기 때문이다.

육군은 합동교리에서 제어단계를 언급한 모든 부분에 대해 강하

---

265) Daniel L. Byman & Mathew C. Waxman, "Kosovo and the Great Air Power Debate," *International Security*, Vol. 24, No 4, Spring 2000, p. 6.

266) Johnson, *Learning Large Lessons*, pp. 86-87.

267) Elaine M. Crossman, "The halt Phase Hits a Bump," *Air Force Magazine*, April 2001, p. 35.

게 반발했다. 육군은 합동전략검토(JSR: Joint Strategy Review)[268] 초안에 대한 의견에서도 이와 같은 입장을 보였다. 특히 육군 참모들은 합동전략검토(JSR)에 언급된 '신속한 제어(rapid halt)'라는 용어에서 '제어' 앞에 붙은 '신속한'이라는 형용사는 기계화 지상전력이 결코 신속히 배치될 수 없다는 부정적 인상만을 심어준다고 생각했다.

한 고위 육군참모는 국가안보 및 외교문제에 대한 온라인 뉴스를 게재하는 국제저널그룹(National Journal Group)의 일레인 그로스맨(Elaine Grossman)이 보고한 논문에서 다음과 같이 말했다.

"적은 최신기술역량에 맞선 재래식 기술수단을 보유하고 있었다. 만약에 적이 결정적인 표적을 노출시킨다면 공중으로부터 상당한 타격을 가할 수 있다. 그러나 공중공격을 실시할 때 적이 험난한 지형 또는 도시 지역에 주둔하거나 인간방패를 활용할 경우에는 결코 공중공격이 효과적인 수단으로 기능하지 못할 것이다."[269]

이와 같은 지상군 중심의 관점은 전술적인 차원에서 국경선에 일어나는 전투 차원의 공격인 경우에만 설득력을 지닐 뿐 합동기획의 근

---

268) 합동전략기획체계(JSPC: Joint Strategic Planning System)는 국방부 군 관련 기획의 핵심이다. JSPS는 모든 군사 기획에 대한 전략적 기획 기반을 제공한다. 합동전략능력계획(JSPS: Joint Strategy Capabilities Plan)은 미국의 군사전략, 필요 자원, 그리고 작전계획을 통합하는 기반이 된다. 예산 과정과 같이 JSPS는 2년 주기로 반복된다. 문서는 2년마다 만들어지지만, 검토는 매년 실시된다. 이 주기는 합동전략검토(JSR)부터 시작된다. JSR은 전략적 환경을 평가하고 향후 국가군사전략이 다수의 사안들로 인해 장기적 또는 단기적으로 어떠한 영향을 받게 될 것인지 검토하는 JSPS의 정보수집 절차다. 따라서 JSR은 현재와 미래의 위협, 기술력, 교리, 군 구성, 국가정책에 대해 분석한다. 결과적으로 JSR은 전략, 작전계획 및 평가의 통합을 주도한다. JSR 과정을 거쳐 의장 지침서(CG: Chairman Guidance)가 발간되는데, 이는 다음 문서인 국가군사전략(NMS: National Military Strategy)을 작성하는 데 주요 지침을 제공한다.

269) 위의 책, p. 36.

간을 이룬 주요 전구전쟁 시나리오를 고려하지 않은 편협한 생각이었다. 적군은 지상개입을 통해 작전적 목표를 달성하거나 공세임무를 강제적으로 수행할 필요가 없다면 군이 지상의 공격 기동로를 통해 이동할 필요가 없게 된다.

어느 항공력 옹호자는 합동교리에서의 제어단계 개념 구축에 반발하는 육군 참모들에게 "그들은 실제 전쟁에서 승리할 수 없으니까 교리에서라도 승리를 쟁취하려 한다"[270]고 조롱했다.

당시 셸턴(Henry H. Shelton) 합참의장(1997~2001, 육군대장)은 합동전략검토(JSR)에서 제어단계라는 용어에 대해 삭제할 것을 지시했다.[271] "그는 각 군이 합동교리에 언급된 제어단계를 둘러싼 논쟁을 해결하기 전에 합동전략검토(JSR) 문서를 도널드 럼스펠드 국방부 장관에게 발송하는 것은 옳지 않다고 생각했다."[272]

결국 2001년 9월 10일 발행된 JP 3-0 개정판에는 '제어(halt)'라는 단어가 딱 한 번 거론되었다. 그 대신에 억제·개입, 선제, 결정적 작전, 전이 같은 합동전역의 4가지 단계를 수행할 것을 권고했다.[273]

제어 개념은 합동군 사령관이 적절한 합동군 역량을 활용하여 전투 및 비전투 상황에서 기선을 잡으려는 '선제'단계에 해당되었다. 제어단계는 전투작전의 초기 단계에서 공세작전이 수행되어 적의 공세적 한계점을 최대치로 끌어올리고 결정적 작전을 위한 조건을 형성한다. 합동전투력을 신속하게 적용하기 위해서는 적의 초기 공격을 지연, 방해 또는 제어(halt)함으로써 적의 초기목표달성을 억제한다. 만약 적군

---

270) 위의 책.

271) 위의 책.

272) 위의 책.

273) JP 3-0, *Doctrine for Joint Operations*, 10 September 2001, p. Ⅲ-20.

이 초기목표를 달성했다면 초기에 공세전투력을 신속히 적용함으로써 적군을 주둔지에서 몰아내야 한다.[274]

제어단계 개념은 항공력을 가장 효율적으로 활용하여 적의 전쟁 수행 및 통제수단을 전략적으로 공격하는 것부터 배치된 적의 전력을 직접적으로 격퇴·파괴하는 모든 항공력을 활용하는 것까지 항공력을 둘러싼 공군조직의 지적 기반을 확장시켰다.[275] 그리고 이후에 발생한 2001년의 아프가니스탄 전쟁에서는 항공력이 적의 야전군에 대항하는 전략적 수단으로 이용되었다.

미군은 '제어단계와 전략적 배제' 개념 논쟁과 같이, 때로는 자군의 이익만을 추구한다고 비난을 받았다. 한편으로, 이러한 논쟁의 긍정적 측면은 타군과의 계속되는 논쟁을 통해 각 군의 자율성과 독립성을 보장하는 과정에서 자군을 전문성을 가진 군으로 단련시켜왔다. 미군은 타군과의 갈등과 해결을 통해 지속적으로 국방환경의 변화와 군사변환을 주도하고, 이를 국가적 차원의 이익으로 향상시키기 위한 노력 또한 게을리하지 않고 있었다.

---

274) 위의 책, p. Ⅲ-20.

275) Phil M. Haun, *Air Power Versus a Field Army: A Construct for Air Operations in the 21st Century*(Ala, Maxwell AF Base: Air Command and Staff College, 2001), p. 2.

한국군의 합동성과 조직정치

제1절
한국군의 합동성과 군사문화

1. 한국군의 국방개혁 약사

한국군도 1945년 해방 이후, 국방환경의 변화에 따라 창군부터 시작하여 현재까지 국방운영의 효율성을 제고하기 위해 국방개혁을 끊임없이 추진해왔다.[1] 한국군의 국방체제 변화를 간단히 개괄해보면 다음과 같다. 한국군의 군제는 미군정 당국의 1945년 11월 13일 군정법령 제28호에 의해 국방사령부(Office of the Director of National Defense)를 설치하면서 시작되었다. 그리고 1946년 1월 14일 국방예비대를 창설했다.

이후 1948년 7월 17일, 대한민국헌법과 함께 공포된 정부조직법에 의해 국방부가 공식 발족했다. 같은 해 11월 30일 국군조직법이 제정되어 국군이 제도화되었다. 당시는 육군과 해군의 2군종 체계로, 공군은 육군에 포함되어 있었다.

---

[1]   한국군의 창군기부터 818계획 이전까지의 국방개혁 세부내용은 다음을 참조할 것. 이선호, 『국방행정론』, pp. 363-375; 배이현, "한국군 군제발전에 관한 연구", pp. 75-87.

국군의 지휘구조는 육군과 해군의 총참모장이 국방부 장관의 직접 지휘를 받지 않고 참모총장이라는 중간계선을 통해 지휘를 받는 통합군제였다. 1949년 10월 1일 대통령령 제254호(공군본부 직제령)에 의해 공군이 육군으로부터 분리·창설됨으로써 3군 병립체제가 정립되었다.[2]

한국전쟁 중이던 1950년 6월 30일부터 육군참모총장이 육·해·공군 총사령관을 겸임하는 통합참모장 체제로 운영되었다. 한국전쟁 중의 지휘구조는 '대통령 – 국방부 장관 – 참모총장 – 육·해·공군본부 (총참모장)'로 운영되었다.

한국전쟁기간 중에 이승만 대통령은 한국군의 작전지휘권을 미 극동군 사령관과 주한 유엔군 사령관을 겸직하고 있던 맥아더(Douglas MacArthur) 장군에게 이양했다. 맥아더는 한국 내 미 육군의 지휘권을 미 8군 사령관에게 재차 위임함으로써 한국 육군은 작전지휘권이 미 8군 사령관에게, 해·공군은 유엔군 사령관에게 이양되는 이중적 구조가 형성되었다.

이후 1954년 10월 17일 한미합의의사록에 따라 유엔군 사령관에게 이양했던 '작전지휘'를 '작전통제'로 개념을 변경했고, 1957년 7월 1일 유엔군사령부가 동경에서 서울로 이관됨에 따라 미 8군 사령관이 주한미군 사령관과 미 8군 사령관을 겸임하면서 미 8군과 주한미군에 대한 지휘권이 미 태평양사령부로 이관되었다.[3]

1959년 10월 9일 유엔군사령부 제38호로 한국군의 작전부대도 해당 군종별로 유엔군 구성군사령부의 작전통제를 받도록 변경되면서

---

2) 이성호, "한국군 상부 지휘구조 개편에 관한 연구", p. 49.
3) 김동한, "군 구조 개편정쟁의 결정 과정 및 요인 연구", pp. 52-54.

한국군의 각 군 본부는 작전통제 대상에서 제외되었다.

전쟁기간 중이던 1949년 5월 국방부 기구 개편으로 폐지된 연합참모회의제도가 1952년 5월 9일 임시 합동참모회의로 다시 설치되었다. 대통령의 군사자문기관이던 임시 합동참모회의가 1953년 8월 1일부터 국방부 소속으로 바뀌었다. 1954년 2월 17일 대통령령 제873호 '합동참모회의 운영규정'에 의해 정식으로 합동참모회의를 설치하여 국방부 장관의 군령보좌기관으로 운용하다가 3월 말에 연합참모본부로 개칭했다.

1962년 12월 26일 제3공화국 헌법에 국가안보회의에 대한 규정을 넣게 됨에 따라 통수보좌기관으로서의 기능이 1964년 1월 8일부터 발효하여 제도화되었고, 1965년 6월 21일 월남에 한국의 군사원조단을 설치함으로써 해외파견을 함에 따라 합동기동부대형 통합군을 월남에 설치·운용하게 되었다. 1971년 12월 9일 월남전의 종전에 따라 파월국군이 귀국하고, 때를 같이하여 대내외의 여건이 변함에 따라 자주국방을 위한 군 조직의 개편이 부분적으로 일어났다.

1973년 해병대사령부가 해체되어 해군본부에 통폐합되었고, 군정·군령통할기구와 군정·군령집행기구의 근본적 구조변화는 없었으며, 1975년 12월 31일 국방부에 합참을 두고, 합참에 합참회의를 설치함으로써 합참의 기능을 보완하여 장관에 대한 군령보좌역으로 확대했다.

1978년 한미연합사령부(CFC)가 설치됨에 따라 한국군도 작전통제권 행사에 참여할 수 있게 되었다. 그러나 이로써 한국군의 지휘구조 이원화 문제가 발생하게 되었다.

1948년 제정된 국군조직법에 의하면, 한국군의 지휘구조가 '대통령 – 국방부 장관 – 각 군 총장'으로 되어 있었지만 한미연합작전의 지휘체계는 각 군 총장이 작전지휘계통에서 제외되었고, 그 대신 한미연합사령부의 차상급 의사결정기구인 군사위원회에 한국의 합참의장이 참여하여 군령분야의 정책결정에 대한 한국군의 의사를 반영하는 구조로 이뤄져 있었다. 하지만 합참의장에게는 군령권이 부여되지 않았고, 단순히 군령에 대해 국방부 장관을 보좌하는 기능만 주어져 있었다. 이는 한국군의 '장기 국방태세 발전방향 연구계획(818계획)'을 추진하는 중요한 배경요인이 되었다.

한국군은 1980년대 중반 냉전의 해체과정과 넌 – 워너(Nun – Warner) 수정안, 주한미군의 감축 검토에 따라 심대한 안보환경의 변화를 맞게 되었다.[4]

이에 한국군도 작전지휘권을 이양받을 수 있도록 준비가 필요했으며, 장기적인 국방정책을 검토할 필요성이 제기되었다.[5] 이것이 국가안보역량을 강화하기 위해 시도되어 1992년 정립된 노태우 정부의 818계획이었다.

이후에도 한국군은 국방운영의 효율성과 효과성을 제고하기 위해 꾸준히 국방개혁을 추진해왔다. 예를 들면, 2006년 노무현 정부의 '국방개혁 2020', 천안함 피격 및 연평도 포격 이후 합동성 강화를 위해 시도된 2011년 이명박 정부의 '국방개혁 307' 등이다.

818계획은 "작전통제권 전환에 대비한 한국군의 독자적인 작전수행체계 정립과 목표 위주의 효율적인 군사력 건설, 3군 균형발전 등을 목적"으로 추진되었다.[6] 그러나 추진 명분과는 달리 결과는 "통합

---

4) 위의 책, pp. 56-63.
5) 위의 책, pp. 65-67.
6) 권영근, 『한국군 국방개혁의 변화와 지속』, p. 238.

군 또는 통합군에 가까운 합동군이었다"[7]는 반발이 있었다.

'국방개혁 2020'[8]은 참여정부가 미국의 세계전략 변화에 따른 주한미군 재배치와 전시작전통제권 전환 등 국내·외의 급격한 안보환경 변화를 고려하여 병력 중심에서 과학기술 중심으로, 북한 위협 중심에서 주변국 위협을 포함하고, 3군의 균형 발전을 국방개혁 목표로 정했다. 그러나 국방개혁 방향은 육군의 병력감축에 대신하여 오히려 육군의 작전지역을 크게 확장하고, 작전지역을 감당하기 위한 육군전력을 대거 보강했다.[9]

이명박 정부의 2009년도 '국방개혁 2020 수정안' 역시 북한의 재래식 위협에 대비한다는 명분으로 육군의 입체고속기동전 등 전력중심의 육군전력을 대거 보강했고, 해·공군의 전략증강은 연기했다. 이는 지상군을 더욱더 강화하려 한 것이나 다름없었다.[10]

이명박 정부는 민간인 중심의 국방개혁 307을 구상하여 국방선진화위원회를 통해 2011년 3월 7일 대통령에게 연구방향으로 보고하고, 동년 5월 24일에 국무회의를 통과했으나, 국방개혁 307은 입법처리되지 못했다.[11]

---

7) 위의 책, p. 240.

8) 국방개혁 2020은 참여정부 출범 이후 2년 3개월이 지난 2005년 6월 1일에 시작되어 2006년 12월 1일 국회의 「국방개혁에 관한 법률」로 제명을 바꾸어 최종적으로 의결되었다. 법률 제8097호, 「국방개혁에 관한 법률」, 2006. 12. 28, 제정(시행: 2007. 3. 29).

9) 권영근, 위의 책, p. 303.

10) 이명박 정부 출범 직후인 2008년 3월 청와대는 국방개혁 2020을 수정 및 보완할 목적으로 국방부에 국방개혁을 지시했다. 2009년 6월 26일 이상희 국방부 장관은 육군 중심 입체고속기동전 전력 중심으로 강화하는 계획을 '국방개혁 2025'라는 이름으로 대통령에게 보고했다. 권영근, 『한국군 국방개혁의 변화와 지속』, p. 384; 이정훈, "육군은 숨통, 해·공군 전략증강은 연기", 『주간동아』, 2009. 7. 7, 제693호, pp. 48-49.

11) 위의 책, p. 384; 이명박 정부의 군 상부지휘구조 개편계획은 약 2년간의 추진과정에서 개편안의 타당성에 대한 관련 행위자들의 대립된 견해로 인해 소모적인 논쟁만 지속되

국방부는 2014년 3월 6일 '2014~2030 국방개혁 기본계획'을 발표했다. 그 핵심은 "전면전·국지도발을 동시에 대비하고, 북한의 위협뿐만 아니라 미래의 전략환경 변화도 고려했다."[12] 이는 '2012~2030 국방개혁 기본계획'의 기조를 유지한 가운데 현 정부의 국방정책 기조와 국가안보전략지침을 반영했다. 국방개혁의 기본이념은 "육·해·공군이 균형발전을 이루면서 우리 군을 병력 위주의 양적 재래식 군사력 구조에서 정보·기술집약형 군사력 구조로 전환하는 것이다."[13]

주요 내용은 ① 상비병력을 52만 2,000명으로 감축하기 위한 시행계획의 구체화, ② 지상작전사령부는 전시작전통제권 전환시기와 연계해 창설시기 조정, ③ 군단은 군단별 독립작전이 가능하도록 소(小)야전군 개념의 참모부 및 직할부대 편성, ④ 군사전략 또한 평시의 '적극적 억제'에서 '능동적 억제'[14]로 개념 발전, 킬 체인(Kill Chain) 및 한국형 미사일방어(KAMD), 이지스 구축함 등의 주요 전력 증강 등을 담고 있다.

전시작전통제권 전환은 2014년 10월 23일(미 현지시간) 제46차 한·미 안보협의회의(SCM)에서 전환 목표시기를 명확하게 명시하지 않았다.[15] 따라서 이러한 요인으로 전시작전통제권의 전환시기는 구체적으로 그 시기를 예측할 수 없게 되었다.

없을 뿐 결론을 내지 못했다. 세부내용은 다음 책을 참조할 것, 김동한, 『국방개혁의 역사와 교훈』(서울: Booklap, 2014), pp. 196-226.

12) 국방개혁의 기본계획은 중·장기 군 구조를 포함하는 국방부 기획문서의 기본문서로, 각종 부대기획 및 계획업무의 근거문서다. 합참의장은 군 구조 분야에 대한 작성책임이 있다. 합참 전력발전부, "2014~2030년 국방개혁 바로알기: 군 구조 개편 개요와 경과", 『국방일보』, 2014년 3월 26일, 10면.

13) 위의 글.

14) 기존의 적극적 억제 개념을 포함하는 평시 다양한 위협에 대비하기 위한 억제전략개념이다.

15) 박병수·석진환, "전작권 전환 사실상 무기연기… 박근혜 정부 '군사 주권' 포기", 『한겨레』, 2014년 10월 24일, 1면.

한국군의 국방개혁은 합동성 강화를 통해 계속되는 북한의 국지도발을 효과적으로 억제하기 위해 지속적으로 추진해왔다. 그러나 2016년 최근까지도 북한의 국지도발은 계속되고 있다. 2015년에도 8월 4일의 DMZ 목함지뢰 도발로 인해 남북대결 긴장상태가 최고조에 달했지만, 남북고위급 회담의 극적 타결로 한 고비를 넘겼다.[16]

그리고 북한은 2015년 8월의 남북고위급 회담을 비웃듯이 2016년 1월 6일 10시 30분 수소폭탄 실험을 했다. 이에 대한 1차 대응으로 한국 정부는 2016년 1월 8일 정오부터 고위급 회담 후 중단했던 대북방송을 재개했다.[17]

한국군은 유사시를 대비하여 현실적인 군사력을 활용한 군사대비태세를 유지하고 한국의 국가안전보장을 담보할 필요성이 더욱 절실해졌다. 북한의 행태로 볼 때 '천안함 피격과 연평도 포격'은 아직도 진행형이다. 그러나 한국군의 국방개혁문제는 군사력의 '작전 효율성을 제고하려는 합동성 강화'를 위해 군 구조의 개혁 필요성을 인정하면서도 구체적인 군 구조의 정립방법에 대해서는 찬반논쟁의 대립구도가 계속되고 있다.

---

16) 유용원, "'천안함'은 끝나지 않았다", 『조선일보』, 2015년 8월 11일, 종합 A1면; 유용원, "71분 지나 대응포격… 원점타격도 없었다", 『조선일보』, 2015년 8월 21일, 종합 A3면.

17) 이용수 외, "모란봉악단 철수, 김양건 돌연 사망… 그리고 '핵실험 버튼'", 『조선일보』, 2016년 1월 7일, 종합 A2면; 이용수, "대북확성기 방송 오늘부터 재개", 『조선일보』, 2016년 1월 8일, 종합 A1면.

2. 한국군의 군사문화

　한미 동맹요인은 한국의 군 구조에 지대한 영향을 끼쳤다. 냉전기의 한미 동맹은 이념적으로 동서진영이 극한 대립을 하는 상태에서 한국의 안보를 지켜준 핵심이었다. 한미 동맹은 북한과의 전면전을 억제했고, 심리적으로 한국의 자유주의와 체제 유지에 기여했다. 한미 동맹 기반하에서 한국은 미국의 국가정책과 군사전략에 의해 지대한 영향을 받았다.[18]

　박재필은 "한국군과 주한미군의 역할 수행에 있어 전략적 분업구조가 형성되어왔다"[19]고 지적한다. 권영근도 "여타 국가의 경우와 달리 국방개혁에서는 위협요인과 비교하여 동맹요인이 더 큰 영향을 행사하고 있다"[20]고 말한다. 이와 같이 한국군은 '북한의 전력을 따라잡고, 해·공군력은 미군에 의존한다'는 관성에 사로잡혀 군사력 건설을 추진해왔다.

　이러한 관성의 빌미가 되는 문서가 한미합의의사록이다. 한국전쟁 이후 한국과 미국은 1954년 11월 17일, 한미동맹의 단초가 되는 한미합의의사록에 최종 합의했다.[21] 이후 미국은 한국군에 대한 작전통제권을 장악하고 한국군을 육군 보병 중심의 군이 되도록 했다. 그

---

18) 박재필, "한국 군사력 건설의 주역 결정요인 및 논쟁 대립구조에 관한 연구", p. 133.

19) 이성훈, 『한국 안보외교정책의 이론과 현실』, pp. 215-216.

20) 권영근, 『한국군 국방개혁의 변화와 지속』, p. 23.

21) '합의의사록'의 조인으로 한국은 육군 66만 1,000명, 해군 1만 5,000명, 해병대 2만 7,500명, 공군 1만 6,500명으로 구성되는 총 72만 명의 한국군을 계속 유지할 수 있게 되었다. "경제 및 군사원조에 관한 한미 간 합의의사록", 국가기록원, http://www.archives. go.kr.(2016. 4. 13 검색)

이유는 북진통일을 주장하던 이승만과 반공주의자들의 무모한 북침으로 인해 원치 않는 전쟁에 개입하게 되고, 이 같은 전쟁이 핵전쟁으로 확전되는 비극적 현상을 예방할 목적에서였다.[22]

권영근은 "미국은 한미상호방위조약을 통해 북한의 남침을, 한미합의의사록을 통해 남한의 북침을 막을 수 있게 되었다"[23]고 분석했다. 한미합의의사록은 지난 60여 년 동안 한국군이 육군 중심으로 편향된 군 구조를 육성한 단초로, 한국군이 현재와 같은 군 구조를 갖도록 하는 데 지대한 영향을 미쳤다. "공중전과 해전은 미군이, 지상전은 한국군이 주도한다"[24]는 미국의 군사정책은 한국군을 지상군 중심의 병력구조를 유지하는 데 핵심적인 역할을 했다.

박정희 정부 시기는 1968년 1월 21일 청와대 기습사건[25]과 푸에블로호(Pueblo) 납치사건,[26] 닉슨 독트린[27]에 의해 1971년에 7사단 병력 2만 명 철수, 1976년 판문점 도끼살인사건,[28] 1978년 미 2사단 병력 철수 등 한미 간 인식의 차이는 한국의 군사전략을 독자적이고 공세적

---

22) 권영근, 『한국군 국방개혁의 변화와 지속』, pp. 150-151.

23) 위의 책, p. 154.

24) 위의 책, p. 157.

25) 1968년 1월 21일 북한 민족보위성 정찰국 124부대 소속 공작원 김신조 등 31명[사살 29명, 미확인 1명, 투항 1명(김신조)]이 청와대를 습격하여 박정희 대통령을 암살하기 위해 서울 세검정 고개까지 침투한 사건이다.

26) 1968년 1월 23일 승무원 83명을 태운 푸에블로호가 북한 해안 40km 거리의 동해상에서 임무 수행 중 북한군에 의해 나포된 사건(승무원 1명 사망, 13명 부상)이다.

27) 닉슨 독트린(Nixon Doctrine)은 미 대통령 닉슨이 1969년 7월 25일 괌에서 발표한 외교정책이다. 이 정책은 동아시아 동맹국의 방위에 대해 더욱 축소된 역할을 모색한 것으로, 이로 인한 주한 미군의 감군과 철수는 한국의 안보에 중대한 영향을 미친 요소였다.

28) 1976년 8월 18일 판문점 인근 공동경비구역 내에서 조선인민군 군인 30여 명이 도끼를 휘둘러 미루나무 가지치기 작업을 감독하던 주한 미군 경비중대장 아서 조지 보니파스 대위 등 2명을 살해하고, 주한 미군 및 대한민국 국군 병력 다수에게 피해를 입힌 사건이다. 대한민국에서는 판문점 도끼만행사건, 8·18 도끼만행사건 등으로도 불린다.

으로 만들었다.[29)]

이러한 일련의 사건들은 한미동맹에 대해 불신하게 만들었고, 한국 정부는 자주국방의 필요성을 더욱 절실하게 느낀 시기였다. 그리고 한국 최초의 자주적 군사력 건설계획인 1974년의 제1차 율곡사업의 출발점이 되었다.[30)]

박정희 정부의 군사력 건설은 양적으로 열세한 대북 방위전력을 확보하는 데 집중했다. 한국은 미국의 군사원조에 절대 의존해왔던 군사력을 자주국방정책에 의해 미군에 대한 의존도를 낮추기 위해 노력했다. 그러나 전력건설 방향은 육군 중심으로 진행되었고, 해·공군력을 보완했다.[31)]

1978년 이후 북한의 위협이 심화되고, 소련이 1979년에 아프간을 침공[32)]하면서 촉발된 신냉전의 도래와 1983년 미얀마 아웅산 묘역 테러사건,[33)] 그리고 1987년 KAL기 공중폭파사건[34)] 등과 1979년 12·12사태[35)]를 통해 비합법적으로 출범한 전두환 정부는 정당성 확보

---

29) 이성훈,『한국 안보외교정책의 이론과 현실』, p. 223.

30) 박재필, "한국 군사력 건설의 주역 결정요인 및 논쟁 대립구조에 관한 연구", p. 133.

31) 이성훈,『한국 안보외교정책의 이론과 현실』, pp. 226-227.

32) 소련-아프가니스탄 전쟁(Soviet – Afghan War)은 1979년 12월부터 1989년 2월까지 9년 이상 지속되었다.

33) 1983년 10월 9일 미얀마의 수도 양곤에 위치한 아웅 산 묘역에서 북한의 인민무력부 정찰국 요원에 의해 미리 설치된 폭탄이 터져 한국인 17명과 미얀마인 4명 등 21명이 사망하고 수십 명이 부상당한 폭탄 테러 사건이다. 서석준 부총리와 이범석 외무부 장관, 김동휘 상공부 장관 등 각료와 수행원 17명이 사망하고 기타 수행원들이 부상당했다.

34) 대한항공 858편 폭파 사건(Korean Air Flight 858 Bombing)은 이라크 바그다드에서 출발한 대한항공 858편(KE858)이 1987년 인도양 상공에서 북한이 파견한 공작원에 의해 공중 폭파된 항공테러사건이다. 이 사건으로 북한은 2008년 9월까지 미국의 테러 지원국 명단에 올랐다.

35) 1979년 12월 12일, 전두환과 노태우 등을 중심으로 한 신군부 세력이 최규하 대통령의 승인 없이 계엄사령관인 정승화 육군참모총장, 정병주 특수전사령부 사령관, 장태완 수

를 위해 미국의 도움을 필요로 했다.

한편 신냉전 시기에 등장한 레이건 행정부(1981~1989)는 소련에 대한 힘의 우위를 공개적으로 표명했고, 이를 위해 동맹국과 다른 우방들과의 관계를 우선시했다. 미국은 한국에서 추진하고 있는 율곡사업을 지원하기 위해 적극적인 무기이전 정책을 취했다. 이때 대부분 지상군 무기체계들이 도입되었다. 미국의 한국군에 대한 재래식 무기이전 증가는 지상군 위주의 병력집약형 전력구조를 형성시키는 요인으로 작용했다.[36]

결과적으로 한국군은 전술 차원의 전쟁에서 중요한 의미가 있는 하위의 합동작전 수행개념에 치중하게 되었고, 결국 교리 및 전략 같은 관념적 구조 측면에서는 상대적으로 심각한 비대칭 구조가 형성되었다. 한국군은 한미 통합방위전력에 의해 미 통합전력(Total Force)의 일부로 한미연합작전을 통해 비로소 능력을 발휘할 수 있는 의존적 군대로 성장했다.[37] 또한 두 명의 육군 출신 대통령을 거치면서 수차례의 국방개혁을 통해 한국군은 더욱더 육군 중심의 군대가 되어왔다.[38]

국방부와 합참이라는 두 기관은 우리나라 국방정책과 전략적 차원의 군사작전을 수립·시행하는 핵심구조다. 그러나 〈그림 4-1〉과 같이 1948년 국방부가 조직된 이후부터 현재까지 장관 직위는 초창기

도경비사령부 사령관 등을 체포한 사건이다.

36) 이성훈, 『한국 안보외교정책의 이론과 현실』, p. 229.

37) 권영근은 "전력구조, 부대구조, 지휘구조, 병력구조가 지상군 중심으로 되어 있다는 점에서 보면 한국군은 지상전만 제대로 수행할 수 있는 조직"이라고 주장했다. 권영근, 『한국군 국방개혁의 변화와 지속』, pp. 156-172; "군사력 건설: 병력집약형 건설 노력의 강호", 이성훈, 위의 책, pp. 232-235.

38) 윤우주, "한국의 군사제도 변천과 개혁에 관한 연구: 상부구조를 중심으로", pp. 137-146.

구분		합참의장	참모총장	장군	계(명)
군인	육군	13	10	7	30(68%)
	해군	·	1	2(해병 1)	3
	공군	1	2	·	3
	광복군	·	·	1	1
	소계	14	13	9	37(84%)
민간인		7			7(16%)
계					44

* 합참의장, 참모총장 직책 중복 시 최상위 계급에 합계

출처: 국방부(http://www.mnd.go.kr; 검색일자: 2016. 3. 11)

의 일부 민간 출신 7명(16%)을 제외하고 거의 대부분 육군 출신 30명(68%)이 차지했다. 또한 국방부에는 현역장군이 대부분 육군이다. 그리고 '문민화'라는 명분으로 고위급의 장군들을 대체한 자리에는 대부분 육군 장군 출신들이 차지하고 있었다.

역대 합참의장 및 합참의 주요 보직도 마찬가지다. 〈표 4-2〉와 같이 합참의 핵심 조직에 대한 군별 보임 현황을 보면 군령권을 갖고 작전지휘하는 합참의장과 작전본부장, 전략기획본부장 등의 핵심 요직은 거의 대부분 육군이 독식하고 있었다.

김종대는 "우리나라의 국방부는 국방부라기보다는 변형된 합참이나 육군본부와 거의 다르지 않다"[39]고 지적하기도 했다. 정용수와 이진규도 위의 주장과 유사한 맥락을 보인다. 특히, 이진규는 "이러한 구

---

39) 김종대, "민주적 통제를 받지 않는 군", 『인물과 사상』, 통권 183호, 2013년 7월호, p. 105.

〈표 4-2〉 합참의장/본부장(중장급) 군별 보임인원(2016년 3월 기준)

구분	육군(%)	공군(%)	해군(%)	계(명)
합참의장	37(95)	1(2.5)	1(2.5)	39
작전본부장	33(92)	3(8)	0	36
전략기획본부장	23(67.6)	8(23.6)	3(8.8)	34
정보본부장	18(69.2)	8(30.8)	0	26
*군수지원본부장	3(50)	1(17)	2(33)	6

출처: 합참(http://www.jcs.mil.kr: 검색일자: 2016. 3. 11) * 2011년 신설

조는 근래에 들어서도 개선될 기미가 보이지 않는다"고 주장했다.[40]

게다가 합참의장이나 육군 고위 지휘관을 역임한 군 출신이 대부분 국방부 장관으로 임명되는 현상이 발생했다. 이로 인해 현역에서 민간인 신분인 장관으로 복무하기 때문에 군을 바라보는 시각에는 거의 변화가 없다. 합참의장 또한 대부분 육군 출신으로 임명되었다. 이로 인해 국방부나 합참의 최고 부서장이 육군식 사고방식에서 탈피하기 어렵다고 생각된다.

물론, 합참의장 출신이 국방부 장관으로 바로 발탁되었을 때의 장점도 있다. 바로 민간인 국방부 장관이 합참에 대해 잘 이해한다는 점이었다. 천안함 피격 때도 합참이 큰 고비를 넘길 수 있었던 것은 합참의장 출신으로 군복을 벗고 곧바로 국방부 장관에 부임한 김태영 장관이 있었기 때문이다.[41] 윤종성 장군은 "당시 합참의장 역할은 김태영

---

40) 김민석 외, "군 개혁 10년 프로그램 짜자 ① 육해공 3군 균형 체제 만들자", 『중앙일보』, 2010년 6월 22일, 2면; 이진규, 『국방선진화 리포트』(서울: 랜드앤마린, 2010), p. 122.

41) 김태영 전 국방부 장관은 2010년 12월 4일 오전에 합참의장 이임식을 하고 오후에 국방부 장관 취임식을 하면서 그사이에 주어진 '자유시간'은 20분밖에 되지 않았다. 위의 책.

장관이 대신하다시피 했다"[42]고 말했다.

3군의 균형발전은 육·해·공군이 주요 의사결정 직위를 공유할 때 가능성이 더욱 커진다. 그러나 한국의 국방부 및 합참이 다수의 육군 중심으로 편중되게 보직이 관리됨으로써 정책결정과정에서 육군의 사고방식이나 입장이 의사결정에 훨씬 쉽게 영향을 미칠 수 있는 구조였다. 이는 3군 불균형을 더욱 심화시키는 원인이 되었다.

또한 국방부 직속으로 40여 개의 직할부대가 있다. 각 군 본부를 포함한 국군기무사령부, 국방대학원, 국군정보사령부 등과 같이 국군 또는 국방이라는 이름이 앞에 나오는 부대나 기관의 지휘관도 대부분 육군 장교들이 차지하고 있는 실정이다.[43]

한국군의 전체 장군은 대략 440명 정도이고, 해군과 공군이 각각 70여 명이며, 나머지 300여 명은 모두 육군이다. 육군은 국방부와 합참, 그리고 예하조직에서 장군보직을 많이 갖고 있었다. 이러한 직위 편중 현상은 미래전에 대비하기 위해 필수 불가결한 해군이나 공군의 구조 발전의 저해요인으로 작용하고 있다.

또한 해·공군은 정원이 동결되어 있는 상태에서 장군, 대령 등 소요직위를 기존의 직위구조에서 염출해야 했고, 잠수함, 대형 군함, 전투기들이 추가로 도입되어도 병력을 늘릴 수 없었다. 소요되는 병사부터 장군까지를 어디에서 염출하여 어디로 배치해야 하는지, 어느 부대를 줄여야 하는지에 대한 소모적 업무에 시간을 허비했다.[44]

육군 출신이 국방부와 합참의 직위를 거의 독점하고 있는 가운데 그들이 갖고 있는 육군 중심의 사고방식은 3군의 다양한 시각에서 합

---

42) 김종대, 『시크릿 파일 서해전쟁』, pp. 199-200.

43) 이진규, 『국방선진화 리포트』, p. 122.

44) 위의 책, p. 145.

동성을 이해하고 강화하는 데 저해요인이 되었다.

육군 공식 홈페이지에는 육군의 목표를 "대한민국 국가방위의 중심군으로서[45]"라고 시작한다. 이러한 내용은 황종수의 논문 "국가방위의 중심군을 지향하는 지상전력 건설 방향"[46]에도 언급되어 있다.

이러한 생각이 해당 조직의 결속을 가져올 수도 있지만, 반대의 경우 육군이 중심이 되어 작전을 수행할 때 타군은 이를 보조적으로 지원역할을 하는 것으로 이해한다면 합동성을 구현할 때 육군의 특성과는 다른 타군의 전력을 바르게 운용할 수 없다.

1980년대 중반 이후 북한보다 37배의 국방비를 쏟아붓고도 여전히 '한국군은 북한군에 열세'[47]라고 주장한다. 또한 김정익도 "안보의 요체 지상군, 전투력 보완이 시급하다"[48]고 주장한다.

이와 같은 현상은 한국군이 지상에서 벌어지는 상황에만 집중하여 건설되었으며, 지상군 중심의 북한군은 지상군이 막아야 한다는 생각에 고착되어 있기 때문에 발생했다.[49] 이진규는 "육군은 지상전에 치중해야 한다는 일관된 주장을 다수의 힘으로 밀어부쳐왔다. 그리고 패배주의에 젖은 해·공군은 그 힘에 압도당해 오늘에 이르고 있다"[50]고 지적하고 있다.

---

45) 대한민국육군 공식 홈페이지, 출처: http://www.army.mil.kr/(2016. 4. 10 검색), "육군 목표"

46) 황종수 육군대령, "국방방위의 중심군을 지향하는 지상전력 건설방향", 『군사평론』, 제389호, 2007, pp. 147-181.

47) 양욱, "국방비 37배 쏟아붓고도 여전히 북한군에 열세?: '한국 對 북한 전력 2 對 11' 헤리티지재단 발표로 본 한국군의 허실", 『주간조선』, 통권 2347호, 2015년 3월 9일, pp. 12-16.

48) 김정익, "지상군 감축과 한반도 안보", 『디펜스 21』, March 2012, pp. 28-33.

49) 권영근, 『한국군 국방개혁의 변화와 지속』, p. 174.

50) 이진규, 『국방선진화 리포트』, p. 126.

한국군의 국방개혁은 군의 중심세력인 육군 주도의 군 개혁이었다. 권영근은 "1959년부터 818계획이 추진된 1988년 이전까지 8차에 걸쳐 통합군을 추진해왔다"[51]고 지적했다. 40년 동안 역대 정권은 말을 조금씩 바꿔가며 그 나름대로 국방개혁을 추진했지만, 핵심 내용은 박정희 시대와 크게 다르지 않았다.

국방개혁 방향은 언제나 육군 주도하의 통합군제 추진이었고, "군 수뇌부의 육군 중심 사고와 이에 대한 해·공군의 반발이 반복되었다."[52] 천안함 피격, 연평도 포격 후 후속조치도 초기에 합동성을 강화하기 위해, 이후 전작권 전환을 준비하기 위해 국방부는 "전쟁을 효율적으로 대비하기 위해 통합군체제로 가야 할 것이다"[53]라고 말했다.

더구나 한국의 경우 국방개혁 주체는 육군 출신 고위급 장교를 위원장으로 하고, 육군이 다수를 점유하는 국방부 또는 합참에 구성된 위원회에 상대적으로 계급이 낮고 구성원이 적은 해군과 공군이 참여하여 개혁안을 작성하고, 국방부 대표[대부분 육군(예비역)]가 청와대와 협의하는 형태였다.[54]

이선희도 "모든 국방개혁 팀은 주로 육군 위주로 구성되었고, 해·공군은 1~2명의 구색을 맞추기 위한 편성이 주를 이뤘다. 외부 참여 인사도 대부분 육군에 경도된 학자 및 연구원이 주류를 이뤘으며, 육군 출신 국방부 장관의 통제를 받아서 진행되었다"[55]고 지적했다.

---

51) 권영근, 『한국군 국방개혁의 변화와 지속』, p. 24.

52) 황일도, "국방개혁, 정권 바뀔 때마다 전(前) 정부안 백지화… 40년째 제자리", 『동아일보』, 2013년 4월 19일, A8면.

53) 오동룡, "무너지는 韓美동맹: 한미연합사, 이대로 해체되나", 『월간조선』, 30권 6호 통권 351호, 2009, pp. 62-84.

54) 권영근, 앞의 책, p. 22-23.

55) 이선희, "2014 국방개혁 기본계획의 지휘구조 평가: 합동성 강화를 위한 지휘구조를 중

국방 차원의 최고위급 위원회인 군무회의의 경우 정족수 12명 가운데 공군·해군은 각각 참모총장 한 명씩으로 해·공군의 관점과 비교할 때 육군의 관점이 더욱 쉽게 반영될 수 있는 구조에서 국방개혁의 문제를 논의하고 추진했다.[56]

국방개혁을 주도한 인물들은 육군의 핵심 엘리트들이 반복적으로 관여하고 있었다. 그리고 반복해서 국방개혁안에 직간접적으로 깊은 연관을 맺고 있었다.[57]

이와 같은 인맥구조 형성이 가능한 까닭은 현역 출신의 고위급 지휘관이 일정한 유예기간 없이 국방부 장관으로 곧바로 입각되거나, 전역 후 얼마 있지 않아 장관으로 임용되는 경우도 많았기 때문이다.[58] 이러한 현상은 군 간 의사결정 시 모군 중심의 편중된 의사결정을 배제할 수 없었고, 이로 인해 각 군 간 불균형을 초래하는 원인이 되었다.

이런 맥락에서 최창현은 "국방부의 주요 의사결정 담당기구는 거

심으로", 대한민국해군발전협회, 『군상부 지휘구조개혁안: 2015정책건의서』(서울: 대한민국해군발전협회, 2015), p. 98.

56) 위의 책.

57) "김관진 전 국방부 장관은 8.18 당시 법제과장이었다. MB 정부에서 대통령 경호처장을 지낸 김인종은 김대중 대통령 때, 개혁안인 '국방기본정책서'를 보고했다. MB 정부에서 국방부 장관을 역임한 김관진은 김대중 대통령 당시 육군 1군과 3군 통합안을 제출했던 육군 전략기획차장이었다. MB 정부시절 전 국방부 장관 이상희는 합참의장 재직 시 국방개혁 2020 안을 수립한 당사자였다. MB 정부의 김경덕 국방부 국방개혁실장은 김대중 대통령 때 합참 전투발전부장으로 복무하면서 국방개혁 2020을 직접 설계했다. 이들은 정권이 바뀌자, 국방개혁 2020에 대해 입장을 달리하여 해당 당사자가 다시 국방개혁 2020 수정(안)을 만들었다." 김종대, "대한민국 안보전략의 현주소: 국방부 장관의 자가당착에 갈 길 잃은 '국방개혁'", 『월간조선』 30권 1호 통권 346호, 2009년 1월호, pp. 88-103.

58) 미군은 현역을 면한 날로부터 7년이 지나지 않으면 국방부 장관으로 임명될 수 없도록 하고 있다. 의안명: 정부조직법 일부개정법률안, 발의자: 김종대 의원 등 12인, 제2002123호(2016. 9. 5) 제346회 국회(정기회), 출처: 정부입법지원센터(http://www.lawmaking.go.kr)

의 육군 위주의 편향인사로 채워져 있어 3군 균형 발전을 위한 의사결정 통로가 원천봉쇄되어 있다"[59]고 주장했다.

또 특정인이 군사령관에서 참모총장 또는 합참의장, 국방부 장관으로 이어지는 자리를 독식함에 따라 군 내부에 인맥 형성이 불가피했다. 이로 인해 군 내부에서 특정 인사들 간의 국방요직의 독식구조가 이뤄졌다.[60]

김종대는 "이명박 정부 들어 두 사람이 요직에 진출함에 따라 안보당국 주변에서는 이전 정부 국방개혁안의 큰 틀을 이번 정부에서 계승할 것이라는 관측이 많았지만, 현실은 그 반대였다"[61]고 지적했다.

이상희 국방부 장관은 "재래식 전력을 축소하고 지휘통제, 감시정찰, 정밀억제타격을 중심으로 한 핵심전력을 보완한다"는 국방개혁 2020을 백지화하고, 육군 재래식 전력 위주의 기동군단 건설에 몰입했다. 이로 인해 임기의 절반을 소모적 논쟁에 허비한 이명박 정부는 김관진 장관이 부임하자마자 전격적으로 군 상부구조 개편과 합동성 강화를 골자로 한 새로운 국방개혁 307을 제시했다.[62]

59) 최창현, "군지휘체계 개편안에 관한 소고", 『선진화 정책연구』, 제3권 2호, 2010, p. 16.
60) 윤우주, "한국의 군사제도 변천과 개혁에 관한 연구: 상부구조를 중심으로", p. 154.
61) 김종대, "국방개혁 40년간 논의하다 원위치", pp. 16-18.
62) 위의 책.

제2절
한국군의 작전실패 사례

1. 천안함 폭침

김종대는 서해 사건들을 보면 "바다에 대한 전문성이 없는 육군 위주의 합참과 해군 2함대사령부 간 권한과 책임에 대한 분쟁이 벌어지고, 극도로 불신하며 대립하는 양상을 보인다"[63]고 주장했다. 서해에서 발생한 문제들은 그 결과가 국가 차원에서 최상의 합리성이 제고되어 해결되었어야 했지만, 그 과정이 비합리적으로 진행되었다. 결과적으로 서해의 위기관리도 의도와는 달리 더욱 심화되었다.

서해의 위기관리 과정에서 특히 주목할 점은 작전의 최고 단위인 합참, 즉 최고사령부의 무능력이다. 합참이 육군 중심으로 편중되다 보니 바다에서 일어나는 상황에 대해 전문성을 발휘할 수 없는 조직이 되었다. 이 때문에 위기를 진정하고 관리해야 할 순간에 거꾸로 위기를

---

63) 김종대, "이길 수 없는 전투 도발하고 질 수 없는 도발에 당했다. 왜? 서해에 수장된 남북 교전의 진실", 『신동아』, 2013년 10월호, 649호, pp. 174-181.

더 고조시키는 잘못된 지시를 내렸고, 예하부대는 이에 반발했다.[64]

서해에서 남·북한 군대가 대치하면서 해상의 분쟁환경이 해상만의 독특한 상황하에 발생하고 전개되는 과정에서 군사적으로 관리하기 까다로운 해상과 관련된 독특한 문제가 발생했다. 그러한 현상 중의 하나가 천안함 폭침이었다. 이는 예측하지 못한 우발상황으로, 우리 해군은 불시의 기습을 당했다.

그러나 예측은 고사하고라도 우발사태가 일어났을 때 합참의 이와 관련된 담당부서의 후속조치는 합리적·체계적이면서 신속한 대응이어야 했다. 그러나 실제 진행된 결과는 최초 인지부터 상황 전파 및 보고, 대처과정이 그렇게 만족스러운 것은 아니었다.

천안함 폭침과정 및 후속 대처과정을 간략히 설명하면 다음과 같다.

천안함(PCC-772)은 북서쪽으로 6.7노트 속도로 기동하면서 통상적인 경계임무를 수행하다가 2010년 3월 26일 21시 22분경 백령도 연화리 서남방 2.5㎞ 해상에서 피격되었다. 함미는 폭발 후 5분여 동안 목격되었으나 함장이 갑판으로 나왔을 때 이미 침몰했기 때문에 부표(浮漂) 설치 등의 조치를 미처 하지 못했다.

3월 27일 02시 25분경 해양경찰-501함이 천안함 침몰지역 부근에 부표를 설치했다. 함수가 완전히 침몰된 시각은 27일 13시 37분으로 추정되었다. 피격 위치는 3월 26일 백령도 서남방으로만 발표되었으나, 4월 7일 해군 전술지휘통제체계(KNTDS)상 천안함이 자신의 위치 송신을 중단한 21:21:57 위치로, 백령도 서남방 2.5㎞(37-55-45N, 124-36-02E)로 발표했다.

---

64) 김종대, 『시크릿 파일 서해전쟁』(서울: 메디치, 2013), pp. 81-95.

3월 29일, 천안함 함미는 사건 발생지점에서 180m 떨어진 곳에 침몰해 있는 것으로 최종 확인했다. 함수는 조류를 따라 표류하면서 함미 침몰지점 동남쪽으로 약 6.4㎞ 떠밀려 완전히 침몰했다.[65]

국방부는 2010년 3월 26일 천안함 침몰 이후 민·군 합동조사단을 구성하여 침몰원인 규명을 위한 조사활동에 착수했다. 침몰원인 조사결과 민·군 합동조사단은 인양한 함수, 함미 선체의 변형형태와 사고 해역에서 수거한 증거물들을 조사한 결과, 천안함은 북한에서 제조한 감응어뢰의 강력한 수중폭발에 의해 선체가 절단되어 침몰한 것으로 판단했다.[66]

김대중 정부가 들어서면서 군대 내에 대북 군사 경계심 이완의 조짐이 보였다. 그리고 미군이 북한의 군사동향에 대해 촉각을 세우고 있을 때 미측에 민감한 북한 군사동향에 대한 첩보는 차단했다. 국방부는 청와대에 좋은 보고거리를 찾는 데 오히려 더 관심을 두었다. 정보의 본질적인 현상을 보려고 하는 게 아니라, 현상을 보고 싶은 대로 보려고 한 것이다.

그 결과 군 수뇌부는 징후정보에 대한 탐독을 소홀히 했고, 국가정보기관은 방심했다. 그러다 보니 징후정보에 민첩성이 떨어지고, 그 징후의 이면적 가치를 찾아내지 못했으며, 무시하는 무능한 지휘관, 그리고 사건이 벌어지면 책임지지 않는 지휘관들 사이에서 자신의 자

---

65) 대한민국 정부, 『천안함 피격사건 백서』(서울: 대한민국 정부, 2011), p. 36.

66) 조사과정의 투명성과 신뢰성을 제고하기 위해 국내 12개 민간기관의 전문가 25명과 군 전문가 22명, 국회추천 위원 3명, 미국·영국·스웨덴 4개국 전문가 24명으로 조사단을 편성하고, 과학수사·함정구조 및 관리·폭발유형분석·정보분석 등 4개 분과로 나누어 과학적이고 체계적인 조사를 진행했다. 또한 국방부는 5월 4일부터 미국·호주·캐나다·영국 등의 정보전문가가 참여한 '다국적 연합정보분석 TF'를 운영하여 행위자를 규명했다. 합동조사결과 보고서, 『천안함 피격사건』(서울: 대한민국 국방부, 2010), pp. 26-29.

리를 지키거나 이익을 위해 상황을 조작하는 조직정치 현상이 나타났다.[67)

천안함 사건과 관련된 합참의 조직적 문제는 첫째 합참의 위기관리능력의 부재, 둘째 반복되는 징후정보에 대한 둔감성, 셋째 합참의 의사결정능력과 지휘능력의 부재, 넷째 해상에 대한 인식과 지식 부족 등으로 나타났다.

첫째, 합참의 위기관리능력의 부재 문제다. 천안함 사건과 관련하여 가장 큰 문제점으로 지적된 것은 보고지연과 초기대응 조치였다. 모든 조직이 마찬가지이지만, 특히 국가안위를 담당하는 군에서 진정으로 유능한 인재는 위기관리를 잘하는 군인이다. 따라서 군의 초동조치는 위기관리를 해결하는 첫 단계다. 상황발생 시 정확하고 신속한 초동조치야말로 전투의 승패를 결정짓는 중요한 요소다. 초동조치는 상황전파는 물론이고, 그에 따른 후속조치까지 포함한다. 그리고 지휘권자가 임석할 때까지 해야 할 필요조치를 이행하는 것을 말한다.

그러나 당시 합참의 지휘통제 반장은 합참의장을 대신해서 명확하고 신속한 초동조치를 하지 못했다. 또한 합참상황실 근무자도 상황조치는커녕 보고도 제때에 하지 못했다. 전 해군작전 사령관 윤연 제독은 천안함 폭침 시 합참의 지휘통제실 문제점에 대해 다음과 같이 지적한다.

"합참의 지휘통제실은 대한민국 국방의 중추신경이나 다름없다. 합참 상황반장은 야간에 합참의장을 대신해 근무하는 장교다. …… 합참의 보고 매뉴얼은 잘되어 있다. 그러나 문제는 시스템을 운용하는 인적 구조와 당직

---

67) 한철용, 『진실은 하나』(서울: 팔복원, 2010), pp. 81-91.

요원의 능력으로 다양한 상황을 관리할 수 있느냐는 것이다. 비록 상황반장이 해군이 아니라 해도 육·해·공 합동작전을 수행할 기본지식은 제대로 갖춰야 한다. 그러지 못하면 합참은 제 기능을 발휘할 수 없다. …… 합참은 지금까지 많은 자체 위기관리 훈련을 했겠지만, 실전과 같은 훈련을 해야 하며 합동작전을 관리할 수 있는 유능하고 책임 있는 장교를 배치해야 한다."[68]

천안함이 침몰하고 인양하는 과정에서 TV 보도를 보면서 의아했던 점은 바다에서 사고가 발생했는데, 바다에 대해 알지도 못하는 육군이 언론, 청와대, 국회에 나가 브리핑을 했다. '함정근무경력도 없고 해군 무기체계를 직접 운영해본 경험이 거의 없는 군인들이 해상작전 상황을 바르게 인지하고 해군작전을 바르게 지휘할 수 있었는가?' 하는 의문이었다. 당시 남북 간에 충돌이 가장 많았던 장소가 NLL이었다. 바다에서 상황이 발생했을 때 언제나 합참의 지휘능력 부재와 비효율성이 문제가 되었다. 천안함 피격사건에서도 동일했다. 외형적인 면은 합동성이지만, 합참의 내면적 측면은 육군 중심의 조직이었다. 따라서 해상상황에 대해서는 준비가 되어 있지 못했다.

둘째, 반복되는 징후정보에 대한 둔감성이다. 연평해전에 이어 또다시 한국군은 정보 분석을 소홀히 했고, 그 결과 작전지휘에 실패했다. 천안함 침몰을 전후한 3월 23일부터 27일까지 닷새간 23일 6회, 24일 3회, 26일 1회 등 북측 비파곶에서 북 잠수정의 기동이 있었다. 2척 가운데 1척은 통신상 비파곶 인근에 있었던 것으로 확인됐으나 다

---

68) 윤연, "권한을 행사하지 못하는 지휘관은 지휘관 자격이 없다", 『월간조선』, 31권 6호, 통권 363호, 2010년 6월호, pp. 84-101.

른 1척의 행방은 알 수 없었다는 내용이 국회에서 공개됐다.[69]

육군 중심으로 구성된 합참의 해상과 관련된 정보에 대한 반응의 경직성이 또 한 번 바다에서 위기를 자초한 것이다. 전 해군참모총장 김성만은 "합참은 북 잠수정 2척이 지원모선과 함께 3월 23일 비파곶 기지를 이탈한 것을 알고 있었다. 한미 정보당국은 하루 2, 3회 위성사진을 촬영해 북한 잠수함기지를 분석하고 있었다. 그리고 북 잠수함정이 서해에서 3월 초에 해상훈련을 한 것도 알고 있었다"[70]고 주장했다. 그러나 우리 군은 어떠한 사건의 전초적 징후로 보지 않았다. 이를 평시 해상활동으로 판단했고, 아무런 대비를 하지 않았다.

김종대는 이러한 원인에 대해 첫째, 지난 20년 동안 유지돼오던 합참 정보본부 기능이 국방부와 합참으로 이원화됐고, 합참 작전부서 주요 직위자들이 대대적으로 물갈이됐으며, 둘째 전 국방부 장관의 무리한 인력관리로 인해 군의 핵심 기능이 흔들리면서 정보·작전 태세에 있어 북한 잠수함에 대한 특이정보가 있었음에도 이를 무시하는 사태로 연계되었다고 지적했다.[71]

셋째, 의사결정능력과 지휘능력의 부재다. 천안함 사태를 통해 의사결정능력에서 또다시 합참의 후진성이 드러났다. 작전의 실행은 지휘관의 결심에 의해 진행된다. 그러나 합참은 의사결정체계의 유연성이 사라진 구조였다. 작전은 결심인데, 보고받는 사람과 묻는 사람이 많았다. 그러나 정작 결심할, 그리고 결심한 사람이 없었다.[72]

---

69) "군, 군사기밀 노출 대응책 마련 착수", 『연합뉴스』, 2010년 4월 19일.

70) 김성만, 『천안함과 연평도』(서울: 상지피앤아이, 2011), p. 227.

71) 김종대, "[포커스] '술 취한 군대' 위기관리 '이상 유'", 『주간경향』, 1213호, 2017년 2월 14일.

72) 위의 책, p. 168.

합참과 해군 간의 지휘구조 이원화 문제도 드러났다. 사건이 발생하자 군정권을 갖고 작전을 지원하는 해군참모총장이 현장에서 작전을 지휘했다. 결정적인 보고체계의 문제점은 천안함 함미를 인양하는 과정에서 발생했다. 수면 위까지 인양된 선체를 더 안전한 해역으로 옮기는 과정에서 합참의장의 지시를 받지 않고 해군참모총장의 지시에 따라 이동시켰다는 것을 문제 삼았다.[73]

당시 해군참모총장은 해군작전에 가장 권위가 있는 합동참모회의 구성원이었다. 따라서 해군참모총장은 국군통수권자인 대통령과 국방 분야 정부부처의 최고 의사결정권자인 국방부 장관을 보좌하여 조언하는 역할과 대국민 브리핑에 전념했어야 했다. 또한 언론 브리핑을 담당했던 이모 해군준장은 정보작전처장으로 작전운용의 지휘계선도 아니었다. 모두 육군으로 구성되어 있던 합참의 지휘계선은 해군 사건을 상부지휘부에 이해시키는 데 한계가 있었다.

또한 2010년 4월 16일 국방부는 언론 브리핑을 실시했는데 언론 앞에 자리한 사람들은 국방부 장관, 합참의장, 전력본부장, 국방부 대변인 등 모두 육군 출신들이었다. 그리고 5월 20일 민군합동조사단의 천안함 침몰사건 조사결과 발표는 공군과 육군 장군들이 사전 준비된 시나리오를 암기하여 반복하는 수준으로 이뤄졌다.[74]

해상에서 일어난 사건일 경우, 국방부 장관은 옆에 있는 합참의 참모들로부터 깊이 있는 조언을 받아야 했음에도 그러지 못했으며, 현장지휘를 직접 시행하기에는 준비된 능력이 매우 부족했다. 게다가 합참의 작전지휘부는 '예고 없이 시작된 일'에 대해 적시에 적합하게 의

---

73) 위의 책, pp. 169-170.
74) 위의 책, pp. 170-171.

사결정을 할 능력이 부족했다.

지휘부가 제대로 위기상황에 대처하지 못하는 사이에 현장은 아수라장이 되었고 병사들의 목숨이 위태로워졌다. 이 모두가 육군 중심으로 편중된, 육군이 지배하는 합참 구조의 경직성에 기인했다고 판단된다. 천안함 이후에도 합참의 지휘부는 현장 상황에 적합하지 않은 부적절한 지휘를 남발했다. 한 해군 예비역 제독이 김종대에게 밝힌 내용이다.

"천안함 사건이 벌어지고 며칠 후 백령도 근방으로 중국 어선에 섞여 북한 경비정이 남하하기 시작했다. 합참의장은 해군에 실탄으로 격파할 것을 지시했다. 해군은 '중국 어선 격파는 작전예규에 맞지 않는다'며 저항했다. 이에 합참의장은 재차 사격을 지시했으나, 때마침 이 사실을 안 김태영 국방부 장관이 황급히 '쏘지 말라'고 진화하여 사태는 진정되었다. 만일 그때 사격이 벌어졌다면 천안함 위기는 더 큰 파국으로 치달았을 것이다. 이처럼 바다에서는 오직 해군만이 판단할 수 있는 일이 부지기수다."[75]

천안함 사건뿐만 아니라 여러 차례 해상작전에서 부적절한 지시와 간섭을 통해 해군을 위험에 빠뜨린 합참의 부적절한 지휘 사례는 이것 말고도 더 있었다.[76] 합참의 작전지휘부에 근무하는 해당 직위자들은 해상과 공중 그리고 지상에서 일어나는 일들에 대해 적절한 지시와 통제를 할 수 있는 역량이 있어야 한다. 그러나 육군 중심으로 구성된 합참의 작전부서는 이러한 역할을 적절하게 수행하지 못했다.

---

75) 김종대, "전문성이 희생당하는 이상한 국방개혁", 『시사저널』, 2011년 4월 4일. 출처: http://plug.hani.co.kr/dndfocus/7705(검색일자: 2016. 3. 12)

76) 김종대, "이길 수 없는 전투 도발하고 질 수 없는 도발에 당했다. 왜? 서해에 수장된 남북 교전의 진실", 『신동아』, 2013년 10월호, 649호, pp. 174-181.

넷째, 해상의 환경과 해군작전에 대한 인식과 지식 부족 등이다. 해군 장교들에게 '군함이 침몰된다'는 의미는 연평도 포격과 같이 국가의 영토가 공격받는다는 매우 막중한 성격으로, 우리 함정이 공격받았다는 의미는 영토침탈에 준해 대처해야 했다.

군함은 국가의 위엄을 상징하며, 평시 항만 방문 시에는 '예양(comity)'상의 예우를 받는다. 군함은 외국의 영해에서 불가침권과 치외법권을 향유하며, 영해국의 재판 관할로부터 면제된다. 또한 군함은 타국 영해 항해 시 '무해통행권(right of innocent passage)'과 불가침권을 가지고 있으므로 연안국 관리는 함장의 동의 없이는 함선 내에 들어갈 수 없다.[77]

그런데 서해에서 이러한 가치를 가지고 있는 군함이 자국 해역에서 원인을 파악할 수 없는 이유로 침몰한 것이다. 우리의 영토가 침몰한 것과 마찬가지였다. 군함이 침몰했다는 것은 그 이유가 밝혀지지 않았다 하더라도 북한이 비무장지대(DMZ: Demilitarized Zone)에서 아군의 초소에 미상의 물체로 공격한 상황 또는 그에 준하여 처리했어야 할 문제였다.

그러나 당시 윤종성 국방부 조사본부장의 말에 의하면 그 인식이 매우 느슨했음을 알 수 있다. 천안함이 침몰한 2010년 3월 26일 "다음날 김 장관께서 전비태세 검열실에 임무를 내렸다는 이야기를 듣고 '단순한 군사상황으로 접근하고 계시는구나' 하는 생각이 들었다"[78]고 말

---

77) 예양(comity)이라 함은 한 국가가 동등한 주권을 가진 타국의 입법적·행정적·사법적 행위를 존중하는 것을 말한다. 무해통행권: 선박이 타국의 영해를 그 나라의 평화·질서·안전을 해치지 않는 한 자유로이 통과할 수 있는 권리. 잠수함의 바다 속 통항은 포함되지 않음. 조기성, 『국제법』(서울: 이화여자대학교출판부, 2001), p. 143.
78) 윤종성, 『천안함 사건의 진실』(서울: 한국과 미국, 2011), p. 14.

했다.

육군 출신의 합참근무자가 해군의 문제에 대해 민첩하지 못한 까닭은 지상과 해상이라는 문화차이에 기인한다. 해군의 시스템은 군사정보를 전 제대가 동시에 공유하는 시스템이기 때문에 상황이 신속히 전파된다.

육군의 문화는 해군과는 달리 어떤 불확실한 사건이 발생했을 경우 상급자의 질문에 대비하여 명확한 사실관계를 파악한 후 보고해야 하며, 지휘계통을 무시하고 차상위 상관에게 직접 보고하는 것은 사실상 쉽지 않다. 더구나 육군의 최고 엘리트들로 구성된 군 기강이 강한 조직에서는 보고계통과 절차를 무시하거나 건너뛰는 것은 더욱 어렵다.

여기에 더하여 군함이 침몰한다는 것이 무엇을 의미하는지 이해가 둔감한 지휘체계에서 신속한 상황판단과 보고는 기대하기 어려웠다. 당시 지휘계통은 합참의장(육군대장) → 작전본부장(육군중장) → 작전부장(육군소장) → 작전처장(육군준장) → 작전과장(육군대령)으로, 대부분 육사 출신의 육군 장교들로 구성되어 있었다.

특정 군에 완전히 편중된 당시의 지휘구조는 합동성과 동떨어진 것이었다. 그나마 이 가운데 작전본부장만이 합참에서 작전처장과 연합사에서 작전차장을 역임한 유일한 작전계통이었다. 이외의 인사들은 합동작전에 특화되지 않은 육군본부 출신의 인사들이었다.[79]

당시 해군중령이 청와대에 사적으로 알린 것은 "지금 공식계통으로 보고되고 있으니 청와대도 곧 보고를 받게 될 것"이라고 알려주고 미리 준비하라고 한 것이다. 그러나 해군대령이 복귀하여 합참에 확인할 때까지 합참의 작전본부나 지휘통제실은 청와대에 아무런 보고도

---

79) 김종대, 『시크릿 파일 서해전쟁』, p. 193, p. 196.

하지 않았다. 합참의 육군 중심의 다단계 지휘계통의 보고는 신속하지 못했다.

설상가상으로 당시 합참의장은 KTX로 이동 중에 있었으며, 계룡대에서의 숙취로 인해 전화를 받을 수 없는 상태였다. 합참의장이 서울에 도착했을 때는 이미 천안함 사태로 발칵 뒤집혀 있었다. 그런 긴박한 순간에 합참의장은 지휘통제실로 가지 않고 의장실로 들어가 취침했다. 합참의장이 지휘통제실에 나타난 것은 그 이튿날인 3월 27일 새벽 5시쯤이었다.[80]

이에 더하여, 위급한 순간에 합참의 지휘 시스템은 또다시 부적합한 지시를 내렸다. 합참이 해군의 고속정을 천안함에 신속하게 접근하도록 독촉한 것이다. 이는 함정의 특성을 이해하지 못한 것으로, 오히려 상황을 악화시키는 잘못된 지시였다.[81]

당시의 관계자는 초동 단계에서 부적합한 지시를 여러 번 반복했다고 증언했다. 그리고 공군 전투기 편대가 백령도 수역으로 출동한 시각도 사건 발생 1시간 14분이 지난 밤 10시 36분이었다. 긴박한 상황에서 각 군의 가용전력을 체계적으로 통제하지 못한 것은 합동성 운용능력이 부재함을 보여준 것이다.[82]

당시 합참 직위자들은 누가 사격통제를 하는지조차 몰랐다. 실전과 다름없는 합동작전 상황을 처음 접했고, 이와 관련된 용어의 사용도 미숙했다. 무엇보다 백령도 일원의 군사정세를 정확히 이해하고 비상사태에서 각 군이 갖고 있는 특성과 장점을 통합하여 현장 상황에 적합

---

80) 위의 책, pp. 193-194; 김종대, "[포커스] '술 취한 군대' 위기관리 '이상 유'", 『주간경향』, 1213호, 2017년 2월 14일.

81) 김종대, 『시크릿 파일 서해전쟁』, p. 197.

82) 위의 책, pp. 194-195.

하게 각 군 전력을 운영해야 했다.

그러나 실제로 수행하지 못한 작전 실행력의 결여는 매우 심각한 것이었다. 이는 합참의 지휘부가 각 군의 특성과 작전절차의 숙지와 상황에 맞게 사용할 수 있는 역량이 미흡했기 때문이다.

합참이 육군 중심으로 편중된 인사는 육군만의 이해관계를 대변한 조직정치의 결과와 다름없었다. 천안함 폭침 당시 합참의 작전본부는 그 기능을 다하지 못했다. 국방부와 합참, 민군합조단은 문제의 근원에 대해 "부적절한 인사에서 비롯되었다"고 단호하게 말했다. 합참은 '제2의 육군본부'로서 사실상 육군본부의 핵심세력으로, 주로 총장 부관이나 비서실장 출신이 장악한 패권적 운영 형태를 보여주는 것이나 다를 바 없었다.[83]

훗날 국방개혁 문제로 나라가 시끄러워졌을 때 천안함 사건 직후의 부실한 대응이 누구 책임이냐는 논란이 벌어지자 육군 출신인 조영길 전 국방부 장관은 이한호 공군참모총장에게 이렇게 말했다. "천안함 당시 합참의장은 합참이 뭘 하는 기관인지도 모르는 사람이었다는 점에서 무면허 운전자였고 당일 만취한 음주 운전까지 했다."[84]

합참의 근무자에게 가장 먼저 요구되는 것은 육·해·공군을 아우를 수 있는 전문성이 필수다. 한 개인이 부족하다면, 합참은 3군의 시각과 전문성을 바탕으로 문제를 다양한 시각에서 바라볼 수 있는 육·해·공군으로 구성된 팀제 형태의 작전부서로 구성하고, 상호 협조하도록 하여 서로가 부족한 부분은 협력하도록 해야 한다.

육군 중심으로 획일화된 합참은 전문성에 기반을 두고 적합한 의

---

83) 위의 책, p. 199.

84) 위의 책, p. 244.

사결정을 내릴 수 있는 유연성을 상실한 상태였다. 합참은 이러한 전문성을 바탕으로 한 운영성 향상이 시급한 과제였다. 그러나 이런 내용은 개혁안에서 누락되었고, 그 대응책으로 진행한 국방개혁 307은 각 군에 대한 통제와 지배력을 더욱 강화하는 '조직의 구조화 논리'로 접근한 것이었다.

2. 연평도 포격

북한의 연평도 포격은 2010년 11월 23일(화)에 발생했는데, 1차 사격은 오후 2시 34분부터 46분까지 12분간 이어졌다. 1차 사격에는 150여 발 정도가 발사된 것으로 추정됐다. 그중에서 90여 발은 바다에 떨어졌다.

북한군 사격 시 피신했던 자주포대원들은 북한 사격이 끝난 1분 뒤인 2시 47분부터 고장 난 1, 3, 4번포를 제외한 세 문의 자주포를 무도 쪽으로 돌려 3시 15분까지 38분 동안 50발을 퍼부었다. 그때 연평부대는 까막눈 상태였다. 적이 어디에서 포를 쐈는지 모르고 대응사격에 들어갔다.[85] 한국군은 북한의 해안포 공격에 대해 포를 발사한 북한군 진지를 향해 K-9 자주포 80여 발을 발사하며 대응, 1시간가량 남북 간 교전이 벌어졌다.

합참에 따르면 북한군이 황해도 강령군 개머리 및 무도 기지에서

---

85) 이정훈, 『연평도 통일론』(서울: 글마당, 2013), pp. 38-39.

이날 오후 2시 34분부터 2시 55분까지, 오후 3시 10분부터 3시 41분까지 해안포와 곡사포 수십 발을 연평도로 발사해 이들 포탄 중 상당수가 연평도 부대에 떨어졌고 일부는 주민이 거주하는 마을로 떨어졌다.

북한은 두 차례에 걸쳐 총 170여 발의 해안포와 곡사포, 그리고 122㎜ 방사포 공격을 퍼부었다. 황해도 강령군 무도 및 개머리 진지에서 발사된 적의 포탄은 90여 발이 해상에, 나머지 80여 발이 육상에 떨어졌다.

이날 북한의 포격으로 해병대 연평부대 소속 장병 2명이 숨졌고, 16명의 장병이 중경상을 입었다. 민간인 2명이 죽었고, 연평도 주민 4명도 부상을 당했다. 그리고 크고 작은 시설이 파괴되었다.[86]

그러나 천안함 때의 정보를 소홀하게 다룬 과오를 다시 반복했고, 그 후속조치도 만족스럽지 못했다. 2010년 3월 천안함 폭침사건 때, 한미연합사는 합참에 북의 비대칭 도발 가능성을 경고했으나 전혀 대비하지 못했다.

같은 해 10월의 연평도 포격사건 때도 도발 징후가 있었다. 사건 전날 북의 경고 메시지가 날아들었다. 사건 당일 오전에 합참 정보본부는 "적의 화력도발에 대비 필요"를 강조하는 첩보를 작전본부로 전달했다. 그런데도 연평도의 우리 해병대는 이에 대비하지 못한 채 북으로부터 대규모 지상포 공격을 받았다.[87]

1953년 7월 휴전협정 이래 민간을 상대로 한 대규모 군사 공격은 이번이 처음이었으며, 김정은은 연평도 포격을 자신의 입지를 강화하는 데 이용했다.[88] 이명박 대통령은 이날 합참을 방문해 "아직도 북한

---

86) 김성만, 『천안함과 연평도』, pp. 228-229.

87) 김종대, "이길 수 없는 전투 도발하고 질 수 없는 도발에 당했다", pp. 174-181.

88) 이주천, 『천안함-연평도 도발과 김정일의 최후』(서울: 뉴라이트출판사, 2012), pp. 224-

이 공격 태세를 갖추고 있음을 볼 때 추가 도발도 예상되므로 몇 배의 화력으로 응징한다는 생각을 가져야 한다면서 다시는 도발을 생각하지 못할 정도로 막대한 응징을 해야 한다"[89]고 말했다.

그러나 또다시 징후정보에 대해 합참은 둔감했다. 합참 정보본부 산하의 정보참모부는 "접적 해역 일대에 북의 화력도발 가능성"을 경고하는 긴급 '수시 첩보'를 작성하여 국방부 장관 및 합참을 비롯한 청와대, 국정원 등 20여 개의 부서에 정보를 배포했다. 그러나 이 첩보보고에 대해 작전본부장을 비롯한 작전본부는 "북이 해안포를 쏘면 바다에 쏘기밖에 더 하겠냐?"는 반응으로 무시했다.[90]

연평도 포격에서 합참의 의사결정능력의 문제점이 또다시 드러났다. 서해5도 사태는 합참이 직접 지휘하기로 했는데, 합참은 연평도 포격이 진행되는 순간에 어떤 지시도 내리지 않았다. 연평부대장은 자의적으로 판단해 무도를 향해 포격 가능한 K-9 세 문을 발사하도록 했다.

접전지역에서의 적군을 향한 포 사격은 예민한 일이어서 합참의 승인을 받아야 한다. 연평도 상황은 합참도 주목했고, 당시 연평부대와 합참은 화상으로 연결돼 있었다.[91]

또한 연평도 포격 당시 청와대와 의사결정권자들은 "왜 우리 군이 연평도에서 사격을 했는가?"라며 주로 우리 측 사격 연습을 한 원인을 따지느라 시간을 허비하고 있었다.

훗날 퇴임 직전에 이 대통령은 자신이 전투기를 비롯한 추가전력으로 단호하게 대응하려 했으나 "군이 반대해서" 못했다고 그 책임을

227.

89) 유용원, "대한민국이 공격당했다", 『조선일보』, 2010년 11월 24일, 종합 A1면.

90) 김종대, 『시크릿 파일 서해전쟁』, p. 292.

91) 이정훈, 『연평도 통일론』, pp. 44-45.

제4장 한국군의 합동성과 조직정치 283

군에 전가하는 발언을 했다.[92]

또한 그의 회고록에도 "이번 도발은 대한민국의 영토를 포격한 것입니다. 특히 민간인에게 무차별 공격을 했다는 점에서 중요합니다. 북한이 추가 도발을 해올 경우 우리 군은 육·해·공군 모두를 이용해서 몇 배의 화력으로 응징하세요. 나는 다시 한 번 확고한 대응을 강조했습니다"[93]고 기술되어 있다.

그러나 군은 이 대통령의 이러한 발언과 회고록에 기술된 내용에 대해 매우 의아하다는 반응을 보였다. 상식적으로 대통령의 지시를 군이 묵살하기가 어렵기 때문이다. 오히려 연평도 포격도발 초기에 청와대 고위 인사의 "확전 자제 발언"[94]으로 대응 수위를 낮췄다는 것이 일반적 시각이다.

2010년 11월 23일 당일에도 이명박 대통령의 '확전 자제 발언'은 청와대의 말 바꾸기로 거짓말 논란을 불러일으켰다. 이 대통령은 처음 포격 사실을 오후 2시 40분경에 보고받았고, 즉시 집무실에서 청와대 지하 벙커에 마련된 국가위기관리센터 상황실로 자리를 옮겼다. 그리고 수석비서관들을 긴급 소집하고 한민구 합참의장과의 화상회의를 통해 상황을 직접 지휘했다. 오후 3시 50분쯤 청와대 홍보수석을 통한 이 대통령의 첫 지시는 "확전되지 않도록 관리를 잘하라"는 것이었다. 이 발언은 4시 30분에 "단호히 대응하되, 상황이 악화되지 않도록 만전을 기하라"는 것으로 고쳐졌다. 홍 수석은 18시경 공식 정부성명을

---

92) 최현묵, "임기 중 가장 가슴 아팠던 건 천안함 폭침… 北 연평도 도발 땐, 공군 됐다 뭐하냐고 했다",『조선일보』, [이명박 대통령 인터뷰], 2013년 2월 5일, 종합 A6면.

93) 이명박,『대통령의 시간』(서울: RHK, 2015), p. 359.

94) 박병진, "'연평도 포격 도발' 소극 대응, MB 지시였나 美서 막았나",『세계일보』, 2014년 6월 3일, 8면.

발표한 후 기자들의 질문을 받는 자리에서 "확전 자제 같은 지시는 처음부터 없었다. 와전된 것이다"라고 밝혔다. 기자들의 계속된 질문에도 "'확전 자제'라는 말은 한 번도 없었다"고 거듭 강조했다.[95]

제18대 국회 제294회 제5차 국방위원회에서 한나라당 유승민 의원이 "국군통수권자는 대통령입니다. 국군통수권자인 대통령의 최초 지시가 뭐였습니까? …… 초기에 국군통수권자가 확전되는 걸 두려워하니까 우리가 이렇게밖에 대응 사격을 못한 거 아닙니까? 장관, 어떻게 생각하세요?"[96]라고 질문했다.

이에 대해 김태영 국방부 장관은 "가령 천안함 사건 같은 경우에 대통령께서 첫날 '예단하지 말고 모든 걸 열어놓고 보라'고 한 것은 첫날에 하신 말씀이시고……"[97]라고 말했다. 청와대 브리핑 내용과 장관의 증언이 서로 달랐다. 이 때문에 청와대의 거짓말 논쟁이 불거졌다.

연평도 포격 대응이 2014년 6월 3일 다시 도마에 올랐다. 한민구 전 합참의장이 국방부 장관에 내정되면서 2010년 11월 23일 발생한 연평도 포격도발 사건 당시 군의 소극적 대응을 문제 삼았다. 한민구 국방부 장관 후보자가 당시 군령권(軍令權)을 지닌 합참의장으로서 각 군의 작전부대를 지휘·감독했다는 이유에서였다.

당시 한국군의 대응은 '적이 한 발 쏘면 한 발로 대응한다'는 유엔사 교전규칙에 따라 사격했다. 그러나 한국전쟁 이후 우리 영토가 공격당하는 상황에서 '한 발에 한 발 대응'이 말이 되느냐는 비판이었다.[98]

---

95) 권대열, "이 대통령·정부 대응", 『조선일보』, 2010년 11월 24일, 종합 A5면.

96) 국회사무처, "북 연평도 화력 도발관련 보고", 『국방위원회회의록』, 제294회-국방 제5차 (2010년 11월 24일)

97) 위의 글.

98) 박병진, 위의 글.

연평도 포격도발에 대한 '단호한 대응'은 현장 지휘관의 문제가 아니라 한국의 전쟁 지도부, 즉 청와대와 국방부·합참 같은 전략단위에서 이뤄질 일이었다.[99] 현장 지휘관은 명령에 따라 현장에서 가용한 전력을 최대로 활용하여 효과 중심으로 싸우면 되었다.

천안함 피격, 연평도 포격의 연이은 안보위기로 육·해·공군이 자군의 이익을 확산시킬 기회가 만들어졌다. 각 군은 이 위기를 자군의 성장과 이익을 위해 치열한 경쟁을 했다. 각 군은 조직과 예산을 확장하는 명분으로 안보위기를 자군의 이익을 위해 활용했다. 육군은 산악여단과 국방어학원을 창설하는 명분으로 삼았다. 해군은 잠수함사령부, 해병대는 서북도서방어사령부, 공군은 전투정보단을 창설하는 명분으로 활용했다. 육군은 한 발 더 나아가 숙원인 통합군 방향으로 가기 위해 군 상부구조 개혁을 명분으로 내세웠다.

---

99) 김종대, 『시크릿 파일 서해전쟁』, p. 301.

제3절
국방개혁 2020과 국방개혁 307 및 그 이후

1. 국방개혁 2020

2005년 9월 13일 발표된 '국방개혁 2020' 안의 핵심은 병력구조 개편, 즉 육군병력 감축과 현대화에 있었다.[100] 핵심목표는 '국민과 함께하는 선진정예강군 육성'이었다. 국방개혁 2020은 2005년 9월 1일 노무현 대통령에게 보고하고 공개했다. 국방개혁 2020의 특징은 전력의 기본 틀을 육군 병력 위주의 양적 구조로 합동전력 발휘를 위해 육·해·공군의 균형을 이루면서 현대전 양상과 안보환경 변화에 대응하기 위함이었다.[101]

국방개혁 2020의 주요 내용은 "군은 첨단전력을 증강하고 질적으

---

100) 김동한, 『국방개혁의 역사와 교훈』, p. 128.

101) 대통령자문 정책기획위원회, 『국방개혁 2020: 선진정예강군 육성을 위한 국방개혁 추진』, 참여정부 정책보고서 2-46(서울: 대통령자문 정책기획위원회, 2008), pp. 17-18.

로 정예화하여 과학기술군으로 발전하면서 2005년 68만여 명의 상비병력을 2020년까지 50만 명 수준으로 정비"하고자 했다. 육군은 54만 8,000명에서 37만 1,000명으로 17만여 명을 단계적으로 감축하되 기동과 타격력을 보강하여 전력의 공백을 방지하고, 생존성 및 정밀도를 향상시켜 공세기동전 수행이 가능한 작전적·전술적 유연성을 보유한 구조로 개편하고자 했다.

부대구조의 가장 큰 특징은 1군과 3군을 통·폐합하여 지상군작전사령부를 창설하고, 유도탄사령부를 신설하는 것이었다. 육군의 군단 및 사단의 경우 감시 및 기동이 실시간에 이뤄지고 독자적 전투근무지원 기능의 편성으로 작전 영역이 현재보다 약 4~7배로 확장되는 등 그 능력을 향상시키고자 했다.[102] 해군은 6만 8,000명에서 6만 4,000명으로, 공군은 6만 5,000명 수준을 그대로 유지하기로 했다.[103]

이 연구에서 주목한 것은 육군 군단 및 사단의 작전 영역 확대다. 미래의 군단 작전지역은 현 군단의 작전 영역인 폭 30㎞×종심 70㎞에서 폭 100㎞×종심 150㎞로 확대되며, 사단의 경우에는 폭 15㎞×종심 30㎞에서 미래의 사단 작전지역을 폭 30㎞×종심 60㎞로 확장시킨 것이다. 이를 위한 육군의 핵심 취득자산으로 UAV, 차기전차, 한국형 헬기가 포함되어 있다.[104]

부대 구조면에서 합참과 국직·합동부대의 3군 간 균형편성이 미흡하여 합리적인 의사결정을 위한 여건이 불비한 실정으로 진단하고,

---

102) 현재의 3개 군사령부, 10개 군단, 47개 사단, 3개 기능사령부 체제에서 2개의 작전사령부, 6개의 20여 개 사단, 그리고 4개의 기능사령부체제로 개편 추진. 위의 책, pp. 100-101.

103) 해군 및 해병대사의 부대구조 변화는 다음을 참조할 것. 위의 책, pp. 101-104.

104) 위의 책, pp. 104-106.

국직·합동부대는 육·해·공군의 인력을 균형적으로 편성하고 순환보직을 통해 합동성 및 통합전력이 극대화될 수 있도록 하고자 했다.[105]

국방개혁 2020의 법제화는 국방개혁 2020이 확정된 이후 2005년 10월 12일부터 21일까지 정부 유관부처의 의견수렴과 10월 24일 당정협의를 거쳐 10월 25일부터 11월 14일까지 입법예고했다. 이후 2005년 11월 30일 대통령의 재가를 얻어 12월 2일 '국방개혁 기본법안'(의안번호 3513)을 국회에 제출했다. 이로써 국방개혁에 대한 대통령과 국방부의 최종 구상이 법적 구속성을 가지고 중·장기적으로 추진될 수 있게 되었다.[106]

국방개혁 2020에 대해 육군의 반발이 가장 심했는데, 육군은 북한이 100여만 명에 육박하는 막대한 병력을 보유하고 있는데 한국 육군만 일방적으로 병력감축 위주의 군 구조 개편을 하여 전력이 약화되는 것을 매우 우려했다. 그러나 해군과 공군은 지나치게 육군 위주로 되어 있던 군과 전력구조가 더 과감하게 개선될 필요성을 지적했다.[107]

국방개혁 2020이 국회 국방위원회에 상정되었을 때, 2006년 2월 16일 심의과정에서 열린우리당 조성태, 황진하 의원을 비롯해 한나라당 소속 의원들이 반대했고, 여당소속 의원들은 찬성하는 구조가 1년여에 걸쳐 진행되었다.[108] 반대 의견의 공통된 입장은 육군병력 감축에 대한 우려였다.

국방개혁 2020 발표 직후 다양한 비판이 제기됐다. 야당과 언론,

---

105) 위의 책.

106) 김동한, 『국방개혁의 역사와 교훈』, pp. 132-134.

107) 위의 책, pp. 134-136.

108) 국회심의과정에서 자세한 세부내용은 김동한의 자료를 참고할 것. 위의 책, pp. 134-170; 김동화, "군사혁신을 위한 국방정책 2020 추진의 영향요인분석", p. 82.

시민단체에서 각각 다른 입장의 비판자료를 내놓았다. 초점은 '50만'이라는 숫자의 적정성 여부였다. 한나라당과 보수언론은 "남북관계의 전망이 불투명한 상황에서 일방적인 감군은 위험하다"는 견해를 밝혔고, 시민단체에서는 "남북 상호 군축 등을 고려해 30~35만 명 수준의 더욱 과감한 감군이 필요하다"고 주장했다.

국방개혁 2020에 대한 비판의 핵심은 '충분히 새롭지 못하다'는 것이었다. 1990년대 초반에 추진된 818계획이나 김대중 정부 시절의 군 구조 개편안이 거의 그대로 통합된 것일 뿐 줄기차게 '국방개혁'을 강조해온 것에 비해 노무현 정부 나름의 전향적인 아이디어가 보이지 않는다는 것이었다.[109] 박휘락은 "국방개혁이 정치적 의제에 치중했으며, 군 수뇌부의 의지와 기세를 상실했고, 공감대와 전문성이 미흡하며, 구조 및 편성 변화 위주의 개혁을 추진했고, 예산 등의 현실적 요소를 고려하는 것이 미흡했다"[110]고 지적했다. 이근욱은 "국방개혁은 필요한 작업이지만, 변화를 정당화함과 동시에 변화과정에서 필요한 사항을 논의하는 데 있어서 정치적 변수를 무시하고 있으며, 정치적 제약에 지나치게 종속되어 있다"[111]고 지적하고 있다.

한편으로 국방개혁 2020에 대해 실속은 육군이 챙겼다는 입장이 있다. 권영근이 참여정부 당시 방위사업청장을 역임한 이선희 장군을 인터뷰했을 때, "국방개혁 2020의 핵심은 전력증강, 621조에 달하는 예산사용이었다"고 말했다. 임춘택 전 청와대 행정관은 "국방개혁

109) 황일도, "'국방개혁 2020'을 비판한다: '큰 그림' 없이 모아놓은 각론, 각 군 이해관계에 상처투성이", 『신동아』, 48권 11호, 통권 554호, 2005, pp. 184-192; 김동한, 앞의 책, pp. 170-184.

110) 박휘락, 『자주국방의 조건: 이론과 과제 분석』, pp. 353-356.

111) 이근욱, "한국 국방개혁 2020의 문제점: 미래에 대한 전망과 안보." 『신아세아』, 제15권 4호, 2008, pp. 110-111.

2020의 양적 구조를 정보지식 중심의 기술집약형 구조로 전환하는 것이다. …… 육군부대 개편이 대부분을 차지하고 있다. 국방개혁의 핵심이 지상전력을 기술집약형 구조로 전환시키고 있기 때문이다"라고 말했다. 권영근은 두 사람의 말을 인용하여 가장 큰 수혜자가 육군이었다고 주장했다.[112]

국방개혁 2020에 대한 찬반 양론의 입장은 병력감축을 중심으로 행정부(대통령, 국방부), 열린우리당, 진보성향 언론, NGO, 학계 등은 찬성했으며, 한나라당, 보수성향 언론, NGO, 학계 등은 반대의 입장에 있었다.[113]

2. 국방개혁 307 및 그 이후

국방개혁 307은 2013년 3월 발생한 천안함 피격 사건과 11월의 연평도 포격도발을 계기로 이명박 정부에서 강력하게 추진했던 군 상부 지휘구조개혁이다. 국방개혁 307은 2011년 3월 7일 국방부가 2030년까지의 군 개혁계획을 이명박 대통령에게 보고하여 재가를 받았고, 보고 날짜에서 명명된 이름이다. 이후 '11 – '30으로 명칭이 변경되었다.[114]

개혁안은 18대 국회에 상정되었으나 18대 국회 임기 종료에 따라

---

112) 권영근, 『한국군 국방개혁의 변화와 지속』, p. 304.

113) 김동한, 『국방개혁의 역사와 교훈』, p. 190.

114) 이성만 · 이용재 · 이정석, 『국가안보의 이론과 실제』(서울: 오름, 2013), p. 374.

자동 폐기되었고, 19대 국회에 다시 상정되었지만 '여당 대 야당', '현역 대 해·공군 예비역' 등의 대립구도 속에서 합의도출에 실패하여 폐기되었다.[115]

국방개혁 307의 추진배경은 첫째 전작권 전환 이후 신연합방위체제에 대비한 전투임무 중심 조직으로 변화가 필요하며, 둘째 군사력의 통합효과를 극대화하기 위한 합동성을 강화하며, 셋째 각 군 본부를 중심으로 군령과 군정을 통합하여 군 운영의 효율성을 제고하는 것이었다.[116]

상부 지휘구조 개편의 목표는 합동성을 갖춘 전투임무 위주의 일사불란한 지휘체계를 구축하는 것이었다. 이를 위해 각 군 총장에게 작전지휘권을 부여하여 각 군 고유 영역에 대한 군사작전을 주도하게 하며, 합참의장은 전구작전의 지휘와 연합작전에 주된 노력을 집중할 수 있도록 한다.

〈그림 4-1〉과 같이 합참의장은 각 군 총장을 작전지휘하여 육·해·공군 작전을 통합하고 미군과의 연합작전에 노력을 집중하는 가운데 각 군 총장은 합참의장의 지침에 따라 예하 전투부대를 지휘하여 각 군 작전을 책임지게 된다. 군정권한은 현재와 같이 각 군 총장이 그대로 행사한다.

합참의장은 전시 작전지휘기능을 인수하여 전·평시 모든 작전을 지휘통제하고, 합참의장의 역할에 집중하여 전시 전구 사령관 및 연합작전을 주도하는 사령관 역할까지 수행한다. 또한 합참의장이 다양한 역할을 효율적으로 수행할 수 있도록 합참은 2인의 차장을 편성하여

---

115) 김동한, 앞의 책, p. 196.

116) 국방부, 『정예화된 선진강군』, 정책자료집-국방(2008.2~2013.2)[서울: 국방부, 2013], p. 184.

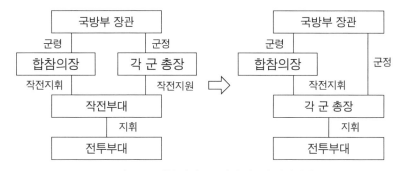

〈그림 4-1〉 상부 지휘구조 개편 전후의 지휘체계

출처: 국방부, 『정예화된 선진강군』, p. 185.

합참 1차장에게 전구작전지휘를 보좌하도록 하고, 합참 2차장에게는 작전지휘를 제외한 군령 기능을 보좌하도록 편성했다.

각 군 총장은 작전지휘 기능을 부여받아 작전지휘계선에 포함되었다. 이를 위해 각 군 본부와 작전사령부를 통합하면 현재 작전사령부에 구축되어 있는 지휘조직, 시설, C4I 등을 그대로 활용하는 가운데 각 군 본부에서 작전지휘가 가능하게 되며, 일부 중복기능은 통합됨으로써 상부 인력을 절감하고 절감된 인력을 하부조직으로 전환하고자 했다. 또한 각 군 총장을 보좌하기 위해 2명의 참모차장을 편성하도록 했다.[117]

국방부는 2014년 3월 6일 '국방개혁 기본계획(2014-2030)'을 발표했다. 이 계획에는 한미동맹의 발전과 남북 군사관계 변화추이 등 국내외 안보정세와 국방환경의 변화요소, 지금까지의 국방개혁 추진실적을 분석·평가하여 반영했고, 박근혜 정부의 '국가안보전략지침'을 구현하고 국방분야 국정과제 추진 방향을 제시하고 있다. 주요 내용은 첫

---

117) 위의 책, pp. 185-186.

째 상비병력을 2022년까지 52만 2,000명으로 점진적으로 감축하고, 둘째 미래 한반도 작전환경 대비 합동성 강화를 극대화하며, 셋째 지상 군작전사령부를 창설하여 군단 중심의 작전수행체계를 조기 구축하고, 넷째 현재 및 잠재적 위협에 유효적절하게 대응 가능한 능력을 확보하는 것이었다.

지휘구조 개편은 합참개편에 중점을 두었는데 합참1차장이 군령 보좌를 맡아 군사력 건설, 군 구조 발전, 합동실험 기능을 수행하게 되며, 2차장은 작전지휘 보좌를 맡으면서 인사·정보·작전·군수·전략·지휘통신 기능을 수행한다. 이와 함께 합참 내에 미래사령부를 편성해 전시작전통제권 전환 시 연합지휘 역량을 강화하기로 했다.[118]

기본계획에서 주목할 점은 국방개혁 2020에서 거론된 군단 중심의 작전수행체계를 구축하려는 점이다. 전시 야전군사령부의 수행임무를 고려해 이를 해체하고 야전군사령부에서 수행하던 역할의 대부분을 미래 군단이 수행하도록 군단의 편성을 강화했다는 점이다.[119]

〈그림 4-2〉와 같이 미래 군단의 책임지역은 현재 지역군단의 책임지역인 폭 30㎞×종심 70㎞를 군단 및 사단해체, 통합에 따라 폭 60㎞×종심 120㎞로 확장했다.[120] 기본계획(2014)에서는 국방개혁

---

118) 김민욱, "국방부, 국방개혁 기본계획(2014~2030) 발표", 『국방과 기술』, 제422호, 2014, pp. 22-23.

119) 야전군사령부에서 수행하던 역할의 대부분을 미래 군단이 수행하도록 군단의 편성을 강화했다. 군단 참모부는 기존의 정보·작전기능 위주에서 인사·군수·교육·동원·화력·관리기능을 포함한 전 기능을 보강한다. 군단이 '소(小)야전군'이라 불리는 까닭이다. 박광수, "미래 군 구조 개혁에 따른 군단급부대 합동성 강화방안", 국방대학교 합동참모대학 연구논문, 2014, pp. 28-31.

120) 보병사단 또한 부대 수 감소 및 작전지역 확대에 따라 사단의 작전능력을 향상시켰다. 현재의 전방사단 작전능력이 폭 15㎞×종심 35㎞라면 미래 사단은 폭 30㎞(±)×종심 60㎞(±)로 책임지역이 확장된다. 남기선 편, "군단이 소(小)야전군 역할… 작전의 중심으로", 『국방일보』, 2014~2030 국방개혁 바로알기 〈3〉 부대구조 개편, 2014년 3월 28

※ 군단 책임지역을 폭 60km×종심 120km로 확장

〈그림 4-2〉 미래군단의 작전개념

출처: 『국방일보』, 2014년 3월 28일, 10면.

2020에서 추진한 폭 100km×종심 150km에서 군단작전영역이 폭 40km×종심 30km로 축소되었다.[121]

　군단이 확대된 작전지역에서 작전을 수행하기 위해서는 작전능력을 약 4배가량 확장시켜야 하기 때문에 이에 필요한 전력을 보강해야 할 필요성이 발생했다. 이에 따라 확장된 지역에서의 정보감시능력, 화력지원능력 등을 고려해 군단 차기무인항공기(UAV: Unmanned Aerial Vehicle), 전술정

일, 10면.

121) 국방개혁 2020 당시 영역은 "합참에서 100km×150km로 일방적으로 정한 것이다"라는 증언이 있다. 권영근, 『한국군 국방개혁의 변화와 지속』, p. 305.

보통신체계(TICN: Tactical Information Communication Network),[122] 합동·전술 C4I 체계, 차기 대포병탐지레이더, K-9, 차기 다연장로켓포, K-1 성능개량 전차, 한국형 기동헬기(KUH: Korean Utility Helicopter),[123] 소형 무장헬기(LAH: Light Armed Helicopter)[124] 등의 첨단전력을 보강할 필요성이 발생했다.

해상전력은 이지스함 추가확보와 차기구축함, 잠수함, 상륙기동 헬기 등을 전력화한다. 공중전력은 현재 추진 중인 차기전투기(F-X), 한국형 전투기(KF-X) 사업과 공중급유기 도입, 정밀유도무기 등을 추가 확보한다.

북한의 핵 및 탄도미사일 위협에 대비해서는 북한이 미사일 등을 발사하기 전에 우리 군이 이를 먼저 탐지해 선제타격하는 개념으로 운영하는 킬 체인(Kill Chain),[125] 한반도를 적국으로부터 보호하기 위한 미사일방어체계로 한반도의 지리적 특성을 고려한 지상 20㎞ 내외의 하층 방어체계인 한국형 미사일방어체계(KAMD: Korea Air and Missile Defense) 등 2020년대 초반까지 탐지·식별 – 결심 – 타격 능력을 확보할 계획이다.[126]

그러나 이 계획의 문제점은 육군 중심의 발상으로 전구 전체 차원에서 보면 공군의 종심공격지역과 중첩이 불가피해졌으며, 전력건설도

---

122) 와이브로와 마이크로웨이브 등의 기술을 이용해 군의 지휘통제 및 무기체계를 유·무선으로 연결하는 차세대 군용망 고도화 사업이다.

123) 한국형 헬기 사업(KHP: Korean Helicopter Program)에 의해 개발되었으며, 한국 명칭 수리온은 독수리의 '수리'와 100이라는 뜻의 순 우리말 '온'의 합성어다.

124) LAH의 근원인 한국형 경헬기(KLH)는 1988년 500MD가 생산 종료되면서 시작되었다. 최대이륙중량 6,000파운드급 해외기종을 선정, 약 130대를 라이선스로 생산하여 AH-1S 코브라용 정찰헬기로 사용하며 500MD도 대체할 목적이었다.

125) 적의 미사일을 실시간으로 탐지하고 공격으로 잇는 일련의 공격형 방위시스템이다. 탐지와 확인, 추적을 거쳐 조준과 교전, 평가 등 6단계로 이뤄진다.

126) 남기선 편, "군단이 소(小)야전군 역할… 작전의 중심으로",『국방일보』, 2014년 3월 28일, 10면.

공군의 능력과 중복될 소지가 다분히 존재한다. 합동성 강화와 국방자원 활용의 효율성 측면에서 좀 더 냉철한 검토가 필요하다고 판단된다.

국방개혁 307을 추진하는 과정에서 격렬한 찬반 논쟁이 일어났다. 그러나 매번 합동성 강화를 위한 논쟁이 국민의 눈에는 '전투력 극대화'를 위해 노력하는 것이 아니라 자군 이기주의에 빠져 자군의 이익을 위해 이전투구(泥田鬪狗)하는 것처럼 보였다.

2010년 12월 29일 상부 지휘구조 개편안이 대통령에게 보고된 후, 당시 지휘구조 개편에 대한 대다수의 언론은 부정적 시각이었다. 권영근은 당시 이명박 대통령의 입장은 통합군을 선호했는데, 대통령의 생각에 영향을 미친 주요 인사는 곽승준 미래기획위원회 위원장, 이종구 전 국방부 장관, 김종태 장군이라고 주장했다.[127]

상부 지휘구조 개편안이 "육군 중심의 군 운용을 더욱 심화시킬 것이라는 비판이 보수 및 진보 모두에서 제기되었다."[128] 이들의 주된 논조는 현재의 국방부와 합참의 주요 정책결정 직위를 육군이 독식하고 있으며, 신설되는 합동군사령부의 주요 직위와 사령관 역시 특정 군이 장악하게 될 것을 우려했다.

실제로 천안함 피격 이후 연평도 포격사건이 발생했을 때 이러한 염려는 현실로 나타났다. 합참은 천안함 피격사건 뒤 합참의 핵심 요직인 작전부장을 해군 장성으로 임명하고, 각 군의 전력을 효율적으로 활

---

127) 권영근은 "곽승준이 한국군의 합동성 강화 차원에서 통합군을 추구해야 한다는 내용의 60여 쪽의 보고서를 대통령에게 보고했고, 이종구 전 국방부 장관은 육군참모총장으로 재직하던 1988년 당시 통합군을 강력히 추진했을 뿐만 아니라 국방부 장관으로 재직할 당시 군제를 통합군으로 전환시키기 위해 육·해·공군 참모총장을 대동하고 노태우 대통령에게 통합군을 재차 건의한 바 있으며, 김종태 장군은 이명박 대통령이 주재한 국가안보 총괄점검회의에서 통합군을 주장한 바 있다"고 말했다. 권영근, 『한국군 국방개혁의 변화와 지속』, p. 403.

128) 김동한, 『국방개혁의 역사와 교훈』, p. 204.

용하기 위한 노력을 하는 듯했다. 그러나 합참은 연평도 포격 이후 해군 소장이 맡았던 작전부장을 5개월여 만에 "해군 출신은 합동작전에 밝지 않다"며 다시 육군 소장으로 환원했다. 합참은 2009년 조직개편 때, 작전본부장을 제외한 다른 두 본부장 자리는 해·공군 중장에게 맡기겠다는 원칙을 정했으나, 이를 무시하고 육군이 본부장 세 자리를 독차지했다.[129]

국방개혁 307에 대해 찬성하는 측의 주장을 나열하면 다음과 같다. 김태효는 이명박 정부의 국방개혁은 최적의 지휘체계와 전투역량을 확보하는 데 가장 부합하는 조치들을 구체화했다는 점에서 의의를 부여했다. 그의 입장은 박정희 정권에서부터 제기되어 40년 이상 제대로 추진되지 못했던 군 합동성의 구현 문제를 가장 본질적으로 접근한 국방개혁이었다고 평가했다.[130]

이동한은 1996년 9월 18일부터 11월 5일까지 49일간 계속된 강릉 무장공비 소탕작전에서 지휘계선에 육군참모총장이 포함되지 않았기 때문에 대침투 작전지휘를 하지 못한 것을 예를 들었다. 국방부가 추진한 국방 개혁안은 '윤용남 합참의장과 같은 문제의식[131]'의 출발선상에 있었다. 그는 각 군 참모총장이 합참의장의 지시를 받아 작전지휘권을 행사하도록 상부 지휘구조를 개편하고 육·해·공군의 합동성을 강화하는 것을 지지했다.[132]

---

129) 편집부, "3군 밥그릇 싸움과 육군의 과욕", 『동아일보』, 2011년 1월 7일, A31면.

130) 김태효, "국방개혁 307계획: 지향점과 도전요인", p. 368.

131) 당시 윤용남 합참의장은 이후 각 군 참모총장을 작전지휘계통에 포함하는 군 지휘구조 개편 작업에 착수했다. 개편안은 완성단계까지 진척됐으나, 1998년 김대중 정부가 들어서면서 윤용남 합참의장이 경질되는 바람에 빛을 보지 못했다.

132) 이동한, "무장공비 소탕작전 지휘 못한 육군참모총장", 『조선일보』, 2012년 3월 5일, 35면.

전 국방부 정책기획관 김국헌, 김동신 전 국방부 장관도 이동한과 마찬가지로 "상부 지휘구조의 개혁이 시급하며 3군 참모총장에게도 작전지휘권을 주어야 한다"는 입장을 취했다.[133]

유용원 조선일보 기자와의 인터뷰 내용을 살펴보면, 김관진 당시 국방부 장관은 "지금 군은 선수 뽑는 감독과 작전 짜는 감독 따로 있는 셈"이라며 지휘구조 개편 추진에 찬성했다.[134]

KIDA의 노훈은 2011년 책임연구한 과제 발표에서 각 군의 인사 체계를 포함한 각 군 조직의 완벽한 통폐합을 주장했다. 또한 노훈·신범철은 국방부가 추진하고 있는 통합군 중심의 상부지휘구조 개편이 헌법 원칙에 위배되지 않고 법적으로 하자가 없음을 주장했고,[135] 노훈·조관호는 "연합사 기능의 합참 이관 시 합참의장의 직무부담을 덜기 위해 작전지휘에 관한 주요 기능은 합동군사령부를 창설하는 방안을 제시했다."[136]

윤우주는 '합동군 사령관을 중심으로 군 작전을 통합하는 것'이

---

133) 김국헌, "'국방개혁 307계획', '軍 지휘구조 개편', 이것이 핵심이다: '훈련용 감독'(참모총장), '경기용 감독'(합참의장) 따로 두어야 하나?" 『월간조선』, 통권 제376호, 2011년 7월, pp. 240-259; 김동신, "20년 버텨온 상부 지휘구조 개혁 시급 3군 참모총장에 작전지휘권 줘야", 『시사』, 2186호, 2011년 12월 19일, 김동신 전 국방부 장관 인터뷰 기사

134) "지금처럼 군정·군령이 나뉘어 있으면 축구팀 감독이 두 명인 것과 마찬가지다. 감독 한 명은 선수를 선발하고 훈련시키는 일만 맡고, 또 다른 감독은 경기를 해서 싸워 이기는 일만 맡는다면 선수들이 헷갈려 축구팀 운영이 제대로 되겠는가? 지난해 천안함이 북의 공격으로 침몰한 게 아니라 (암초 등에) 좌초했더라면 현재의 지휘구조하에선 (사고 수습 및 조사 등의 책임이) 합참 소관이냐 해군본부 소관이냐가 애매해 논란이 일었을 것이다." 유용원, "지금 군은 선수 뽑는 감독과 작전 짜는 감독 따로 있는 셈", 『조선일보』, 2011년 5월 23일, 종합 A5면.

135) 신범철·노훈, "군사에 관한 헌법 원칙과 군 상부 지휘구조 개편", 『국방정책연구』, 제27권 제1호, 통권 제91호, 2011 봄호, pp. 55-79.

136) 노훈·조관호, "군 상부구조 개편: 동기와 구현방향", 『전략연구』, 제18권 제1호, 통권 제51호, 2011, p. 62.

군 상부구조에서 1인에게 권한이 집중되므로 위헌이라고 주장한다면 이 역시 위험한 주장이며, 각 군의 최고 계급과 경험이 있는 참모총장이 작전라인에서 빠진다는 것과 "각 군이 합참 중심으로 작전을 수행하기보다는 인사권을 행사하는 각 군 참모총장의 영향력을 고려하고 있다"고 지적했다.[137]

김열수는 상부 지휘구조가 근본적인 문제점을 가지고 있는 것으로 반드시 추진해야 할 과제로, 국방부가 제시한 상부지휘구조는 통합군제가 아니라 미래 안보환경을 고려하여 합동군제의 틀을 유지하는 개편이라고 주장했다.[138]

찬성하는 측은 대부분이 육군의 핵심보직을 거치면서 직간접적으로 국방개혁에 장시간 반복적으로 군의 조직구조에 관여해온 인물들이었다. 또한 관련 분야에서 국방부 또는 육군에 대해 친화적 입장에 서 있었다. 그들 논리의 핵심은 김국헌, 김동신, 신양호의 입장에 잘 표현되어 있었다.

이들의 주장을 요약하면 크게 두 가지인데 첫째, 한국군의 합참의장이 전투사령관 역할을 수행할 경우 작전 효율성을 높이기 위해서는 군령권과 군정권을 일원화해야 한다는 입장이다.

이러한 주장에 대해서는 중첩된 직책을 가지고 있는 합참의장의 업무 범위가 지휘 및 조직관리 차원에서 적정하게 배분되었는지를 검토하고 분석한 후에 그 결과를 근거로 주장했다면 좀 더 설득력을 얻을 수 있었을 것이라고 판단된다. 그러나 결과는 그렇지 못했다.

---

137) 윤우주, "작전 통합성이 '위헌'이라는 이상한 주장은 자군 이기주의의 변종", 『D&D 포커스』, 2011년 3월호, pp. 48-51.

138) 김열수, "상부 지휘구조 개편 비판 논리에 대한 고찰", 『국방정책연구』, 제27권 2호, 2011, p. 12, p. 26.

둘째, 해당 군의 최고 계급(직책)의 전문성이 가장 높기 때문에 작전라인에 포함시켜야 한다는 것이다. 그러나 계급(직책)과 능력을 동일시한다는 것은 무엇인가 납득하기 쉽지 않은 논리다. 역사적으로 배운 교훈은 직책이 높다고 해서 능력이 항시 일치하지 않는다는 데 문제가 있다. 인사의 근본인 현명하고 재능 있는 자를 있어야 할 자리에 임용하는 것은 모든 일의 근본이기 때문이다.[139] 따라서 '군정과 군령이 이원화되어 있기 때문에 문제였다'라기보다는 먼저 '합참의장 직책을 수행할 만한 능력을 지닌 적합한 사람이 그 보직에 보임되었는가?'라는 쪽으로 질문의 방향이 바뀌어야 된다고 생각한다. 그런 다음 제도적 권한 배분의 문제를 다루는 것이 옳다고 생각한다.

반면에 반대하는 측의 입장을 나열하면 다음과 같다. 전 연합사 부사령관을 지낸 장성에 의하면, 각 군 참모총장 대신 1인의 총사령관이 모든 권한을 가지고 있으면 총사령관의 능력과 정치성향에 따라 군이 곤경에 처할 위험이 높다는 것이다. 한국군의 현 합동군제는 군정과 군령이 구분되어 있어 합참의장은 작전지휘를, 참모총장은 군사력 건설과 작전지원을 전념하게 함으로써 양자의 조화로 전쟁수행능력을 극대화한 이상적인 제도라는 것이다.[140]

김종하는 "참모총장과 작전사령관은 1~2년 정도의 기수 차이로 전문성에 거의 차이가 없으며, 합참의장이 아닌 합참 1차장을 통해 작전을 지휘토록 하는 것은 옥상옥의 다단계 지휘체계로 현대전 및 미래

---

139) 오긍, 『정관정요』, 정애리시 역(서울: 소림, 2000), pp. 27-39; 탐욕에 물든 자, 즉 간신이 직책을 가졌을 때 백성의 고혈을 빨았거나 망국으로 치달았다. 김영수, 『치명적인 내부의 적 간신』(서울: 추수밭, 2010), 전권; 징즈웬(景志遠)·황징린(黃靜林), 『간신론, 인간의 부조리를 묻다』, 김영수 편역(서울: 왕의 서재, 2011), 전권.

140) 장성, "국방 문제는 '제도'가 아닌 '사람'의 문제 - 교각살우 자행하는 국방부", 『D&D Focus』, 2011년 6월호, pp. 44-48.

전 수행에 부적합하다"는 입장이다. 따라서 합동군제를 계속 유지하고, 합참의장과 참모총장이 상하관계로 전환되면, 합참의장과 각 군 참모총장은 사실상 동등한 관계가 불가능하기 때문에 현재처럼 국방부장관이 주체가 된 군정·군령의 일원화 원칙을 준수하는 것이 바람직하다고 주장했다.[141]

역대 해·공군 총장단은 "국방부의 개혁안은 군국주의적 통합군제"라고 반발했다. 전 공군참모총장 이한호는 천안함과 연평도 사건 이후 우리 군의 지휘체계에 심각한 문제가 있는 것처럼 보이지만, 실상을 들여다보면 군 지휘부의 정보판단 능력 부족, 합참 내부의 기강해이, 위기의식 부족, 의장과 각급 작전참모들의 무지와 무능이 문제였을 뿐이라고 주장했다.[142] 그는 "군 상부 지휘구조 개편보다 우리 합참이 전작권을 차질 없이 행사할 수 있는 능력을 갖추고, 한미연합사 해체 후 미군과의 연합작전 협조체계를 확립할 수 있는 '전략적 전환 계획'의 완성에 온 힘을 기울여야 할 때다"[143]라고 강조하면서 합참의 운영성을 향상시켜야 한다고 지적했다.

전 해군참모총장 안병태는 국방개혁 307계획은 통합성이며, 각군의 전문성을 잘 발휘할 수 있도록 통제하는 미국식 합참의장이 바로 합동성의 이상적인 모델이라고 주장했다. 그는 현대전의 특성상 점차 해·공군의 비중이 커질 수밖에 없고, 장차 북한의 위협이 줄어들 경우 지상군을 중심으로 한 감축 흐름 추세에 지상군이 위협을 느끼고 이 위

---

141) 김종하, "국방개혁 기본계획 11-30(국방개혁 307계획) 문제점 진단: 상부 지휘구조 개편을 중심으로", 한반도선진화재단 금요정책세미나(2011년 6월 3일), p. 4.

142) 이한호·안병태, "군 상부지휘구조 개편, 해·공군은 이렇게 본다", 『월간조선』, 통권 제377호, 2011년 8월호, p. 195.

143) 위의 책, p. 164.

기를 피해 자리를 유지하려고 통합군을 만들려 한다고 보았고, 대통령을 둘러싼 육군 중심의 인력구조를 비판했다.[144]

한성주는 "작전개혁이 위헌이라는 찬반 논쟁"에서 국방부는 국방개혁 기본계획 11 - 30과 관련하여 장군의 숫자를 줄이고, 지휘체계를 효율화하며, 합동성을 증대한다는 슬로건과 군 상부구조 개편안이 반대되는 방향으로 나아갔다고 지적했다. 개편안이 지휘체계를 효율화하기보다는 오히려 각 군 본부를 중간에 삽입해 지휘구조가 2단계에서 3단계로 늘어나게 하여 작전체계를 2~3배 더 복잡하게 만들었다고 지적했다.[145]

강영오는 표류하는 군 상부 지휘구조 개편 해법에 대해 3군 병립제를 주장하면서 "합참의장은 작전에서 손을 떼라"는 좀 더 강경한 입장을 취했다.[146]

헌법학자 강영선은 "헌법 제89조 제16호의 '합동참모의장'은 권력제한 규범으로의 헌법개념, 권력분리의 원칙, 헌법 제5조 제2항, 문민통제의 원리(제85조 제3항, 제87조 제4항), 병정통합주의(제74조, 제82)와의 조명하에서 그들에 합치되는 한에서만 그 지위와 권한을 부여받을 수 있다. 그렇지 않으면 위헌이 된다"[147]는 입장이다. 그는 지휘구조의 개편

144) 황일도, "육군 출신 이너서클에 갇힌 MB, 최악의 개악하고 있다: 안병태 전 해군참모총장의 '국방개혁 307계획' 직격비판 〈인터뷰〉", 『신동아』, 54권 4호, 통권 제619호, 2011, pp. 250-261.

145) 박수찬, "한성주, 자유민주 기본질서 일탈한 국방개혁 헌법의 준엄한 판단 받아야", 『D&D FOCUS』, 2011년 5월호, p. 44-55; 한성주 편저, 『위헌적 모험 국방개혁 307계획』(서울: 세창미디어, 2011), pp. 13-32.

146) 강영오, "합참의장은 작전에서 손 떼고 국방부 장관만 보좌하라", 『월간조선』, 통권 제411호, 2014년 6월, pp. 234-237.

147) 강경선, "국군조직법에 대한 헌법적 검토: 합동참모의장의 지위와 권한을 중심으로", 『군 상부 지휘구조개혁안: 2015정책건의서』, pp. 9-23.

보다는 현 합참회의를 활성화하면 논란이 되는 부분이 많이 해소될 것이라고 보았다.

김종대는 "천안함 폭침 당시 합참 작전직위자들이 합동작전의 경력 없이 사단, 군단, 군사령부 수준의 작전에 주로 관여한 육군 야전파라는 사실은 타군의 작전에 대한 이해부족에서 비롯된 것으로 합참의 부적절한 인사로부터 시작된 것이고, 이는 결국 합참의 총체적인 무능력에서 비롯된 것"이라고 주장했다.[148]

또한 그는 "연평도 포격의 문제점은 총체적인 작전의 무능과 비효율이 만연할 대로 만연한 상황으로, 기본적인 작전의 절차와 행동조차 숙지하지 못한 이상한 조직구조에서 사람의 문제가 더 심각한 요인으로 작용한 것이다"[149]라고 합참 운영성의 문제를 지적했다.

유용원도 "전시엔 무능한 군 지휘관들[150]"이라는 글에서 위와 같은 맥락상의 입장이 반복되고 있음을 확인해주고 있다.

2015년 8월 4일 육군 제1보병사단 예하 수색대대원들이 비무장지대의 아군 추진철책 통로에서 북한군의 목함지뢰를 밟아 그중 부사관 2명이 중상을 입었다. 당시, 우리 군(軍) 감시장비에 찍힌 지뢰 폭발 당시 영상에서 수색대원들은 2차 폭발이 일어났음에도 불구하고 너무나 신속하고 차분하게 대응했다. 현장에서 수색대원들이 보여준 언행(言行)은 북한의 도발이 있을 때마다 군 지휘부에 대한 호된 질타를 받았

---

148) 천안함 폭침 당시 합참의 작전지휘계통을 보면 합참의장(육사 30기), 합동작전본부장(육사 32기), 작전참모부장(육사 35기), 작전처장(육사 38기), 합동작전과장(육사 41기)으로 주요 직위자 전원이 육사 출신이었다. 이 5개 직위가 지휘하는 핵심라인으로, 이는 특정 군에 완전히 편중된 현 지휘구조였다. 김종대, "바다와 공중을 모르는 합참의 육군 인사 20년간 '지는 전쟁' 추종", 『D&D FOCUS』, 2011년 5월호, pp. 54-59.

149) D&D FOCUS 편집부, "이명박 보수정권 등에 업고 육군 지상주의 부활하다", 『D&D FOCUS』, 2011년 6월호, pp. 90-95.

150) 유용원, "전시엔 무능한 군 지휘관들", 『조선일보』, 2015년 8월 19일, A31면.

던 때와는 달랐다. 2010년 11월 연평도 포격 도발 때도 맨 아래 단위(부대)에서는 잘했지만, 상부 지휘부로 올라갈수록 제대로 대처하지 못했다. 당시 청와대와 군 수뇌부는 초유의 북한 고강도 도발에 대해 난맥상을 드러냈기 때문이다.

반대론자들 가운데 가장 큰 역할을 한 것은 당시 국회 국방위 김장수 의원과 남재준 전 육군참모총장이었다. 당시 기사에서 "국회 안에선 김장수, 국회 밖에선 남재준…… 반대여론 주도, 육사동기인 청(靑)특보 설득도 안 통해", "군(軍) 지휘구조 개편 1년 늦추자 검증하고 문제없으면 찬성할 것"[151]이라는 제목이 붙을 정도였다.

국방부 장관 출신인 김 의원을 상대로 현 정부가 추진 중인 국방개혁안에 대한 지지를 끌어내기 위해 2011년 7월 25일 오전 이희원 대통령 안보특보가 한나라당 김장수 의원의 국회 사무실을 방문했고, 김관진 국방부 장관도 지난 몇 달 새 기회 있을 때마다 김 의원을 만나 설득했다. 그러나 김장수 의원은 "실전에서 제대로 작동할지 검증하지 않고 추진하려 하기 때문이다. 검증 없이 하는 건 반대다"라며 군 지휘구조 개편안에 대한 제대로 된 검증을 요구했다. 그는 "참모총장을 작전지휘계선(系線)에 넣는 문제는 재고해봐야 한다"고 하면서, 합참의장이 지휘하는 작전부대에 대한 제한적인 인사·징계권을 갖는 데 반대하지 않지만, 적의 공격이 전방위적으로 이뤄지는 전시에 동원, 교육, 군수 지원 등 전투 지원 업무를 수행하기에 정신없는 참모총장에게 작전지휘까지 하도록 하는 것은 쉬운 일이 아님을 지적했다.[152]

---

151) 최경운·유용원, "국회 안에선 김장수, 국회 밖에선 남재준… 반대여론 주도: 육사동기인 靑특보 설득도 안 통해", 『조선일보』, 2011년 7월 27일, A6면.

152) 위의 글.

남재준 전 육군참모총장[153]은 박근혜 전 한나라당 대표의 안보자문 역할을 하면서 사실상 여러 예비역 장성들을 이끌고 있었다. 그는 2011년 7월 26일 조선일보 유용원 기자와의 인터뷰에서 "국방개혁이 필요하다는 데는 동의하지만 현 정부의 지휘구조 개편안에는 반대한다"고 말했다.

그는 현 군 지휘구조가 축구에 비유하면 선수 뽑는 감독과 경기를 지휘하는 감독이 따로 있는 것과 마찬가지라는 지적에 대해 "비유할 게 따로 있지 군 지휘권을 어떻게 축구 감독에 비유하나. 축구 감독이 2명인 것이 아니라 축구에 감독과 코치가 따로 있고, 각각 할 일이 다르지 않은가. 합참의장과 각 군 참모총장이 바로 그런 경우다"라고 말했다. 군정권과 군령권을 일원화하는 측면에 대해서는 "우리나라는 안보위협이 크고 주변 4강 사이에 끼어 있기 때문에 각 군 참모총장과 합참의장 간에 양병권과 용병권이 적절히 구분된 현 시스템이 맞다. 우리에겐 용병보다 양병이 중요하다." 그리고 "합동성은 시스템(지휘구조)의 문제가 아니라 소프트웨어(운용)의 문제다. 참모총장을 작전지휘계선에 포함시키는 것은 불 끄는 소방현장 팀장에게 불도 끄고 환자 후송까지 책임지라는 것과 마찬가지다."[154]

남재준 전 육군참모총장은 현 시스템이 우리 실정에 더 맞고, 국방개혁이 필요하다는 데는 동의하지만 현 정부의 지휘구조 개편안에는 반대한다는 입장을 취했다. 국방부가 처음에는 천안함 사건과 관련해 합동성 문제를 제기하다가 이젠 전작권 대비 차원이라고 말한다며, 전작권 전환에 대비한다면 더구나 국방부 개편안의 방향으로 가서는 안

---

153) 육사 25기로 예비역 대장, 합참 작전본부장과 한미연합사 부사령관 등 군 요직을 두루 거쳤다.

154) 위의 글.

된다는 입장이다.

국방개혁 307계획의 반대 측의 입장을 정리해보면 찬성론자들이 주장하는 합참의 군령·군령의 이원화 문제, 참모총장의 지휘계선에서 발생한 문제가 아니라 결국 합참의 무능력에서 비롯된 운영성의 결여를 문제의 본질로 보고 있는 것이다.

찬성론자들의 입장은 합참의장의 권한 중 합참의장과 각 군 총장 사이에 초점을 맞추고 합참참모회의의 대등한 입장을 지휘계선에 포함시키려는 상부구조 개선에 역점을 두고 있다. 이는 '조직통합(unification)'을 통해 합동성을 달성하고자 하는 관점이다. 반면에 반대론자의 입장은 한국 합참의장의 권한 중에서 하부구조에 속하는 전투사령관의 직능과 역할을 두고서 그 직책을 바르게 수행할 수 있도록 합참의 운영성을 제고한다. 즉 '기능 통합(integration)' 입장에서 접근하고 있다.

이러한 관점 차이가 존재하는 것은 한국 합참의장이 미군의 합참의장과는 달리 상부구조의 합참의장직과 하부구조의 전투사령관이라는 두 개의 직능을 수행하기 때문에 발생한다. 따라서 합동성 강화의 문제를 하부구조의 운영성 문제에서 찾지 않고 상부구조의 지휘계선 문제로 접근하는 방법은 합참의장직의 이중성의 문제를 그대로 두고서 하부구조의 문제를 상부구조의 개선을 통해 해결하려고 하는 논리적인 오류를 내재하는 것이다.

제4절
한국군의 합동성과 국방개혁과정 분석

1. 지휘구조 개혁

한국군의 국방개혁에서 대외적 명분은 작전 효율성을 강화하자는 것이었으나, 조직이론 측면에서는 육군의 지배권력을 확대하기 위한 조직구조화의 역사였다. 국방환경의 변화 속에서 기회가 있을 때마다 자군의 자율성과 독립성을 확보하고, 확장성을 유지하기 위한 노력이었다.[155] 이러한 의도 때문에 대외적 명분으로 제시한 합동성 강화를 위한 상부 지휘구조를 개편해야 한다는 논리였다. 그러나 그것도 실천적인 방법론은 늘 불일치하는 결과를 초래했다.

상부 지휘구조 개편을 둘러싼 대표적인 주장은 상부 지휘구조가 강화될수록 합동성도 더욱 강화된다는 가설이었다. 그러나 이는 미군과 비교해보았을 때 적합하지 않았다. 미군은 운영성(integration)을 강화했고, 한국군은 조직의 구조화(unification)를 추구했다. 결론적으로 한국

---

155) 권영근, 『한국군 국방개혁의 변화와 지속』, pp. 230-236.

군의 합참 직능은 육군 중심으로 편중된 비합리적인 현 구조에 군정권의 일부 권한을 더하려 했던 것에 불과했다.

합동성이 실현되는 측면은 대통령을 비롯한 정부 제 기관과 국방부, 합참 등이 자기 위치에서 '해야 할 일'을 올바르게 수행하는 것이 통합활동(unified action)이라면, 그러한 활동의 결과를 구현하는 핵심적인 직위는 전투사령관이었다. 우리 군

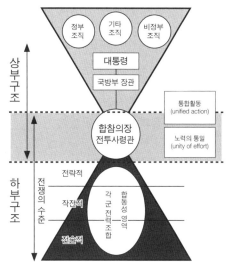

〈그림 4-3〉 한국군의 지휘구조

은 합동성 강화를 위해 노력했지만, 우리가 추구한 방향은 전장에서의 통합능력을 향상시키는 방안보다는 'unification'의 관점에서 외형적인 합동성 강화에 대한 노력, 즉 '상부 지휘구조의 통합'을 위한 노력에 더 많은 관심을 기울였다.[156)]

미군과는 달리 〈그림 4-3〉과 같이 합참의장과 전투사령관의 직책이 중복되어 있는데도 여기에 일부 군정권까지 추가하려고 했다. 그리고 각 군 참모총장들에게는 구성군 사령관의 역할을 부여하려고 했다. 전투사령관의 직능을 함께 수행해야 하는 합참의장의 업무범위가 개인이 감당할 만한 영역인지 재검토할 필요성이 있었다.

한국군의 합참의장은 국방부 장관에 대한 자문기능과 전투사령관

---

156) 황일도, "안병태 前해군참모총장의 '국방개혁 307계획' 직격비판", 『신동아』, 2011년 4월호, pp. 250-261.

이외에도 합동군 사령관, 국방부 장관 군령 보좌, 계엄사령관, 통합방위본부장, 미 합참의장 파트너, 대통령·정부·국회·국민을 상대해야 하는 입장으로 모두 7개의 직책을 담당하고 있다.[157] 공군작전사령부 부사령관과 합참교리훈련부장을 역임한 예비역 공군소장 고덕천 장군은 다음과 같이 증언했다.

> "……한국군 합참 또한 국가 리더십이 아니라 정부 부처들과의 관계 등 다양한 문제가 있는데, …… 합참의장이 국가전략 차원의 문제에 시간을 할애하기보다는 군 내부 작전에 중점을 두는 경향이 있다. 그중에서도 해군과 육군보다는 공군의 전략공격에 많은 관심을, 그리고 해군 및 육군과 작전 영역의 중첩에 따른 3군 합동을 강조하다 보니 항공작전에 많은 관심을 갖게 되었다. 즉, 전구 종심작전처럼 공군작전 사령관에게 위임해야 할 일을 합참의장이 관여하게 된 것이다. ……"[158]

홍성표는 "한국군 지도부가 실질적인 합동성 강화방안을 '제도적으로 강구'하는 데 주력하고 있으며,"[159] 박휘락도 "지금까지 추진해온 대부분의 한국군 국방개혁이 구조 및 편성 변화 위주였기 때문에 구성원 간의 갈등을 초래하여 실제 구현이 어려워진 점이 있는데, 국방개혁 2020의 핵심은 병력규모의 조정과 부대구조의 변화에 두어져 있다"[160]

---

157) 국군조직법 제9조(합참의장의 권한)[법률 제10821호](시행: 2011. 10. 15); 권영근, 『한국군 국방개혁의 변화와 지속』, p. 162.

158) 예비역 공군소장 고덕천 장군과의 2012년 8월 7일 권영근의 인터뷰. 권영근, 『합동성 강화 전시작전통제권 전환의 본질』, pp. 93-94.

159) 홍성표·김열수·한용섭·정경영, 『21세기 한국군의 개혁: 과제와 전망』(서울: 국방대학교 안보문제연구소, 2006), p. 4.

160) 박휘락, "정보화 시대의 요구와 국방개혁 2020", 『전략연구』, 통권 제43호, 2008, p. 120.

고 지적하고 있다.

1970년대에 캐나다군은 조직통합(unification)이라는 의미의 합동성, 즉 단일군제를 추구하다가 효율통합(integration)이라는 의미의 합동성으로 개념을 바꿨다. 또한 1986년 G-N법을 만든 사람들이 추구한 것은 조직통합이 아니라 효율통합이라는 의미의 합동성이었다.[161] 따라서 한국군의 합동성은 구조적 조직화에 집중된 하드웨어의 개선이 아니라, 통합활동을 기반으로 하부구조의 운영성에 집중된 소프트웨어를 강화했어야 했다.

국방개혁 307계획의 경우, 한국군은 합참의장에게 군령권을 포함한 일부 군정권을 갖게 함으로써 강력한 권한을 가진 군의 최고지휘관이 정치권력에 가장 근접하도록 만든 구조였다. 합참의장에게 군사자문 권한과 군령권을 부여한 것은 군을 가장 잘 아는 군의 최고지휘관에게 민간 지도자를 보좌케 하여 강력한 문민통제를 실현하려는 의지였다.

그러나 의도와는 달리 이와 같은 군사구조와 인사형태는 강력한 군사력을 가진 군 지휘계통이 역으로 문민의 영역을 침해할 가능성을 배제할 수 없다. 그 사례로 우리는 이미 두 차례의 심각한 군사적 문제로 5.16과 12.12를 통해 강력한 군부가 문민우위를 침해한 경험을 가지고 있다.

〈그림 4-3〉과 같이 군 구조의 권력집중 문제로 인해 야기될 가능성은 다음과 같다. 첫째, 강력한 권한을 가진 군인이 문민을 중심으로 구성되는 상부 지휘구조에 위치하게 됨으로써 최고 군 인사가 정치적 구조에 가장 근접하게 접근하게 되어 군인의 정치적 속성을 배제할 수 없게 된다.

---

161) 권영근, 『한국군 국방개혁의 변화와 지속』, p. 21.

둘째, 한국군의 경우, 대부분 국방부 장관으로 임명되고 있다. 따라서 합참의장이나 육군참모총장의 경우 차기 국방부 장관이 될 가능성이 매우 높다. 따라서 이들을 중심으로 한 군내 파벌이 형성될 가능성을 배제할 수 없다.

셋째, 국방부 장관과 합참의장 사이의 경험적 차이가 거의 없다는 점이다. 이는 한국군 인사의 맹점으로, 정치업무를 수행하는 국방부 장관 역시 군인의 사고에서 벗어나지 못할 가능성이 높다. 그러므로 국방부 장관이 합참의장으로부터 받는 군사자문의 효과성과 차별성이 거의 없음을 의미한다. 이로 인해 군 지휘체계의 경직된 속성과 상명하복의 경직된 의사구조 내에서 '집단사고(groupthink)의 함정'[162]에 빠질 가능성이 대단히 높다.

넷째, 강력한 합참의장의 지휘계선 밑에 각 군 참모총장을 위치시킴으로써 합동참모회의에서 그나마 미약하게 존재했던 군 상호 간에 견제할 수 있는 최소한의 힘이 사라지게 된다.

다섯째, 상부 지휘구조의 통합, 즉 구조화에 대한 관심은 크지만, 이러한 이유로 하부구조의 운용성(integration)에 대한 준비가 부족했다.

---

162) 집단사고란 "응집력이 높은 소규모 의사결정 집단에서 대안의 분석 및 이의 제기를 억제하고 합의를 쉽게 이루려고 하는 심리적 경향"이다. 즉, 집단구성원들이 대안에 대한 충분한 분석 및 토론 없이 쉽게 합의하고 그 대안이 최선이라고 믿고 합리화하려는 현상이다. 집단사고에 빠지게 되면 조직구성원들은 새로운 정보나 변화에 민감하게 반응하지 못해 상황적응 능력이 떨어지게 된다. 집단사고에 대해 연구한 대표적인 학자가 재니스(Iving Janis)다. 그는 "정부의 핵심적인 의사결정이 종종 6~12명 정도의 소규모 집단, 그것도 고도의 응집성을 가진 집단에 의해 이뤄지는 것에 주목했다. 그리고 바로 그 응집성으로 인해 전원일치의 합의(consensus)를 추구하는 경향이 나타나고, 그로 인해 반대의견을 피력하거나 새로운 대안을 모색하는 것을 억지하는 심리적 효과가 생겨난다고 주장했다. 대표적인 사례가 1961년 4월 17일 미군의 '피그만 침공사건'에 대한 의사결정이다. 백기복, 『조직행동연구』(서울: 창민사, 2004), pp. 294-298; Donelson R. Forsyth, 『집단역학』, 홍성열 역(서울: 양서원, 1991), pp. 406-439; Graham Allison, Philip Zelikov, 『결정의 엣센스』, 김태현 역(서울: 모음북스, 1999), pp. 350-355.

이것이 북한의 국지도발에 대해 능동적으로 대처하지 못하는 원인이 되기도 했다. 우리는 천안함 피격과 연평도 포격사건의 대응 실패를 통해 합참 운영성의 부족을 여실히 경험한 바 있다.

한국군의 합참은 전투사령관이 전쟁준비와 군사력 운용에 집중할 수 있도록 상부구조와 하부구조를 미국의 제도처럼 분리하여 문민통제와 군사전문성을 강화할 필요가 있다. 하부구조의 작전수립개념은 전략적 – 작전적 – 전술적 영역 중 전구적 차원에서 군사력을 할당하고, 전략적 마비를 중심으로 수도권 보호를 위한 대화력전을 시행할 수 있도록 개념이 정립되어야 한다. 다행히도 '작전계획 5015개념'[163]을 도입했으나, 미군의 도움 없이는 그 실행이 매우 어려운 실정이다.

연기된 전작권 환수를 준비하고, 일정한 영역에서 한국군 스스로 독립작전을 수행할 수 있는 역량을 갖춰야 한다. 특히, 현대 전투 양상

---

163) 북한 도발 상황에 따른 한·미 연합군의 군사작전계획으로, 전시 작전계획과 평시 국지도발계획 등으로 구분한다. 1978년 최초의 한·미 연합 작계 5027은 남북한 전면전 상황을 가정했고, 5026은 전면전은 피하고 북한 대량살상무기나 전략 목표 위주로 파괴하는 계획이며, 1994년 이후 2년마다 작계 5027을 개정·보완해왔다. 2016년의 '작계 5015'에서 숫자 '15'는 전시작전통제권의 한국군 전환 목표 시기였던 '2015년'을 뜻한다. 당초 계획으로는 전작권을 넘겨받은 뒤 '한국군 주도, 미군 지원'이라는 틀로 작전계획이 만들어질 예정이었다. 하지만 지난해 10월 한미 국방부 장관 회담에서 전작권 전환이 사실상 무기 연기됨에 따라 기존 작계 5027처럼 한미연합사가 주도하는 형태로 작계 5015가 만들어졌다. 5027은 북한 공격 시 '방어 후 반격'의 개념으로 미 증원군 규모는 전쟁 발발 후 3개월간 병력 69만 명, 함정 160여 척, 항공기 1,600여 대가 한반도에 파견된다. 이 계획은 증원군 도착까지 3개월 동안 우리 지역이 큰 피해를 당할 가능성이 크고, 현실적으로 대규모 미 병력과 장비가 과연 한반도에 파견될 수 있는지 의문시되었다. 그러나 5015는 '방어와 동시 반격'하는 개념으로, 작계 5027에 비해 미 증원군의 규모가 축소된다. 북한 정권과 군의 두뇌와 심장, 중추신경망을 파괴하거나 마디마디 끊어 무력화하는 EBO 개념, 북한의 탄도미사일 발사가 임박한 징후가 있으면 미리 공격하는 선제타격 개념이 더 적극적으로 반영됐다. 특히 유사시 핵무기 사용을 결심할 수 있는 김정은 등 북한 정권 수뇌부에 대해 정밀타격을 하는 '참수작전' 개념을 도입하고, 핵·미사일·생화학무기 등 대량살상무기를 조기에 무력화해 전쟁을 조기 종결하려는 것이 특징이다. 정용수·전수진, "북, 서북도서 도발 가능성… 한·미, 작계 5015 첫 적용", 『중앙일보』, 2016년 3월 8일, 종합 3면.

이 정찰·감시·정보 능력과 해·공군력에 크게 의존하도록 바뀌었음에도 불구하고 김태효는 "보병작전 위주의 인력과 예산구조가 군 조직의 변화를 제약하고 있다"[164]고 주장했다.

합참은 군의 머리 역할을 하는 곳이다. 합참의 입장에서 바라보는 전구적 시각은 각 군의 전력을 가장 효과적으로 사용하며 조화롭게 지휘하는 오케스트라의 지휘자와 같다. 그리고 팀으로 전쟁을 수행하는 통합(integration)된 전력을 운용하는 총감독으로서 그 능력과 역할을 수행할 자질을 갖춘 합동작전의 전문가가 보임되어야 한다. 각 군의 다양한 시각과 의견을 조율하여 합참의 군사력 운용 시 최적의 대안을 찾아가는 의사결정기구가 되어야 하며, 각 군의 전문성을 최대한 활용하여 차별화된 힘을 통합하여 시너지를 창출할 수 있어야 한다. 또한 전투사령부는 'Purple(각 군의 군복의 색을 합했을 때 나오는 색)'의 의미가 모군을 바라보는 것이 아니라 국가가 원하는 것을 군사력을 사용하여 합리적으로 목표를 달성하는 능력을 가져야 한다.

합동성 강화를 위해서는 양병(전력건설)과 용병(작전개념)의 두 축이 조화롭게 발전해야 한다. 즉, 한 축에서는 양병에 중점을 두고 합동성 강화를 위한 '법적·제도적 조치의 강화'를 통해 이뤄진다. 또 다른 한 축에서는 용병에 중점을 두고 '군사작전의 실행능력 향상'을 통해 그 성과로 검증된다. 따라서 이와 같은 능력을 향상시키려면, 한국군은 미군과 같이 합참의장과 전투사령관의 직능을 분리하여 비대해진 권한과 책무를 분산시킬 필요가 있다. 그리고 전투사령관을 통해 통합활동과 지휘의 통일을 통해 합동구조의 운영성을 향상시켜야 한다.

기획분야의 '조직통합'을 통한 제도적 접근은 합동성 발휘를 위한

---

164) 김태효, "국방개혁 307계획: 지향점과 도전요인", p. 371.

'기초적 준비'이며, 합동성은 이를 바탕으로 실전 영역에서 나타나는 작전분야의 '효율통합'에서 효과성이 나타난다. 전자는 가시적이며 눈에 띄기 쉽다. 이것은 합동성을 발휘하기 위한 준비기인 '양병'이며, 후자는 보이지 않는 영역으로 '안개와 불확실성'을 극복하는 '효율통합', 즉 '용병'의 창의적 적용으로 나타난다. 이는 실제 전쟁을 통해 검증하지 않는 한 성과를 측정하기 어렵다. 따라서 양병에 비해 상대적으로 소홀히 다뤄지기 쉽다.

2. 작전개념 및 전력건설

미 육군과 공군을 둘러싼 가장 큰 문제는 이전부터 제기된 전장관리의 문제였다.[165] 한국군에서도 1997년에 『합동전장 운영개념』이라는 책이 문제가 되었다.[166] 이 책자에는 전 육군대장 윤용남의 '입체고속 기동전'[167] 개념이 반영되었다. 먼저, 한국군의 전장 확장이 미군의 전쟁경험을 통해 작전개념과 전력건설에 미치는 영향에 대해 설명하고자 한다.

한국 육군이 국방개혁과정을 통해 추구한 조직정치 현상은 '군단

---

165) Johnson, *Learning Large Lesson*, p. 130.

166) 1997년 8월 30일 윤용남 합참의장이 재직할 당시 합참은 『합동전장운영개념』이라는 기본개념서를 발간했다. 동 책자에서 제시한 개념은 "육군이 전쟁을 주도하고 해군과 공군이 육군을 지원한다"는 입체고속 기동전이었다. 합참, 『합동전장운영개념』(서울: 합참, 1997), pp. 8-10, p. 96.

167) 윤용남, 『입체고속 기동전: 도로견부 위주 종심방어』(서울: 국방대학교, 2008)

작전구역 확장'에서 나타났다. 육군은 확장된 공간을 바탕으로 군단 중심의 입체고속 기동전이라는 작전개념을 발전시켰다. 그리고 이에 필요한 지대지미사일, 공격헬기 등 육군 중심의 전력건설을 했다. 그 결과 항공력과 모호한 지휘 및 통제 관계, 임무수행 영역의 중복, 아군끼리 작전 간섭현상 발생, 전력 중복투자 등이 예견되고 있다.

〈그림 4-4〉와 같이 한반도 측면에서 보면 육군의 전방전투지경선(FB)에서 화력지원협조선(FSCL)까지의 지역은 근접항공지원 지역으로서 육군이 공군 항공기의 지상 지원을 통제하는 지역이다. 화력지원협조선부터 전방전투지경선까지의 지역은 대부분 공군이 주도하는 지역이었다.

육군이 육군 작전지역 안의 항공차단 표적을 추천해주면 제공작전과 더불어 전략공격, 항공차단작전 등 다수의 공군 작전 표적들과 함께 공군이 통합하는 지역이었다. 전방전투지경선 이후 지역은 100% 공군이 타격해야 할 표적을 결정하는 지역이었다.

한국 육군은 공군 작전지역을 육군 작전지역으로 변경하고는 〈그림 4-4〉와 같이 육군의 작전지역이 전방전투지경선 너머 지역으로 확대된 것으로 가정해 전력을 건설했다.[168] 화력지원협조선 너머 지역은 공군의 책임지역이라는 점에서 화력지원협조선 너머 지역의 적과 접전하고자 하는 경우, 지상군지휘관은 공군구성군 사령관과 사전에 협조하도록 했다.[169]

---

168) 이정훈, "국방개혁 2020 수정안과 공군의 전력증강", 김기정·문정인·최종건 편(2010), 『한국 공군 창군 60주년과 새로운 60년을 향한 항공우주력 발전방향』, 제12회 항공우주력 국제학술회의(2009. 6. 24) 발표논문(서울: 오름, 2009), pp. 304-305.

169) 권영근, "한국군 항공력 조직의 통폐합 필요성에 관한 고찰", 『항공우주력 연구』 제1집, 창간호, 2013, 대한민국 공군발전협회, p. 149.

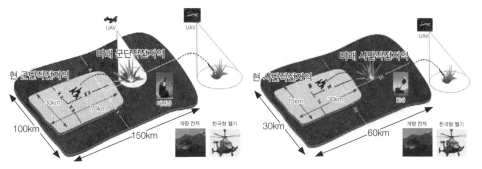

〈그림 4-4〉 미래 군단/사단 작전지역

출처: 대통령자문 정책기획위원회, 『국방개혁 2020』, 2008, p. 104.

그러나 미군의 전쟁경험에 비추어 판단할 때, 이와 같은 문제를 바르게 조율하지 않으면 천안함 피격이나 연평도 포격에서 합참이 보여주었던 무능력이 유사시에 다시 재현될 가능성이 매우 높아지게 된다. 따라서 육군의 작전지역을 확대했을 때 예견되는 문제는 미군의 실전경험 분석을 통해 반드시 개선되어야 한다.

합동전장은 "군사작전이 수행되는 지상·해양·공중 영역과 우주 및 사이버 영역을 포괄적으로 설명하는 용어다."[170] 최근 발간된 합동작전 교범인 『합동작전』(2015)에서 전면전 시 합동전장 영역에 대해 다음과 같이 기술하고 있다.

"한국에서 전면전 시 지상 영역은 한국 작전전구 내 우리나라의 영토다. 지상 영역은 작전단계별로 구분하여 지상군의 작전지역으로 부여하며,

---

170) 합참, 『합동작전』, 합동교범 3-0(서울: 합참, 2015), p. 1-39.

작전단계별 전방전투지경선(FB)은 지휘관의 의도를 구현할 수 있도록 설정해야 한다. 공군 및 우주 영역은 한국 작전전구 직상공의 공중 및 우주공간으로 공중은 100㎞이며, 우주공간은 100~36,000㎞의 공간이다. 지상군 및 해군은 헬기, 무인항공기, 포병 및 대공무기체계의 운용고도를 고려하여 공군과 공역통제수단으로 긴밀하게 협조하여 공중공간을 사용해야 한다."[171]

『합동작전』(2015) 판에서는 합동전장 영역이 "『합동작전』(2010) 교범(그림 4-5 좌측)에서 지상 영역 중 전방전투지경선의 이북을 공군 작전지역으로 명시함으로써 전방전투지경선 이북의 종심작전을 공군이 책임지고 수행하는 것으로 인식하게 하는 오류가 있었다"[172]고 기술했다. "이러한 오류를 바로잡으려고 합동전장 편성 개선 내용을 수록한 『합동교리회보』(13-1)를 발행했다."[173]

그러나 이러한 개선 내용에도 합동전장에 대한 설명을 육군의 시각 중심으로 했기 때문에 합동전장 편성에 대해 바르게 설명하지 못했다. 합동전장 편성과 관련하여 "지휘관이 지상군과 해군부대에 작전수행지역을 구분하여 부여하는 것이지, 종심·근접·후방 작전지역을 구분하는 것이 아니다"[174]라고 기술되어 있었다.

『합동작전』(2015) 판에서는 전구 차원에서 지상작전을 계획할 때는 통상 3가지 틀을 구상하고, 그에 따라 예하부대의 작전수행지역을 설정하여 부여했다. 이 책에는 "종심·근접·후방 작전지역은 관할 책임

---

171) 위의 책, p. 부-19.

172) 위의 책, p. 부-20.

173) 위의 책, p. 부-21.

174) 위의 책.

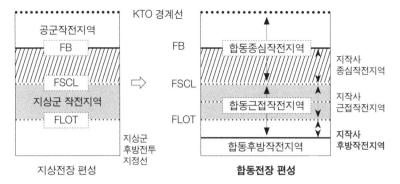

〈그림 4-5〉 합동전장 편성[175]

출처: 『합동작전』(2015) 교범 3-0, p. 부-21; 『합동작전』(2010), p. 45.

이 부여되는 작전수행지역이 아니라 종심·근접·후방 작전을 수행하기 위한 개념적 구분이며, 지역 관할 책임은 지상군 부대의 작전지역으로 구분된다"[176]고 설명되어 있다.

합참(안)은 〈그림 4-5〉와 같이 전방전투지경선까지는 육군 군사령부 작전지역, 즉 육군 작전지역으로 전방전투지경선 이후 지역은 육군 중심의 합참이 주도하는 합동작전지역으로 만들었다. 한반도 전 지역이 육군 작전지역인 듯 착각하도록 만들었고 공군 작전지역은 없는 듯이 표현되어 있다.[177] 게다가 『합동작전』(2015) 판에서는 "지상 영역

---

175) 『합동교리회보』에는 FSCL을 기준으로 합동종심작전지역과 합동근접작전지역을 구분하고, FB 이북지역의 종심작전은 공작사가 주도하고 타 작전사가 지원하며, FSCL-FB 까지의 종심작전은 지작사가 주도하고 타 작전사가 지원한다고 설명함. 『합동교리회보』 13-1호(2013. 2. 21), p. 14-4 참고

176) 3가지 틀 ① 종심작전-근접작전-후방작전, ② 결정적 작전-여건조성작전-지속지원작전, ③ 주노력-보조노력 등, 작전수행지역(작전지역, 상륙목표지역, 특수작전지역 등). 위의 책.

177) 김종대, "대한민국 안보전략의 현주소: 국방부 장관의 자가당착에 갈 길 잃은 '국방개혁'", 『월간조선』, 30권 1호, 통권 346호, 2009년 1월호, pp. 88-103.

은 지상작전 단계별로 구분하여 지상군의 작전지역으로 부여하며"라는 표현을 써서 이를 더욱 강화시켰다.

육군은 전통적으로 화력지원협조선과 전방전투지경선을 이북 지역으로 상향토록 노력해왔고, 자군의 영향 지역을 지속적으로 확대하고자 했다. 2003년 이후부터 합참은 전구 항공작전의 핵심인 통합임무명령서를 생산하는 공군구성군사령부의 '합동표적협조위원회(JTCB: Joint Targeting Coordination Board)'[178]의 기능을 합참으로 옮기고자 적극 노력했다.[179] 결국 2011년 8월부터 공군구성군사령부에 위임하고 있던 합동표적협조위원회 권한을 '연합합동화력실(CJFE: Combined Joint Fire Element)'[180]로 이관했다.

'지상작전 편성'에 관한 내용은 〈그림 4-5〉의 좌측 그림에서 우측 그림과 같이 수정·보완됨으로써 좌측 그림을 해석하고 이해하는 과정에서 합동전장 편성이 지상군 작전지역과 공군 작전으로만 구분되어 명시되어 있다.

임중택은 "자칫 전방전투지경선을 중심으로 그 이남 지역의 작전에 대해서는 지상군이 책임지고, 이북 지역의 종심작전에 대해서는 공군만이 단독으로 책임 수행하는 것으로 인식될 수 있는 오류를 차단할

---

178) 항공작전과 타 구성군의 지상 및 해상 작전의 동시통합을 위한 협조·조정·통합 임무를 수행하며, 합동표적 처리를 총괄하는 기구로 합참의장(연합사령관)의 권한을 위임받아 공군작전 사령관(공군구성군 사령관)이 타 구성군 사령관과 협조하여 운영한다.

179) 권영근(2013), 『한국군 국방개혁의 변화와 지속』, p. 163.

180) 주요 임무는 합동작전지역에서의 합동표적처리 지침과 목표, 그리고 우선순위를 발전시킨다. 표적추천 인증, 구성군사의 의견을 조율하고 협조, 한미연합사의 경우 미8군 화력처(OFD)와 지구사 화력처를 통합하여 연합사 작전참모부장이 부서장 직책 수행, 합동화력반(JFE: Joint Fire Element)에 대한 세부내용은 다음을 참조할 것. JP 3-09, *Joint Fire Support*, 12 December(Washington D. C.: JOS, 2014), pp. II-5-8.

수 있게 되었다"[181]며 이와 같은 분류를 지지한다.

그러나 〈그림 4 - 5〉의 '지상전장 편성'에서 나타난 것과 같이 합동성이 '지상작전사령부가 우선 교전'한다는 의미로 표현된다면 이는 '합동성의 관점'을 잘못 이해하고 있는 것이다. 그 이유는 한국작전전구(KTO: Korea of Theater Operation)상 제공권 확보와 공중우세[182]를 달성했다고 가정하고, 지상작전 영역을 판단하기 위한 기준선으로는 활용할 수 있다. 그러나 전구 차원의 무기체계 운용에서는 전투사령관의 의도된 목표를 달성하기 위해 '표적적합성에 따라 3개 군종 간의 무기체계 중에서 내가 원하는 표적을 가장 효과적으로 공격할 수 있는 최적의 무기체계는 무엇인가?'를 찾아내고 할당하는 것이 합동성이기 때문이다.[183]

공군이 '지상전력 중심으로 합동작전 영역이 확장되는 것'에 대해 항의했으나, 합참은 "공군의 근접항공지원이 육군 포병작전을 방해할 우려가 있으니 공군이 비켜나라", 합참 전력부서의 한 회의에서 어느 육군 장성은 "병력이 감축되는 당사자는 육군이다. 해군과 공군은 병력이 유지되니 말하지 말라. 전력증강은 육군 몫이다"라고 일축

181) 임중택, "육·해·공군의 합동성 강화를 위한 '합동전장 편성' 수정 제언", 『합동포럼』, 제55호(서울: 합참, 2013), pp. 58-59.

182) 제공권 확보는 공군의 최상위 임무다. 제공권 확보 없이는 지상전투도 원활하게 수행하기가 어렵다. 또한 공중우세 능력을 원하는 시간과 장소에서 적의 방해를 받지 않고 자유롭게 군사작전을 수행할 수 있는 상대적 개념을 의미한다. 공중우세는 그 자체가 최종적인 목표는 아니지만 현대전에서 개전 초에 우선적으로 달성해야 할 최우선 목표다. 공군기본교리(2011), p. 33, pp. 39-40.

183) "육·해·공군은 모두 동등하게 중요한 역할과 의미를 가지며 주력군 개념은 고정적이 아니라 전장환경, 전쟁 상황, 합동의 방식에 의해 항상 유동적이라는 개념에 유의해야 한다." 이선희, "2014 국방개혁 기본계획의 지휘구조 평가: 합동성 강화를 위한 지휘구조 중심으로", 『군 상부 지휘구조 개혁안』, 2015 정책건의서(서울: 대한민국발전협회, 2014), p. 95.

했다.[184] 이는 육군이 손해보고 있으니 타군은 간섭하지 말라는 것이었다. 의사결정 수준이 작전의 효율성을 통해 국가 이익을 도모하기 위한 것이 아니라 하부조직의 이익이라는 관점에서 육군만을 바라보는 소아적인 발언으로, 전형적인 조직정치가 발현된 비합리적인 발언이 아닐 수 없었다.

이 무렵 국방부 자문에 응했던 예비역 장군들 사이에서는 "우리나라 육군은 공군의 근접항공지원이 필요 없다. 육군은 포병의 지원을 받아야 한다"는 논리가 확산되고 있는 시점이었다. 그러나 얼마 후 공군의 임무를 육군이 대신할 수 없다는 사실이 판명되면서 합참은 '신작전개념'을 재검토했다.[185]

한국 육군에 나타난 이와 같은 현상이 미 육군에서도 이미 발생했다. 미 육군은 전장의 종심을 확장시킴으로써 장거리무기의 역량에 따른 이점을 누리고자 했다. 이에 따라 생성된 육군의 새로운 역량과 이를 반영한 새로운 교리가 육군과 공군 간의 협조체계에 영향을 미쳤다. 미군은 육군의 종심공격 능력을 향상시킨 효과가 공중작전과 어떻게 협조될 수 있는지 알아야 했다.

폭격 금지선(non-bomb line)인 화력지원협조선은 항공기가 우군에 발포할 가능성을 제거하거나 감소시키기 위한 협력선이다. 화력지원협조선은 지상군 사령관의 영향력이 미치지 못하는 범위 내에서 공중무기를 투하할 구역을 설정하고, 일차적으로는 우군의 지상전력을 위협에 빠뜨리지 않으면서 항공력으로 표적을 공격하려 했다. 따라서 화력지원협조선은 대개 우군포병의 한계범위에 위치했다.

---

184) 김종대, "대한민국 안보전략의 현주소: 국방부 장관의 자가당착에 갈 길 잃은 '국방개혁'", 『월간조선』, 30권 1호, 통권 346호, 2009년 1월호, pp. 88-103.

185) 위의 책.

이 범위가 우군의 전선에서 10~15㎞가량 떨어진 곳까지 미친다면 공중공격이 지상전력과 협조할 수 있기 때문에 큰 문제가 되지 않았다. 그러나 30㎞와 100㎞의 사거리를 가진 다연장로켓체계(MLRS: Multiple Rocket Launch System)와 육군전술유도탄체계(ATACMS: Army TACtical Missle System)를 각각 보유하면서 상황은 변했다. 게다가 군단 종심공격 교리는 전선 너머 70~100㎞ 지역을 겨냥한 헬기 공격을 구상했다.[186]

화력지원협조선이 육군 무기의 종심지역으로 밀려나면 공군은 차단임무를 제대로 수행할 수 없게 된다. 또한 공군이 공격할 수 있는 공격대상이 제한될 수밖에 없게 된다.[187] 반면 화력지원협조선이 우군의 전선과 근접한 곳에 위치한다면 군단사령관은 공군과 협력하여 화력협조지원선 이외의 지역에 화력지원자산을 배치할 자유를 상실하게 될 것이다. 이는 육군이 통제할 수 있는 자산 사용을 제한했고, 결국 이러한 딜레마로 인해 상호 만족시킬 만한 해결책이 제시되지 못했다.

합참 차원에서 보면 한반도라는 제한된 영역의 전구의 특성과 상황을 "육·해·공군 각 군의 단독작전들 또한 모두 합참의장이 지휘하는 합동작전의 일부라는 것을 인식할 필요가 있다."[188] 자칫하면 전 지상영역을 지상군의 주도로 작전을 전개한다고 오해할 수 있기 때문이다. 이것은 미군이 추구하는 합동성의 개념을 제대로 이해하지 못한 것이다.

전구 차원에서 추구하는 효과가 지리적 차원의 특정 영역의 이해관계와 일치하는 경우는 흔치 않기 때문에 지리적 차원에서 합동성 문제에 접근하게 되면 지상·해상 및 공중이라는 다양한 작전환경의 작전

---

186) Johnson, *Learning Large Lessons*, pp. 17-18.
187) Benjamin Lambeth, "미 항공작전 협력방안", 『제11회 국제항공전략 심포지엄 논문집』, 합동작전, 2005년 9월 6일(대전: 공군대학, 2005), pp. 26-28.
188) 임종택, "미래 합동작전 환경에서의 합동성 강화 방안", p. 81.

효과들을 개개 작전지역으로 분할시킴에 따라 합동군 차원에서 전력 통합이 어렵게 된다.[189]

현재 한국 육군이 군단 중심의 작전을 전개할 경우, 항공력 지원은 군단의 할당 영역에 따라 분할되어야 한다. 이는 항공력의 중앙집권화 원칙에 맞지 않는다. 따라서 항공력 할당은 지상군 또는 야전군 차원에서 검토되어야 한다.

박휘락은 "특히 미사일과 항공기를 비롯한 현대의 발전된 무기체계들이 공중을 중점적으로 사용함에 따라 지상군과 해군도 공중을 활용하지 않은 상태로는 효과적인 임무수행을 보장하기가 어렵게 되었고, 따라서 공간 구분에 따른 군종별 구분은 제약으로 작용하기 시작했다"[190]고 지적하고 있다. 양병은 각 군의 특성에 따라 '전문화'[191]를 제고해야 하고, 활용은 전구 수준에서 효과 중심으로 통합되어야 한다.

육군이 지상작전 영역을 확대한 문제점은 작전 효율성과 효과성 측면에서 부정적인 영향을 미쳤다. 국방개혁의 목표는 "작전 효율성을 강화"한다고 주장하면서도 실제로는 자군의 작전 영역 확대를 통해 평시에 전력건설의 유리한 위치를 점하고자 하는 조직정치와 다름이 아니었다.

결과적으로 미군의 통합활동처럼 '해야 할 일을 한 것'이 아니라 육군의 입장에서 합동전장 개념을 설정한 것이다. 바로 육군이 '하고 싶은 것'을 했다. 그 결과는 합동성 강화에 역행하는 행동이었다. 이에 대해 권영근은 다음과 같이 비판한다.

---

189) 권영근, 『합동성 강화 전시작전통제권 전환의 본질』, pp. 93-94.

190) 박휘락, 『자주국방의 조건: 이론과 과제 분석』, p. 51.

191) 전문화 시각의 본질은 각 군의 전문성에 따라 전투책임을 명확하게 구분하고 차별화하는 것이다. 김종하·김재엽, "합동성에 입각한 한국의 전력증강 방향", p. 197.

"2012년 12월 12일 합참은 공군 작전지역인 전방전투지경선 너머를 합동종심작전지역으로, 공군의 조정권한(coordinating authority) 아래 화력 운용이 통제되던 화력지원협조선에서 전방전투지경선 사이의 지역을 육군 지작사 종심작전지역으로 변경했다. 마찬가지로 한반도 항공력 운용을 위한 핵심 수단인 통합임무명령서(ITO: Integrated Tasking Order)[192]의 작성 책임자를 공군구성군사령부 참모장(공군)에서 합참작전본부장(육군)과 연합사작전부장(육군)으로 변경했다."[193]

이와 같은 작전 영역의 확대는 결국 육군의 자산을 확보하는 논리로 작용했다. 미 육군을 모방한 한국 육군은 전통적으로 공군 작전지역에 해당하는 지역을 육군 작전지역이라고 주장하면서 이들 지역에서의 작전 수행 목적으로 헬기, 지대지미사일, 다연장로켓(MLRS), 전차 등을 대거 확보했다.[194]

미 합동화력교리(2014)[195]에서는 그 운용 방안을 제시하고 있었다. 이는 미군을 비롯한 주요 국가들이 수용하고 있는 보편적인 개념에 근거하고 있었다. 그러나 이와 같은 개념이 한국 육군의 입장과 일치하지 않는다는 것이 문제였다. 전시에 항공력 통제의 책임을 공군이 가지고 있었지만, 한국군에게는 작전개념과 전력건설에 대해 국가 차원에서 진지하고 충분한 협의가 부족한 가운데 각 군의 필요에 따라 무기체계를 구입 및 개발하고 있다.

---

192) 현재는 ATO(Air Tasking Order: 항공임무명령서)로 변경하여 사용 중

193) 권영근, "한국군 항공력 조직의 통폐합 필요성에 관한 고찰", 『항공우주력 연구』, 제1집 (창간호, 2013), 대한민국 공군발전협회, pp. 148-149.

194) 유용원·전현석, "南 어디서든 北 전역 타격 가능한 800km 미사일 개발 끝낸 듯", 『조선일보』, 2015년 9월 12일, 종합 A5면.

195) JP 3-09, *Joint Fire Support*, 12 December 2014.

걸프전 당시 제3보병사단, 제5군단, 그리고 연합지상군구성군 사령관(CFLCC) 사이에서도 전장관리 논쟁이 일어났다. 첫 번째 문제점은 합동전장 내에서 상위 제대의 간섭현상이었다. 간섭현상은 모든 제대의 전장인식능력이 향상되면서 발생했다. 상위 제대들이 지휘·통제·통신·컴퓨터·정보 및 감시·정찰(C4ISR: Command, Control, Communication, Computer, Intelligence, Sensor & Shooter) 체계를 갖고 있지 않은 예하 제대들의 임무에 간섭할 가능성이 있다는 점이었다.

제3보병사단의 사후보고서 따르면 제3보병사단은 자신의 작전지역 내에서 근접항공지원 및 항공차단(AI: Air Interdiction)을 활용하여 표적을 공격하려는 연합군지상군 사령관, 공군구성군 사령관과 기타 군단의 도전에 부딪혔다. 상위 사령부는 첩보정보를 사단에 하달하고 제3보병사단 소속 부대를 표적 공격에 투입시키는 대신에 상위 사령부가 표적을 직접 공격하고자 했다. 이런 경우 군단과 사단 사이에 협조는 이뤄지지 않았다.[196]

두 번째 문제점은 각 제대의 입장과 역량에 따라 표적을 개별적으로 결정하여 이를 독자적으로 공격하려는 것이었다. 대개의 경우 군단은 여단보다 더 우수한 상황인식능력을 보유했다. 군단은 이러한 점을 내세워 항공기를 통제하고자 했다.

제5군단은 정보, 감시 및 정찰자산으로 취득한 정보를 제3보병사단에 전달하거나 제3사단의 작전 영역에서 작전을 수행하기 위해 사단과 협조했어야 했다. 이는 사단 차원의 근접항공지원 영역과 표적을 공격하는 군단의 고정익 비행기 활용 영역을 구분하기 위해 전선(FLOT) 30km 전방 지점에서 가상의 선을 설정하는 문제도 포함되었다. 물론

---

196) Johnson, *Learning Large Lesson*, p. 130.

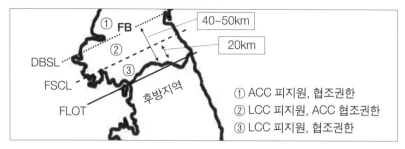

〈그림 4-6〉 한미 연합사령부 한국 작전지역

출처: Horner, USAF, The Fire Coordination Line, p. 27.

제5군단은 제3보병사단의 구역 내에서 화력지원협조선 지점 내에 있는 표적을 지속적으로 공격할 수는 있었지만, 사단과 군단이 각각 보유한 근접항공지원 체계 간의 충돌은 피할 수 없었다.[197]

이처럼 제3보병사단이 제기한 전장통제 문제는 육군교리와 합동지상중심교리에서 명확히 규명되어야 할 난제였다. 즉, 이라크전에서는 이미 공중우세가 확보되어 있는 상태여서 항공력의 79%를 근접항공작전에 할당할 수 있게 됨에 따라 이제는 육군 제대 간에 표적을 누가 선정할 것인가? 누가 항공력을 통제하여 공격할 것인가? 등의 문제가 대두된 것이다.

〈그림 4-6〉에서와 같이 공군구성군 사령관(ACC)은 종심전투통합선(DBSL: Deep Battle Synchronization Line) 너머의 모든 항공작전과 화력을 동시통합한다. 종심전투종합선은 우군 전선(FLOT)으로부터 통상 40~50㎞ 지점이다. 화력지원협조선으로부터 종심전투통합선까지는 지상군구성군 사령관(LCC)이 피지원자이며, 공군구성군 사령관이 '협조권한'[198]을 갖

---

197) 위의 책, pp. 130-131.

198) 지휘관들은 예하 관련요소들 간에 공식적인 명령계통을 설정해주기보다는 자발적인 협

는다. 화력지원협조선으로 전선(FLOT)의 20㎞ 구간은 지상군구성군 사령관이 피지원자 및 협조권한을 갖고 있다.[199]

1991년 걸프전에서도 화력지원협조선 너머 지역은 공군의 책임지역이었다. 걸프전 당시 화력지원협조선은 작전적 수준의 지휘관과 전술 지휘관들 간의 책임지역을 구분하는 선이었다. 작전적 수준의 지휘관은 공군구성군 사령관을 통해 화력지원협조선 너머 지역을 통제한 반면 전술지휘관(지구 사령관)들은 화력지원협조선 이내 지역을 통제했다.

걸프전 이후의 항공력 지휘구조에 관해서는 권영근의 "한국 공군의 '전략적 형식'—항공력의 효율적인 지휘구조 정립을 중심으로"[200]라는 논문에 잘 기술되어 있다. 1991년의 걸프전은 전구 항공력 운용 측면에서 분수령에 해당하는 전쟁으로, 당시 공군구성군 사령관 호너(Horner) 중장은 500피트 이상 상공을 비행하는 헬기와 순항미사일을 포함한 육·해·공군의 항공자산 대부분을 통제했다.[201]

1999년 나토 국가들이 참전한 당시의 코소보 전장에서 미 공군중장 쇼트(Michal Short)가 모든 항공력을 통합 지휘했다. 즉, 그는 연합군공

조를 조장하기 위해 협조권한(coordinating authority)을 부여한다. 협조권한은 2개 이상의 군이나 동일 군 내 2개 이상 부대의 관련된 특정 기능·활동의 협조 책임으로서 협의를 요구할 수는 있지만 강요는 불가능한데, 작전분야보다는 주로 계획 활동에 적용된다. 문광건, "합동성 이론과 군 구조 발전방향: 합동성 본질과 군사개혁방향(2)", 『군사논단』, KIDA, 제48호, 2006년 겨울호, p. 6.

199) John p. Hornor Major USAF, "The Fire Support Coordination Line: Optimal Placement for Joint Employment," (Daytona Beach, Florida: Mas., Embry-Riddle Aeronautical University, 1997), pp. 26-27.

200) 권영근, "한국 공군의 '전략적 형식': 항공력의 효율적인 지휘구조 정립을 중심으로", 권영근·문정인·최종건 편, 『21세기 항공우주력의 전력혁신』, 제14회 항공우주력 국제학술회의 발표논문(서울: 오름, 2012), p. 55.

201) Eliot A. Cohen, "The Mystique of U. S. Air Power," Peter L. Hays, Brenda J. Vallance, Alan R. Van Tassel ed., American Policy Defense(Baltimore Maryland: The Johns Hopkins University press, 1997), p. 363.

군구성군 사령관(CFACC)의 역할을 수행했다.[202]

2003년의 이라크전도 미 공군중장 모즐리(Buzz Moseley)가 연합군공군구성군 사령관(CFACC)의 역할을 수행했다. 각 전쟁의 ACC들은 전쟁에서 항공력을 미 공군의 지휘통제 수단인 항공임무명령서(ATO)에 입각해 운용했다. 항공력은 특수작전 전력, 해군 및 해병 항공력, 지상군의 ATACMS, 순항미사일을 포함한 걸프지역에 있던 다국적군의 모든 항공자산에 의한 공격을 조정 통제할 목적에서 매일 ATO를 발행했다.[203]

다음은 지상군구성군 사령관과 공군구성군 사령관의 조정기관으로, 지상군을 지원하기 위한 연합군공군구성군 사령관(CFACC)의 항공작전본부(ASOC: Air Support Operation Center)의 역할이다. 제5군단은 화력지원협조선의 위치를 선정하는 과정을 통해 아파치 헬기와 육군 전술유탄체계를 관할지역 이외의 지역에도 운용할 수 있었다. 또한 화력지원협조선을 설정하는 데 필요한 요소들을 서로 조화시키기 위해 여건 조성작전을 수행함으로써 작전지역 내의 화력지원협조선 내 지점에 운용되는 항공력을 통제할 수 있었다.[204]

종심공격을 담당하는 지상군의 핵심자산은 지대지미사일과 공격헬기 등이었다. 모든 육군전술미사일 체계는 100㎚(161㎞) 이상의 사정거리를 보유했다. 그러나 육군전술유도탄체계(ATACMS)는 종심작전을 수행하는 과정에서 항공력과 비교해보았을 때 두 가지 약점이 있었다. 첫째, 발사 이후에는 비행 중 표적을 재설정할 수 없었다. 이에 따라 감지·공격체계가 표적을 공격하는 데 소요되는 시간이 지체될 수 있었

---

202) Johnson, *Learning Large Lesson*, p. 67.

203) Hallion, 『현대전의 알파와 오메가』, p. 264.

204) Johnson, *Learning Large Lesson*, p. 130.

다. 둘째, 탄두의 탑재량에 비해 지나치게 높은 가격도와 육군전술유도탄체계로 고정표적을 공격하는 효율성이 떨어졌다.

지상군들을 가장 난처하게 만든 것은 AH‒64 헬기를 종심공격작전에 투입했을 때였다. 육군 비행부대원들은 자신들의 조직을 제병연합작전에 참여하여 직접화력과 원거리정밀무기를 활용하여 "전장을 조성하고 결정적인 전투작전을 수행하는 기동부대"[205]로 인식하고 있었다. 미 육군이 인식하는 AH‒64 공격헬기 가치는 "전투 영역 내의 일정 지점에 전투력을 신속히 집결하여 지휘관이 종심전투를 수행할 수 있도록 하는 것이었다."[206]

미 육군 종심작전교리 FM 1‒112(1997)에도 "공격헬기 대대군단은 종심공격을 수행함으로써 군단사령관이 전장을 조성하고 근접작전의 조건을 형성할 수 있도록 돕는다"[207]고 기술되어 있다. 그러나 실제로 종심전투에 투입했을 때는 이러한 기대를 충족하지 못했다.

공격헬기로 종심작전을 지원할 때, 투입되는 헬기의 수량, 속도 그리고 생존의 3가지 측면 모두에서 문제가 발생했다.[208] 첫 번째는 탑재체계의 수량, 즉 공격헬기의 양적 부족이었다. 군단사령관이 작전지역을 조성하기 위해 활용할 수 있는 공격헬기의 수는 한정되어 있었고 수량도 많지 않았다. 실제 전쟁에서 회전익 항공기 대 고정익 항공기의 운영비율은 비교가 되지 않았다.[209]

---

205) FM 1-100, *Army Aviation Operations*, Washington D. C.: HQ, DOA, 21 February 1997, p. 1-4.

206) FM 1-112, *Army Helicopter Operations*, Washington D. C.: HQ DOA, 2 April 1997, pp. 1-1-2.

207) 위의 책, pp. 1-6-7.

208) Johnson, *Learning Large Lesson*, p. 158-159.

209) 제5군단 소속 제11공격헬기 연대 산하의 2개 공격대대는 각각 21대의 AH-64A와 AH-

둘째, 헬기의 느린 속도였다. 아파치는 종심공격작전 동안 저고도, 야간 그리고 낯선 지형 같은 장애물 때문에 속도를 낼 수 없었다. 최대 150노트 속도로 비행이 불가능했다. 이에 따라 101비행여단이 이라크 자유작전(OIF: Operation Iraq Freedom) 중 종심작전을 수행할 때 한 대대가 전방의 무장 및 급유지점에서 목적지까지 100㎞ 거리를 비행하는 데 40분이나 걸리기도 했다.

셋째, 헬기는 고정익기에 비해 사막폭풍에 취약했다. 반면에 고정익기는 동일한 환경에서 운용 가능했으며, 악천후에도 불구하고 지속적으로 매일 평균 800회의 높은 출격률을 보였다.

헬기를 종심작전에 투입했을 때의 실제 사례다. 제5군단 사령관 윌리스(William S. Wallace)는 제5군단이 카르발라 북쪽으로 진격할 때 제11공격헬기연대에 이라크 메디아나(Mediana) 사단을 겨냥한 종심공격 임무를 부여했다. 임무의 목적은 군단의 전장을 조성하고 메디나 사단 소속 제14, 2, 10여단의 포병과 기갑부대를 파괴함으로써 카르빌라 지역에서 제3보병사단의 기동 자유를 확보하는 것이었다.[210]

제11공격헬기연대는 2003년 3월 23일 야간에 2-6 기갑대대(Cavalry Squadron)와 1-227 소속의 공격헬기인 아파치 헬기 30대를 종심작전에 투입했다. 공격의 결과는 대실패였다.[211]

64D 보유, 제1기동사단의 1-277 공격헬기 대대는 18대의 AH-64D 보유, 제5군단과 예하 제18보병사단이 18대, 제101공정사단이 72대, 제11공격헬기 연대가 61대 등 총 151대의 AH-64A/D 보유. 이 중 두 부대의 항공기 133대는 두 번의 종심공격을 수행하는 동안 80소티 이하 수행, 반면에 연합공군에 소속된 735대의 전투기와 51대의 폭격기는 2003년 3월 19일부터 4월 18일까지 20,733소티 중 15,592소티 이상이 격멸구역 차단 및 CAS 수행. 위의 책, p. 150.

210) 위의 책, p. 118.

211) 헬기 대대들 중 그 어느 부대도 메디나 사단에 치명적인 일격을 가하지 못했다. 역으로 공격헬기가 심각한 타격을 받았다. 한 대대의 아파치 30대가 평균적으로 15~20발의 소

제5군단은 2003년 3월 28일에 제101공정사단 예하 제101비행여단에 소속된 2개 아파치를 활용하여 종심공격을 재차 감행했지만 역시 실패했다. 제101비행여단의 카르발라 임무는 이라크 자유작전 동안 공격헬기가 수행한 마지막 종심공격이었다.

미 공군참모총장 맥픽(Merrill McPeak) 대장은 적 지역에 헬기를 운용하면 심각한 문제에 직면할 수 있으므로 공격헬기들은 공군의 제트공격기와 협력하는 차원에서 전선에 근접한 곳에 배치되어야 한다고 주장했다.

제5군단 사령관 월리스 장군은 101공정사단의 종심공격 이후 종심작전에서 아파치를 더 이상 활용하지 않았다.

제3보병사단을 지휘한 블런트(Buford C. Blount) 육군소장 역시 제11공격헬기연대의 사례를 접한 후 지상화력 때문에 더 이상 위험을 감수하면서 공격헬기를 사용하지 않기로 결정했다. 헬기는 제101공정사단의 카르발라 종심공격 실패 후에 종심공격을 제외했다.[212]

손버그(Todd G. Thornburg)는 "전장에서 목격되는 마찰과 안개로 인해 육군항공은 향후 종심작전을 수행할 수 없을 것이다. 육군항공은 지상군에 대한 근접항공임무를 수행해야 할 것이다"[213]라고 지적한다.

뒤랑(Etienne De Durand) 또한 "2003년 3월 23일의 종심 공격 이후 미육군항공은 더 이상 종심작전을 수행하지 않고 있다. 베트남 전쟁 이후

화기 공격을 받았다. 그중 한 대는 행방불명되었지만 후에 조종사는 구출되었다. 미국은 헬기 대대 전체를 상실할 뻔했다. 위의 책, pp. 118-119.

212) 공격헬기의 성격을 "도시지역과 기타 전술적 목표지역을 소탕하는 지상전력을 지원하는 차원에서 주간에 무장정찰 및 보안작전을 수행하는 부대"로 전환시켰다. 위의 책, pp. 119-120, 162.

213) Major Todd G. Thornburg, "Army Attack Aviation Shift of Training and Doctrine to Win the War of Tomorrow Effectively," (Quantico, Virginia: U. S. Marine Corps Command and Staff College Marine Corps University, 2009), p. iv.

포기했던 근접항공지원 임무를 수행하고 있다"[214]고 증언하고 있다.

미 육군의 경우 엄청난 양의 지대지미사일, 헬기 전력을 보유하고 있었다. 그러나 이들 전력은 실제 전쟁을 수행할 때는 공군의 통제 없이는 전혀 사용이 불가능했다. 공군 입장에서 보면 좀 더 효율적이고 효과적인 공군 전력이 있는데 미 육군의 헬기 등을 이용할 필요가 없었다. 확장된 작전환경에서 정밀성을 갖추고 운용되는 고정익 항공기의 능력은 공격헬기 같은 회전익 항공기보다 훨씬 우월했기 때문이다.[215]

종심작전의 핵심 구성요소인 헬기를 실제로 사용할 수 없다면, 화력지원협조선은 전투지역전단(FEBA)에 근접한 지점으로 설정해야 한다. 화력지원협조선은 사단 관할 간접화력체계의 외부경계 내에 대포와 다연장로켓체계의 사정거리 내에 배치해야 했다. 그러나 제3보병사단 화력지원협조선의 종심은 전투지역전단에서 100km 이상 떨어진 지점에 위치했다. 이 때문에 화력지원협조선이 M1096A Paladin 곡사포와 M270 다연장로켓체계들의 사거리와 화력지원협조선 사이에서 통제할 수 없는 공간이 발생했고, 이 공간을 통제할 수 없었다는 점이 문제가 되었다.[216]

항공력은 전구 차원의 시각에서 개개 임무에 적정 비율로 할당된다. 따라서 근접항공지원에 할당되는 항공기의 비율은 화력지원협조선의 위치에 관계없이 일정하다. 전투지역전단으로부터 멀리 떨어져 있는 지역에 화력지원협조선을 설정하게 되면 일정하게 배분된 항공기를

214) Etienne De Durand, Benôit Michel, Elie Tenenbaum, Helicopter Warfare: *The Future of Airmobility and Rotary Wing Combat*(Paris Cedex France: Laboratoire de Recherche sur la Defense, January 2012), p. 30.

215) Johnson, *Learning Large Lesson*, p. 161.

216) 위의 책, p. 165.

이용해 더 넓은 지역에 대해 근접항공지원을 지원해야 하기 때문에 밀도가 떨어진다. 화력지원협조선과 전선(FLOT)의 간격이 넓을 경우 지상군지휘관들의 근접항공지원 효과가 떨어지게 된다.

이는 전쟁의 원칙 중 집중의 원칙에 위배된다. 따라서 근접항공지원 목적으로 배정된 항공력을 더 집중적으로 활용하려면 화력지원협조선이 가능한 전투지역전단의 근접거리에 설정되어야 한다.[217]

이러한 점 때문에 제3보병사단은 사후검토에서 "'보유한 포병의 사거리를 벗어나지만 화력지원협조선에는 미치지 못하는 지점에 위치한 표적들을 어떻게 공격해야 하는가?'라는 질문이 부각되었고 이에 대한 대답은 '정밀항공화력'으로 명백하게 도출되었다"고 분석했다. 그러나 지상군은 원하는 목표만큼 화력지원협조선 내에 위치한 정밀항공화력을 효율적으로 활용하지 못했다.

일반적으로 작전지역은 공세적인 지상기동계획을 촉진하고 지상구성군의 조직적 역량을 최대한 끌어낼 수 있는 범위로 확장된다. 육군의 교리는 대규모 작전지역 통제권을 유지함으로써 군단의 전투수행을 위한 작전적 환경을 통제하고 조성하며, 소유한 조직적 자산들 예를 들면 육군전술유도탄체계(ATACMS)를 최대한 활용할 수 있도록 한다.

이에 따라 육군의 작전사령관은 작전지역의 자원을 직접 통제하기 원한다. 이러한 통제능력은 화력지원협조조치를 구축함으로써 달성된다. 연합합동군지상군 사령관(CJFLCC)의 작전지역 내에 화력지원협조선을 설정하여 육군체계의 운용만을 허가하고 기타 구성군 체계의 운용을 차단하는 방식이 이에 해당한다.[218]

---

217) New, "공지전투 시 공군과 지상군 간의 지휘권 관계", p. 63.

218) Johnson, *Learning Large Lesson*, p. 140.

군단 중심의 작전체계를 통해 지상군이 의욕적으로 육군의 전장을 확장한 것은 반드시 재검토되어야 한다. 한국군의 작전개념의 한계성은 건설된 군사력을 가지고 미군처럼 전쟁을 통해 검증해보지 못한 데 있다.

한국은 미군이 전쟁을 통해 분석한 전훈의 교훈을 망각하고, 자신들이 생각하는 방향에 맞지 않으면 배우려 하지 않는다. 그리고 한국 육군은 자신들이 보고자 하는 대로, 경직된 사고를 바탕으로 육군 중심의 방법으로 싸우고자 한다. 한국군은 미군이 전쟁을 통해 실패한 전훈분석을 타산지석으로 삼아 『합동작전』(2015)에 기술된 합동전장 영역 구분도 반드시 재검토가 필요하다.

제 5 장

미군과 한국군의
합동성과 조직정치 비교

제1절
지휘구조의 집권화와 분권화

1. 미군의 합동성과 지휘구조의 분권화와 집권화

합동성을 강화하기 위한 미군과 한국군의 핵심주제는 지휘구조 분권화와 집권화 정도의 문제였다. 집권화와 분권화의 정도는 해당 조직이 가지고 있는 군사문화와 경험이 바라보는 시각에 영향을 미치고 있었으며, 각 군 조직이 가지고 있는 조직구조의 강화 정도도 달랐다.

합동성을 강화하는 통합의 방법에는 'integration'과 'unification'의 두 가지 의미가 있다. 전자는 "부분들 또는 구성요소들이 결합하여 하나를 이루는 운영성에 관련된 것"으로, 결합의 방향은 효과성을 추구하고 있다. 후자는 서로 다른 것들이 동질성을 갖는 단일체를 이루는 것으로, 구조화와 예속화의 개념을 내포하고 있다. 따라서 합동성은 단순히 합치는 것이 아니라 각 조직의 장점을 최대화하도록 통합활동과 노력의 통일로 하나의 팀이 되는 것이었으며, 각 군이 한 팀이 되어 '전쟁에서의 승리'라는 동일한 목표를 향해 나아가도록 운영성을 향상시키는 개념이었다.

미군은 G-N법에서 그들의 문화와 전통을 담아서 민간인인 국방부 장관에게 일원화된 군령권과 군정권을 부여하여 문민통제를 보장했다. 이 법은 합참의장에게는 군사지휘권을 부여하지 않았고, 지휘계선상에서 국방부 장관의 지휘를 매개(transmitting)하도록 하여 분권화를 통해 강력한 군사령관이 등장하는 것을 막았다. 하부구조는 집권화를 선택하여 국방부 장관의 지휘를 받는 전투사령관이 강력한 군사통제권을 행사하도록 했다. 합참의장은 전투사령관을 감독하고 작전을 지원할 수 있도록 하여 상부구조와 하부구조의 균형과 조화를 이루도록 했다.

G-N법 이전에는 상부구조가 각 군의 조직이 대등한 가운데 자군의 자율성과 생존성, 확장성을 위해 노력했고, 합참의장은 각 군의 조직정치 현상을 적절하게 조율하지 못했다. 또한 전투사령부에 대한 각 군의 간섭으로 인해 비효율성이 내재되어 있었으며, 전투보다는 각 군의 조직이익 추구를 위한 각축장이었다. 그 결과 미군은 월남전, 이란 인질구출작전, 레바논 사태, 그레나다 침공작전에서 심각한 실패를 경험했다(가설 1의 검증).

G-N법 이후에는 합참의장이 군수석 자문관이 되었다. 전투사령관은 강력한 중앙집권화된 권한을 부여받았다. 전투사령관은 자군의 목표보다는 상위목표에 맞게 할당된 각 군의 전력을 배분하고 활용할 수 있게 됨으로써 모군의 이익보다 공익을 위해 일할 수 있게 되었다(가설 4의 검증).

G-N법은 합참의장의 지휘권을 강화한 것이 아니라, 합참의장의 군사자문권한을 강화했다. 민간장관이 군을 통제할 때, 군사전문가의 자문을 적시에 받도록 하여 문민통제의 효과성을 높였다. 또한 합참의

장은 국방부 장관의 정치적 입장과 전투사령관의 군사적 입장을 연결하는 다리 역할을 했다. 합참의장의 교량 역할은 미 국방조직 전체가 국가 이익을 위해 균형과 조화를 이루어 통합활동이 유연하도록 만들었다.

G-N법은 상부구조에서 합참의장 자문의 질적 제고와 적시성을 보장하여 각 군 간의 통합활동이 유연하게 운영되도록 했으며, 합참의장이 각 군과 협력하여 전투사령부를 지원하도록 했다. 그리고 전투사령관은 하부구조에서 집중되고 강화된 지휘권을 활용하여 군사조직의 운영성(integration)을 강화함으로써 통합활동을 군사적으로 구현할 수 있었다(가설 2의 검증).

2. 한국군의 합동성과 지휘구조의 집권화

한국군의 군 구조 개혁은 육군이 주도하고 해·공군의 반발이 반복된 육군 중심의 변화였다. 1959년부터 818계획이 추진된 1988년 이전까지 8차에 걸쳐 육군 주도적인 국방개혁을 지속적으로 추진해왔다. 그 이후 국방개혁 2020의 외형은 육군의 병력구조 조정이었으나, 내용은 전구 차원이 아닌 전술적 차원의 육군 전력증강이 주를 이뤘다.

국방개혁 307은 상부 지휘구조의 통합을 다시 추진했다. 이는 격렬한 통합군 찬반논쟁으로 연결되었다. 게다가 군사개혁의 주체는 지난 40년간의 경향과 마찬가지로 육군이 위원장을 맡았으며, 정리하고 보고하는 형태도 변함이 없었다. 한국군에서 국방개혁은 개혁의 대상이 되는 해당 조직에 소속된 인사가 주체가 되어 개혁을 추진하는 형태였다. 그 귀결은 당연히 육군 중심의 사고와 문화가 국방개혁과정에 반영되고 있었다.

한미 동맹요인과 해·공군의 전력을 미군에 의존하는 전략적 분업구조는 아직도 지속되고 있고, 국방부·합참의 육군지배구조는 변함이 없다. 전시작전통제권 환수도 언제 재개될지 모르는 상태에서 국방부나 합참의 전체적인 구조적·조직적 특성이 변하지 않는 한 육군 중심으로 합동성 강화가 추진될 것이며, 전구 차원에서 한국군의 합동성 강화는 어려울 것이다.

한국군의 지휘구조 특성은 합참의장의 직능이 미군의 합참의장과는 다르게 군령권을 가지고 있으며, 하부구조의 전투사령관 직을 겸하고 있었다. 국방개혁 307은 이러한 직능에 군정권 일부를 추가하려고 시도했다.

미군의 경우, 각 군의 힘이나 규모가 거의 대등한 상태에서 과도한 경쟁에 의한 조직정치 현상이 합동성 강화에 영향을 미치고 있었다. 반면에 한국군은 이와는 달리 어느 특정 군의 지배 정도가 매우 강한 상태에서의 조직정치 추구가 합동성 강화에 부정적 요인으로 작용했다.

한국군의 지휘구조는 외형적으로 합참의장에게 권한을 주고 각군이 협력하여 임무를 수행하는 합동군제 방식을 취하고 있다. 그러나 합참조직 내부의 인적구성 운영과정을 보면 일방적으로 육군에 편중된 독식구조였다. 따라서 한국군의 경우 합동성의 균형점을 찾기 위해서는 지배권력인 육군 권력의 조직정치 현상 제한과 조율이 필요했다(가설 3의 검증).

과거 한국군이 추진해온 개혁의 대부분은 구조 및 편성 문제부터 취급하여 조직의 통·폐합으로 해결하려고 했다. 그 결과 많은 부작용을 초래하여 결국 성공하지 못했다. 따라서 구조 및 편성의 변화가 합동성을 강화할 수 있다는 진단도 재검토가 필요했다.[1]

한국군의 합동성 강화를 위한 국방개혁을 상부구조의 '구조적 변화'를 통해 찾는 것이 능사가 아니며, 현 구조에서도 하부구조의 '운영성을 향상시켜' 해결할 수 있는 방안도 적지 않다.[2] 그러므로 한국군의 합동성 강화는 상부 지휘구조 중심 변화에서 전체 지휘구조를 조망한 상태에서 운영성을 높이는 쪽으로 추진되어야 한다.[3]

합참의장보다 전문성이 강한 육군참모총장이 지휘계선에 포함되어 있지 않아 합동성이 떨어졌다는 주장은 타당성이 부족하다. 만약 한국 육군참모총장이 최고의 전문가이기 때문에 강릉 무장공비 침투사건을 지휘해야 한다면, 그것은 사람이 가지고 있는 능력의 차이일 뿐 참모총장 자리가 전문성을 보장하는 것은 아니기 때문이다. 만약 이 말이 논리적이라면, 슈워츠코프를 대신하여 직위가 높은 미 육군참모총장이 모든 전쟁을 지휘하는 것이 적합하다는 발상과 다를 바 없기 때문이다.

'국방개혁 307' 추진과정에서 제기한 "합참의장에게 군령권·군정권이 이원화되어 있기 때문에 합동성이 미흡하여 작전 효율성이 저하되었다"는 말은 설득력이 부족하며, 운영성을 높이기 위해 한국군의 지휘구조는 〈그림 5-1〉과 같이 분할되어야 한다. 그 이유는 국방부

---

1) 박휘락, "국방개혁의 회고와 국방개혁 2020에 대한 교훈", 『전략논단』, 해병대전략연구소, 6권, 2007, p. 174.

2) 박휘락, "국방개혁 2020의 근본적 방향 전환: '구조 중심'에서 '운영 중심'으로", 『KRIS 정책토론회』, 2008년 2월, pp. 53-74.

3) 유용원, "국회 안에선 김장수, 국회 밖에선 남재준… 반대여론 주도: 육사동기인 靑특보 설득도 안 통해", 『조선일보』, 2011년 7월 27일, A6면.

장관과 합참의장의 군사적 역량에 거의 차이가 없고, 한국군의 상부·하부 지휘구조가 중첩되어 합참의장에게 권한이 과도하게 집중되어 있기 때문에 발생한 비능률이 문제였다.

합참의장의 권한 집중 상태를 조직론적 측면에서 보면, "국방개혁 307 안과 같이 진행될 경우 통솔범위가 과도한 것"[4]으로, 국방개혁 307 개선안과 같이 조직을 만든다고 해서 합동성이 강화되리라고 생각하지 않는다. 이와 같은 맥락에서 한미연합사령부의 특전작전사령관으로 근무한 맨검(Ronald S. Mangum) 장군은 "한국군은 합참 휘하에 합동작전 지휘를 위한 별도 사령부를 설치할 것을 권고했다."[5]

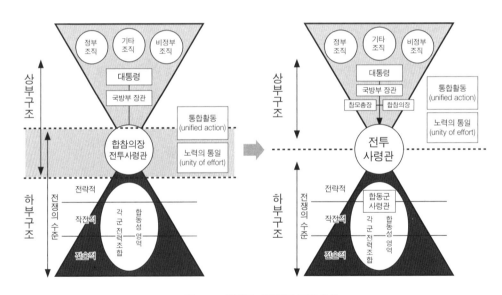

〈그림 5-1〉 한국군 지휘구조 조정 방향

---

4) 최창현, "군지휘체계 개편안에 관한 소고", p. 20.

5) Ronald S. Mangum, "Joint Force Training: Key to Rok Military Transformation," *The Korean Journal of Defense Analysis*, vol. 16, no.1(Spring, 2004), pp. 131-132.

현재 한국군의 합참은 특정 군 중심으로 권한이 집중되어 있으며, 그들에 의한 경직된 작전개념과 획일적인 조직운영은 전구 차원의 전쟁을 수행하기에는 미흡한 점이 있다. 상부구조와 하부구조의 분리와 기능적 균형을 유지하고, 분권화된 전문성을 통해 전력을 건설하며, 이를 집권화된 지휘권한을 통해 전장상황에 적합하게 전투사령관이 통합(integration) 운영할 수 있도록 해야 합동성이 강화될 것이다.

다만, 여기서 주의할 점은 전투사령관이 해당 국가의 법령에 따라 합동군 사령관을 겸직할 수 있으며, 본 책자에서는 개념 연구를 위해〈그림 3 - 3〉을 준용하여 분리표기했다. 합동군 사령관은 전략적 수준의 전쟁목표를 고려하면서 작전적 수준에서 합동성 구현을 통해 군사 목표를 달성한다.

제2절
합동전장에서의 작전개념과 전력건설

1. 작전개념과 합동성 논쟁: 공지전투와 전략적 마비

합동전장이 지상군 중심의 2차원 전쟁에서 3차원의 공간으로 옮겨가기 시작함에 따라 합동전장에서 항공력을 통제하는 것이 주된 관심사가 되었다. 합동성 강화를 통해 국가이익을 추구해야 하는 당위성에도 불구하고 육·해·공군은 냉전 후에 발생한 분쟁들을 자군의 관점에서 분석하고 있었다. 타군과의 치열한 논쟁을 통해 자군의 이권과 지배력을 확산시켰다. 이러한 논쟁 이면에는 자군 조직의 자율성과 생존성, 확장성을 보장하고 자원 확보를 위한 조직정치가 내재되어 있었다.

미 육군은 자군이 전역계획을 주도하고, 적군과 육군의 교전을 용이하게 하는 것이 전역계획의 주안점이 되어야 하며, 공군은 언제나 육군을 지원해야 하고, 공군을 통제해야 전쟁을 잘 수행할 것으로 생각했다. 그러나 육군의 이러한 가정은 항공력에 의해 적의 지휘부와 종심이 타격당하고, 적이 육군과 교전하기 전에 격멸당하거나 마비되자, 전장에서 육군의 상대적 영향력이 감소됨을 의미했다. 이는 육군에게 심각한 문제였다.

첫 번째 문제는 미 육군 교리가 종심작전을 군단 수준에서 핵심요소로 강조하고 있었다. 문제는 적의 제2제대를 공격해야 한다는 종심공격(Deep Strike) 개념에서 발생했다. 적의 종심을 볼 수 있는 군단장이 이들 지역을 책임져야 한다고 생각했다.

육군이 종심작전을 추구함에 따라 전선으로부터 적 후방에 이르는 모든 지역에 대한 책임을 관례적으로 담당하고 있던 공군의 세력권을 침해했다. 따라서 지상 및 공군 간에 누가 전구 전장에 대한 권한을 지니고 있는가에 관해 논쟁이 발생했다. 이러한 논쟁은 화력지원협조선의 설정을 둘러싸고 더욱 두드러지게 나타났다. 군단장이 화력지원협조선의 설정권한을 가지고 있고, 화력지원협조선의 위치를 선정할 때 군단이 종심작전전투를 수행할 것으로 예상되는 영역의 외부에 화력지원협조선을 설정해야 했다. 이럴 경우 항공력으로 군단지역 내 화력지원협조선 내에 위치한 표적들을 공격하기 위해서는 지상구성군의 협조가 필요했다.

두 번째 문제는 육군과 공군 간의 적절한 협조체계와 아군 항공기에 의한 아군 오폭방지 조치 등이 부재하여 공군 조종사들은 화력지원협조선 이외의 지역에서 임무를 자유롭게 수행하지 못했다. 항공력은 항공통제관의 지시에 의해서만 공격이 가능했고, 이러한 절차는 항공력이 지상군을 지원할 때 적시성, 기상, 항공통제관의 통제 등의 조건을 준수해야 하는 제한이 생겼다.

육군은 화력지원협조선의 너머 지역에 자군의 자산인 미사일 공격 또는 헬기를 운용하는 데 어떠한 제한점이 생기는 것을 거부했다.

이러한 문제에 대해 육군은 자신의 자산들을 합동군공군구성군 사령관이 자신의 통제하에 놓으려는 노력이며, 지상군에게 속한 화력을 항공임무명령서(ATO)상에 통합하여 공군구성군 사령관(ACC)이 통제하려는 시도로 보았다.

육군은 지상전역에서 육군에 의한 전장 통제상태를 유지하며, 화력지원협조선을 더욱 먼 거리에 배치하여 공격헬기의 운용을 활성화시키고 종심전투를 수행하려 했다. 하지만 항공력은 이로 인해 화력지원협조선 내에 대피 중인 적군을 제대로 공격할 수 없었다. 이러한 문제점은 전구에 할당된 육군과 공군 간의 지휘통일을 더욱 강화해야 함을 의미했다. 여기에는 '합동전장에서 육군과 공군 중 어느 군이 상대에게 예속되어야 하는가?'라는 매우 어려운 문제가 내재되어 있었다.

미 공군은 미 육군의 지휘구조와 교리 및 자원분배 측면에서 공지전투를 반대했다. 미 육군의 교리는 "항공력을 본질적으로 공세적이고도 융통성 있게 사용해야 한다"는 공군의 항공력 운용개념에 부적절한 것이었다. 미 공군은 미 육군의 공지전투 이론이 항공력을 육군의 보조적 수단으로 사용하고 있기 때문에 합동교리로 인정하지 않았다.

항공력은 걸프전과 이라크전, 코소보전 등 실제 전쟁을 수행하는 과정에서 '종심타격 임무'를 성공적으로 수행했다. 반면에 육군의 종심타격 핵심자산인 아파치(AH-64) 헬기와 육군전술유도탄체계(ATACMS)는 종심작전에서 고정익 항공기만큼 효과적이지 못했다. 오히려 육군의 자산운용은 화력지원협조선 내에서 종심작전을 수행할 때 항공력의 운용성을 제한하는 결과를 초래했다.

따라서 종심공격 임무는 전략적 수준부터 전술적 수준의 다양한 임무가 가능한 공군구성군이 담당해야 한다. 1991년 걸프전을 목격한 많은 군사이론가들의 "미래의 전쟁은 공군이 해군과 육군의 지원을 받아 전략적 마비의 전쟁을 수행해야 한다"는 주장에 주목해야 한다.

합동전장에서 합동성 강화의 의미를 명확히 하려면 첫째, 합동성을 전구적 차원에서 전략적 마비를 위한 것인지, 아니면 전술적 차원에서 지상전력에 대한 근접항공지원(CAS) 중심으로 이해할 것인지, 아니면 두 가지를 포함하는 동시적 개념이라면, 제한된 항공력의 배당 우선순위를 어떻게 할 것인지 기준이 정립되어야 한다. 둘째, 누가 합동전장을 지휘통제할 것인가의 문제다. 관점에 따라 전략적 – 작전적 – 전술적 수준에서 접근하는 방향과 표적할당의 우선순위가 달라진다. 셋째, 확대된 지상전력의 종심과 항공력의 작전이 중첩될 때 종심공격을 어떠한 전력으로 어떻게 운영할 것인지에 대해 전구 차원에서의 명확한 합동전장 운영개념을 가지고 있어야 한다.

결론적으로 전쟁에서 미군의 합동성 구현은 전구적 차원에서 볼 때 전략적 수준에서 전술적 수준으로 전개되었다. 먼저 전구 차원에서 전투사령관의 의도된 목표를 달성하기 위해 효과 중심으로 표적목록을 작성했고, 의도한 목표에 부합하는 표적의 우선순위에 따라 항공력과 지상전력을 배당했다. 그리고 전투사령관은 실제 전장에서 육·해·공군의 각 전력을 전구 차원의 목표를 달성하도록 조화시키고, 전력운영 속도를 조정 및 지휘·통제했다.

합동성 발휘 문제는 육·해·공군 등 각 군의 군종 특성을 고집하여 단독으로 싸우는 자군의 전력을 활용하고자 하는 입장이 아니었다. 국가의 군사목표를 달성하기 위해 미군의 대표자로서 Purple Suit를 입은 슈워츠코프처럼 공익을 위해 합동전장을 균형 잡힌 시각으로 바라보고 전장상황의 변화에 따라 전장에서 발생하는 안개와 마찰 현상을 극복할 수 있어야 했다. 그리고 이를 위해 각 군의 차별화된 힘을 가장 적합하고 적절하게 적시에 사용할 있도록 지휘할 능력을 가지고 있는가의 문제였다.

<표 5-1> 전쟁사례 분석결과

사례	지상군 관점	공군 관점	종합	종결상태
이라크 (1991)	항공력이 이라크군 약화 후 지상전역을 결정함	항공력이 압도적인 성공조건 제공. 항공력으로 전쟁에서 이긴 것이나 진배없음	항공전역이 무능한 적을 상당히 약화. 미약한 적은 지상전력으로 격퇴	10년 이상 봉쇄·제재, 이라크 자유작전
코소보 (1998)	지상군 진입 위협이 밀로세비치를 굴복시킴	최초 전역의 신속한 수행에 이은 항공력이 밀로세비치를 굴복시킴	사회기반시설 표적에 대한 공중공격이 정치적 동력을 변화시킴	전쟁 이외의 작전
아프가니스탄 (2001)	항공력의 도움으로 반탈레반 지상군이 탈레반과 알카에다를 압도함. 잔당소탕을 위해 지상군이 필수적임. CAS는 비효과적이었음	항공력의 도움을 받은 반탈레반군에게 결정적. 아나콘다 (Anaconda) 작전에서도 미 지상군 보호의 핵심적 역할 수행	아프가니스탄군에 우세를 제공하는 데 항공력이 결정적. 잔당 탐색과 소탕에는 미 지상군이 필요했음	전쟁 이외의 작전
이라크 (2003)	'충격과 공포'는 지상전투의 필요성을 제거하지 못함. 사담 정권을 붕괴시키고 이라크를 점령하기 위해서는 지상군 진격이 필요함. 항공력은 목표 달성에 핵심요소임	지상군 작전 지원 역할이었음에도 항공력은 지상군의 신속한 성공에 필요한 조건 제공. 지상군 지휘관의 FSCL의 통제는 '종심전투'에서의 항공력 기회 제한	항공력은 이라크군이 다국적군에 접근하기 전에 파괴함. 악천후와 야간에도 이라크 지상군의 기동과 운용 거부. 다국적군의 비용, 위험, 작전기간을 감소시킴. 지상군에게 이라크 패잔병 소탕 역할 기회 제공	전쟁 이외의 작전

출처: Johnson, *Learning Large Lesson*, pp. 138-139.

전훈분석 과정에서 각 군은 자군의 시각에서 전쟁현상을 분석했다. 실제로 각 전쟁의 전훈분석에서 〈표 5-1〉과 같이 지상전력과 항공력의 관점이 충돌하고 있었다.

조직정치 차원에서는 자군의 자원을 이용해 작전개념을 구사하고, 전투에 참여하는 일이 매우 중요했다. 각 군의 자원 활용결과에 따라 전후 타군과의 예산획득 전쟁에서 유리한 위치를 선점할 수 있었고, 전투에서 유용성이 없는 군대는 감축 또는 예산이 삭감되었기 때문이다.

합동전장에서 주도권을 장악하기 위한 두 전력의 노력과 논쟁은 계속되있다. 공군은 제어단계(Halt Phase) 개념을 발전시켰고, 육군은 진략적 배제(Strategic Preclusion)로 대응했다.

비록 제어단계 개념을 둘러싸고 논란이 발생하긴 했지만, 이 개념은 항공력을 가장 효율적으로 활용하여 적의 전쟁지휘 통제 수단을 전략적으로 공격하는 데서부터 적의 군사력을 직접적으로 격퇴·파괴하는 작전술에 항공력을 활용하는 데 이르기까지 미군의 지적 기반을 확장시켰다. 그리고 이후에 발생한 아프가니스탄전에서는 항공력을 적의 야전군에 대항하는 전략적 수단으로 활용했다.

미군은 '제어단계와 전략적 배제 같은 개념 논쟁'처럼 자군의 이익을 추구한다고 비난을 받기도 했지만, 논쟁의 긍정적 측면은 타군과의 계속되는 논쟁을 통해 각 군이 자율성과 독립성을 보장받고, 그 과정에서 자군을 전쟁에 유용한 전문성을 가진 군으로 단련시켜왔다는 점이다.

2. 미군의 전쟁경험과 한국군의 전력건설

한국 육군은 '국방개혁 2020'과 '국방개혁 기본계획 2014 - 2030'에서 군단 중심의 작전개념과 전장을 확대했다. 육군은 확장된 작전공간에서 작전을 수행하기 위해 육군 중심으로 군단작전 수행을 위한 전력건설을 추구했다.

결과적으로 한국군이 합동전장에서 육군 중심의 공지전투 작전개념으로 전투를 수행할 때 미군이 걸프전을 통해 드러낸 과오를 반복할 가능성이 농후해졌다. 문제의 심각성은 이러한 문제를 해결하기 위해 미군처럼 전쟁을 통한 실전에서의 경험과 다양한 토론 및 검증의 부족으로 인해 이와 같은 결과를 바로잡기 쉽지 않다는 데 있다.

평상시 자군의 관점에서 자군의 이익을 위한 조직정치 현상이 나타날 때, 작전계획과 전력기획의 왜곡현상, 그리고 천안함 피격과 연평도 포격에서처럼 예측 불가능한 북한의 국지도발과 각종 우발사태에서의 대처능력에 대해 심각한 우려를 하지 않을 수 없게 된다.

2012년 12월 12일 합참은 공군 작전지역인 전방전투지경선(FB) 너머를 합동종심작전지역으로, 공군의 협조 권한 아래 화력운용이 통제되던 화력지원협조선(FSCL)에서 전방전투지경선 사이의 지역을 육군 지작사 종심작전지역으로 수정했다. 마찬가지로 한반도 항공력 운용을 위한 핵심 수단인 통합임무명령서(ITO)의 작성 책임자를 공군구성군사령부 참모장(공군)에서 합참작전본부장(육군)과 연합사작전부장(육군)으로 변경했다.

합참은 『합동작전』(2015) 판에서 전방전투지경선까지는 육군 군사령부 작전지역(즉, 육군 작전지역)으로, 전방전투지경선 이후 지역은 육군 중심의 합참이 주도하는 합동작전지역으로 만들었다. 게다가 "지상 영역은 지상작전 단계별로 구분하여 지상군의 작전지역으로 부여하며"라는 표현을 써서 이를 더욱 강화시켰다. 이는 한반도 전 지역이 지상작전 지역으로 착각하도록 만들었고, 공군은 지상작전 영역이 없는 듯이 기술되어 있다.

화력지원협조선의 확장은 이미 미 육군의 걸프전 경험을 통해 문제점으로 식별된 바 있었다.[6] 화력지원협조선이 육군 무기의 종심지역으로 밀려나면 항공력은 차단임무를 제대로 수행할 수 없게 되고, 공격대상이 제한된다.

반면 화력지원협조선이 우군의 전선과 근접한 곳에 위치한다면 군단사령관은 공군과 협력하여 화력지원협조선 이외의 지역에 대한 지상군 화력을 자신의 의도대로 사용하지 못하게 된다. 결국 육군이 통제할 수 있는 자산사용의 제한을 초래하게 된다.

육군의 작전 영역 확대는 결국 육군의 자산을 확보하고 생존성을 증가시키려는 조직정치 논리로 작용했다. 한국 육군은 전통적으로 공군 작전지역에 해당하는 지역을 육군 작전지역이라고 주장하면서 육군의 종심공격 자산을 집중 건설했다. 이는 항공력 자원의 중복투자와 아군 미사일이 아군을 격추할 수 있는 우군 살상 문제가 제기되었고, 결과적으로 합동성 강화에 역행되는 결정이었다(가설 3의 검증).[7]

---

6) 김정익도 확대된 작전지역은 "자체방어 요소 증가 및 아군의 간격을 적에게 제공할 가능성"이 크다고 말했다. 김정익, "종심작전과 근접작전의 보완적 발전을 위한 제언", 『주간국방논단』, 제1176호(07-46), 2007년 11월 5일.

7) 국방개혁 2020 조율을 담당한 임춘택 전 청와대 행정관은 "육군은 해군과 공군 없이도 전쟁을 수행하기 위한 능력을 구비하고자 한다. …… 육군이 추진하는 모든 무기체계 획득사업에 이 같은 사고가 숨어 있다. 미군을 제외하고는 육군처럼 많은 헬기를 보유하

미 육군의 경우 엄청난 양의 지대지미사일과 헬기 전력을 보유했다. 그러나 이들 전력은 실제 전쟁에서 공군의 통제 없이는 사용하기가 매우 어려웠다. 한국군도 한·미 연합공군과의 긴밀한 협조가 필요하다. 한국의 전장환경도 이라크보다 나을 것이 없고, 오히려 북한의 방공망은 이라크보다 더욱 조밀하게 조성되어 있다. 한국의 종심작전 영역에서 육군의 종심공격자산이 유용성이 없다면, 화력지원협조선(FSCL)은 전투지역전단(FEBA)에 근접한 사단 관할의 대포와 다연장로켓체계의 사정거리 내에 배치되어야 한다.

한국군의 문제점은 건설된 군사력을 가지고 미군처럼 전장에서 직접 경험하여 실전적으로 능력을 검증하지 못했다는 데 있다. 한국군은 걸프전과 이라크전을 보며 감탄했지만, 육군이 다수이다 보니 걸프전을 전략적 마비전이 아닌 공지작전 개념으로 보았다. 말하자면 보병 중심의 지상군 관점으로 이해한 것이다.[8]

2014년『국방일보』에 대서특필된 '군단 중심 – 미니 야전군사령부'라는 작전개념으로는 작계 5015를 구현하기가 쉽지 않다. 더구나 미군 항공전력의 도움 없이 제한된 영역에서만이라도 한국군 단독으로 작전할 능력을 보유해야 한다. 그러나 한국 육군은 자신들의 의지에 맞지 않으면 미군의 전훈분석을 통해 얻은 교훈으로부터 배우려 하지 않는 것처럼 보이고, 경직된 사고로 싸우고자 하는 경향이 보인다.

고 있는 국가는 드물다. 육군은 헬기를 가지고 전쟁을 하고자 한다. 육군 중심의 합참 작전계획에는 해·공군의 지원사격이 제대로 고려되지 않는다. 대통령 보고 당시에도 그랬다. …… 육군은 해군 및 공군과의 합동작전에 관심이 없다. …… 육군에 필요한 모든 능력을 갖고 있어야 한다는 생각이 지배적이다"라고 증언했다. 권영근(2013), "한국군 항공력 조직의 통폐합 필요성에 관한 고찰", p. 161.

8) 이정훈(2013),『연평도 통일론』, p. 221.

제3절
미국과 한국의 국방개혁
비교가 주는 시사점

1. 미군의 합동전장 운영에서 배우는 교훈

미군은 걸프전을 통해 전략 공격의 효율성을 입증했고, 코소보전, 아프가니스탄전, 이라크전을 통해 항공력 운영개념을 발전시켜나갔다. 그리고 오늘날의 항공력은 지상전을 자체적으로 수행하거나 타군을 지원하는 방식으로 전쟁의 승리를 독립적으로 쟁취할 수 있는 잠재력을 보유했다.

그러나 이러한 주장은 국가전략목표를 달성하기 위해 항공력의 전쟁수행기능을 무리하게 해석하여 합동 차원에 적용하면, 합리적 해결책을 찾아내는 데 오히려 장애물로 작용할 수 있다. 또한 수단적 측면에서도 미국만큼 항공력을 갖춘 나라가 없기 때문에 단순히 미군의 합동전장 운영능력을 모방하기가 쉽지 않다는 점이다. 게다가 적의 장사정포 타격거리에 있는 서울의 위치는 미군이 수행한 전쟁과는 달리 큰 변수와 압박이 되고 있다.

한국군이 처한 현실은 전략적 마비와 근접전투가 동시에 발발할 수 있는 구조라는 것이다. 따라서 작전개념과 전력건설에 있어서 지상 전력의 전투와 항공력의 균형과 조화가 매우 중요하며, 미군의 전력이 합산되지 않는 한 두 가지 개념을 동시에 수행하기에는 확보된 전력이 부족한 것도 사실이다. 그럼에도 불구하고 한국 육군은 지상군 중심으로 편중된 공지전투 개념에서 벗어나지 못하고 있다. 주지할 사실은 입체기동전은 지상군 중심의 독자적인 작전개념이 아니라, 전구 차원에서 해군·공군과의 합동전투 개념으로 접근해야 한다. 공군이나 해군력은 육군의 보조 또는 지원전력이 아니라 한국군으로서 하나의 팀으로 함께 싸워야 한다는 사실에 대한 이해가 매우 중요하다.[9]

따라서 작전지역을 결정하고 FSCL을 확장하는 것과 연관된 합동 교리는 지상전력보다 적을 효과적으로 공격할 수 있는 항공력을 이용하도록 수정되어야 한다. 육군의 입장에서 작전적 전쟁수행의 측면을 고려할 때 이러한 관점을 받아들이기는 어려울 것이다. 그러나 육군은 공격헬기와 ATACMS의 유용성을 재평가해야 한다.[10] 이러한 결과가 한국 육군에 가하는 가장 큰 도전은 합참 내에서 육군이 합동군 사령관을 대신하여 군단 중심의 작전적 교리를 바탕으로 종심작전을 통제해온 권한을 공군구성군 사령관에게 위임해야 한다는 점이다.[11] 한국

---

9) 이상호, "국방개혁 2020 군사전략 측면에서 평가", 『세종정책연구』, 2009년 제5호 2호, p. 125.

10) 김정익은 작전지역 확대에 대해 "사단의 관심지역 확대도 불가피해지고, 사단의 임무가 과중해지면 미래 사단에 필요한 화력요구도 급증해지며, 군단 중심 지역에 대한 타격은 공군에 의존할 수밖에 없음"을 지적했다. 김정익, 『한국군의 합동작전개념』(서울: KIDA, 2010), pp. 171-173; Johnson(2007), *Learning Large Lesson*, p. 193.

11) "합참이 합동군사령부 역할을 한다 할지라도 각 군 구성군사령부가 하는 행위들이 단일 목표를 겨냥하도록 하는 일을 수행하는 곳이지 구성군사령부의 역할을 하는 곳은 아니

군의 합동전장 운영개념은 전략적 마비의 작전개념을 지향하고, 종심 작전은 항공력에 위임하며, 지상전력이 가장 잘할 수 있는 근접전투와 '안정화 작전'[12]에 집중해야 한다.

'작계 5015의 개념'[13]처럼 진행된다면, 첫째, 육군은 작전 및 전략적 수준에서 적의 집결 및 이동 방식을 강제하여 이라크전의 경험처럼 우군의 항공력 공격에 적을 노출시킬 수 있다. 둘째, 육군은 항공력의 전략적 마비에 의해 파괴된 적의 전술적 잔존요소에 근접하여 전투를 해도 효율적으로 이들을 격퇴하고 성과를 달성하며 지상 영역을 점유할 수 있게 된다. 셋째, 육군은 전력 보존과 비축으로 전략적인 정치적 최종상태를 달성할 때까지 분쟁 후 환경을 조성하는 전략적 안정화 작전을 주도할 수 있다.[14]

미군의 이라크전 경험을 통해 판단할 때, 안정화 작전은 최종상태를 지향하는 전략적 차원의 핵심 임무다. 안정화 작전을 더욱 순조롭게 시행하기 위해서는 한국군과 북한군의 피해를 최소화해야 한다. 한국군은 안정화 작전을 수행할 있도록 지상전력을 최대한 보존해야 한다. 또한 전투를 통해 적군의 사망자 수가 클수록 적군의 분노와 저항을 유발하여 안정화 작전을 어렵게 할 수 있기 때문에 북한군이 전투에서 패하더라도 인명피해와 재산파괴가 최소화되어야 한다. 이러한 조건을

다." 권영근, 『한국군 국방개혁의 변화와 지속』, pp. 373-374.

12) 육군은 2015년 9월 20부터 23일까지 북한 점령 상황을 전제로 컴퓨터 전투지휘훈련(BCTP)을 통해 북한 지역에 대한 안정화 작전 훈련을 실시했다. 안정화 작전이란 전시나 급변 상황을 통해 북한에 통제 불능 상황이 생긴 경우 북한 지역에 진주해 치안 유지 등을 수행하는 작전을 말한다. 전현석·유용원, "육군, 북 점령 시 '안정화 작전' 첫 훈련", 『조선일보』, 2016년 1월 22일, A8면.

13) 유용원, "남침 대비 작전계획 5015, 기존 5027과 무엇이 다른가", 『조선일보』, 2015년 10월 7일, A3면.

14) Johnson(2007), *Learning Large Lesson*, pp. 193-194.

형성시킬 수 있는 조건은 공지전투보다는 전략적 마비개념이 매우 유용하다.

항공력은 지상군의 능력과 비교하여 훨씬 빠른 속도로 발전했다. 또한 항공력은 속도에 더하여 융통성, 편재성, 대응성, 집중성의 향상과 기술 발달에 의해 정밀성과 파괴력이 향상되어 제어단계(halt Phase)를 주장할 정도로 성장했고, 전략적 – 작전적 – 전술적 전 스펙트럼에서 활용할 수 있다는 점이다.[15] 따라서 항공력의 임무 역할도 제고되어야 한다.

항공력은 작전 및 전술적 수준에서 전구 차원의 작전을 주도하고, 지상전력의 근접전투를 지원하기 위해 근접항공지원, 정보, 감시 및 정찰, 그리고 공수능력을 지상군에 제공할 수 있어야 한다. 또한 전략적 안정화 작전을 수행하는 지상군의 전략적 임무를 지원하기 위한 역량을 갖춰야 한다.[16]

주요 전투작전에서 항공력이 중요한 역할을 수행해온 것은 사실이지만, 정치적 최종상태를 독립적으로 달성할 수 있다는 점을 입증하지는 못했다는 지상전력의 입장을 수용할 필요가 있다. 이라크에서 미군의 안정화 작전의 실패는 이러한 교훈을 다시금 상기시킨다.

또한 항공력이 만능은 아니라는 점이다. 항공력이 지상군을 완전히 대체할 수 없다는 점도 간과해서는 안 된다. 2001년 10월 아프가니스탄에서의 경험에 의하면 지상군의 지원 없이 실행된 폭격은 별다른 성과를 거두지 못했다. 적군은 지하로 숨어 가장 강력한 미군의 폭격에도 살아남을 수 있었다. 아프가니스탄 전쟁이 남긴 교훈은 공군력만으

---

15) Bruce R. Pirnie, Alan Vick, Adam Grissom, Karl P. Mueller, David T. Orletsky, *Beyond Close Air Support*(Santa Monica CA: Rand, 2005), pp. 111-113.

16) 위의 책, p. 194.

로 전쟁에서 승리할 수 있는 것이 아니라, 장비가 부족하고 훈련이 잘 되어 있지 않은 소수의 지상군 병력이라도 공군력이 지상병력의 전투력을 크게 향상시킬 수 있다는 것이다. 또한 아프가니스탄 같은 산악지역에서 표적이 분산되고 식별이 어려울 때 항공력과 특수부대의 결합은 항공력을 유용하게 사용할 수 있었다.[17]

한국군에게 중요한 것은 미군이 전쟁의 경험을 통해 지상전력과 항공력 간의 신뢰를 체득한 반면, 한국 공군은 육군과 함께 실제 전쟁을 수행한 경험이 없다. 따라서 아직도 한국 육군은 한국 공군이 합동 전장에서 필요한 자원을 제공할 것이라고 신뢰하지 않는다는 점이다. 한국군은 육군 중심의 병력구조에서 벗어나지 못하고 미군처럼 혁신하지 못하고 있다는 사실이다.

한국 육군은 종심작전을 수행할 때, 미 육군이 직접 통제하고 적시에 사용 가능한 공격헬기 자산에 의존했던 경향이 그대로 나타났다. 그 결과로 첫째, 노무현 정부의 국방개혁 2020에서 투자비인 271조 원의 절반 이상을 육군이 사용했다.[18] 또한 국방개혁 2020 수정안에서 이러한 현상은 더욱 강화되었다. 이상호는 "육군사업 추진을 위해 국방예산을 현 비율로 지속 소요할 경우 …… 미래 국가 군사력의 핵심전력을 확보하는 사업의 추진에 부작용이 초래될 것[19]"임을 지적했다.

둘째, 한국 육군은 과거의 경험에 비춰볼 때, 공군이 적시적소에 운용되지 못할 것이므로 육군 스스로 종심전투를 수행하는 조직적 역

---

17) Max Boot, 『Made in War: 전쟁이 만든 신세계』, 송대범 외 역(서울: 플래닛미디어, 2013). p. 743.

18) D&D FOCUS 편집부, "노무현의 '자주의 기관차' 작지만 강한 '2025년 목표군'", 『D&D FOCUS』, 2011년 6월호, p. 88.

19) 이상호, "국방개혁 2020 군사전략 측면에서 평가", 『세종정책연구』, 2009년 제5호 2호, p. 119.

량을 갖춰야 한다는 인식을 형성해왔다. 그 대표적인 것이 전력건설에 투자한 자산인 공격헬기와 육군전술유도탄체계(ATACMS)다.

셋째, 실질적으로 지상전력이 근접항공지원을 요구할 때 즉각적으로 지원해줄 수 있는 실질적인 능력 유무다. 과거의 분쟁에서 미 공군 장교들이 독립 '항공전역'에 주력했던 때를 제외하고는 기상문제 또는 표적 영역의 모호성 같은 요소들 때문에 합동직격탄(JDAM: Joint Direct Attack Munition)[20]이 등장하기 전만 해도 미 공군은 적시적소에 운용되지 못했다. 그러나 항구적 자유작전과 이라크 자유작전 당시 항공력은 위성감시기와 인적지원에 힘입어 전천후로 주야에 모두 운용될 수 있었다.[21]

그러나 한국 공군은 미 공군처럼 실제 전쟁을 경험해보지 못했다. 실제 경험의 부재는 전장상황에서 안개와 마찰에 의해 일어나는 가변요소 등을 모두 예측하기 어렵다. 따라서 훈련과 연습을 통해 단련되지 않으면 안 된다. 한국 공군과 육군은 합동훈련을 통해 실무장을 투하하면서 근접항공지원을 훈련할 수 있는 입체적 종합훈련장이 부족하고 제한적일 수밖에 없다. 그나마 실무장 폭격훈련 경험도 지정된 지점과 지형에서 철저한 사전준비와 수차례의 사전반복 연습을 통해 실시하였다.

만약 비계획하 또는 우발사태에서 긴급 근접항공지원 요청을 받았을 때 조종사는 우리 지상군의 근접지역에 실무장을 투하할 수 있을까? 그리고 육군 지휘관은 오폭의 피해를 각오하면서 훈련을 실시할

---

20) 재래식 폭탄을 정밀유도폭탄(스마트 폭탄)으로 변환시켜주는 유도 부분과 꼬리날개의 키트다. JDAM은 250~2,000파운드(900kg)의 탄두를 사용하는 마크 80 시리즈의 재래식 자유낙하 폭탄에 정밀유도폭격 기능을 부여한다. 자유낙하 폭탄에 위성항법장치 등을 장착해 표적을 정확하게 유도한다.

21) Johnson, *Learning Large Lesson*, p. 171.

각오가 되어 있는가? 현실은 인명살상과 오폭의 우려, 그리고 비용 측면에서 실전적 훈련이 극히 제한적일 수밖에 없다. 반복적인 합동훈련을 통해 상호신뢰성을 제고하고 직접 경험을 통해 체득되지 않은 지식은 실제 전장에서 유용하게 사용할 수 없게 된다.

합동전장에서 전쟁수행 개념은 어느 단일 시각에 의한 경직된 방식이 아니라 다양한 시각에 의해 보완·검토되어야 상호 보완·발전할 수 있다. 통합활동 관점에서 전쟁의 불확실성은 육·해·공군 각 전력이 독립적으로 작전할 임무도 있고, 함께 팀으로서 수행할 작전도 있다. 전투사령관의 역량에 의해 전장상황을 어떻게 인식하여 각 군 전력을 배합하는가에 따라 합동성이 실현된다. 결국, 합동성 강화는 지휘관의 역량이 핵심이다.

미군의 경우도 G-N법이 갈등 자체를 없앤 것은 아니었다. 전쟁경험을 통해 각 군은 자군의 이익을 위해 끊임없이 노력했고, 그 과정에서 조직정치 현상이 나타났다. 타군과 자원의 할당을 놓고 경쟁하며 더 많은 것을 확보하기 위해, 때로는 감축되지 않기 위해 갈등을 일으켰다. 그러나 미군은 앞의 〈표 5-1〉과 같이 걸프전, 코소보전, 아프가니스탄전, 이라크전 등을 치르면서 전훈분석, 그리고 각 군 간의 치열한 토론과 생존을 위한 노력을 통해 서로를 보완해주었고, 경쟁을 통해 전문성을 더욱 배양하고 자군을 발전시켰다. 그리고 국가 차원에서는 상호협력을 통해 미군 전체의 전쟁수행능력을 발전시켜나갔다.

각 군 간의 경쟁 자체가 문제 되지는 않는다. 한정된 국방자원 환경 속에서 해당 조직의 생존성과 자율성을 담보하기 위해 경쟁은 반드시 나타난다. 이 과정에서 갈등은 일반적인 현상이다. 다만, 조직정치를 배제하고 이 갈등을 건전한 쪽으로 유도할 수 있는 사심 없는 공익을 위한 리더십과 효과적인 갈등관리 능력이 있는가의 문제다.

지금 한국군의 구조처럼 어느 특정 조직이 군 전체를 장악한 가운데 힘의 논리에 의해 획일적으로 국방개혁이 진행되고, 어느 한 군의 관점으로만 힘의 논리에 의해 군 구조가 바뀌고 작전계획이 입안되며 전력건설을 추진할 경우 국방운영의 효율성을 제고할 수 없다. 또한 유사시 합동성 강화를 통한 작전운영의 효과성도 보장할 수 없게 된다.

합동성 강화는 정답이 있는 것도, 어떤 수준이 정해져 있는 것도 아니다. 전략의 본질적 차원에서 상대적인 것이며 끊임없이 변화하고 노력하는 가운데 우리의 준비상태, 그리고 이에 대한 적의 상대적 변화와 대응역량에 따라 끊임없이 달라진다.

각 조직은 생존하기 위해 살아 움직이는 생명체 같은 존재다. 생존하기 위해 부단히 뛰고 달려 강한 조직이 되도록 노력해야 한다. 앞으로도 군사적 차원에서 국민의 생명과 재산을 보호하기 위해 더 효과적이고 효율적인 군사조직을 만들어야 한다. 이를 위해 건전한 군 구조 개혁, 합동성 강화 논쟁과 학문적 연구는 더욱 장려되고 보장되어야 한다.

2. 한국군의 작전개념과 전력건설 우선순위

기존의 북한의 전면전에 대비한 작전계획(작계) 5027은 '방어 후 반격'이라는 개념과 남침 후 90일 이내에 미군이 증원되어 전개하면, 그 이후 본격적인 북진을 하는 것이었다. 그사이에 전장은 남한지역에서 형성되고, 남한도 큰 피해를 입어 이겨도 폐허 속의 승리가 될 수밖에 없었다. 이러한 점을 개선하고자 새로운 한·미 연합 '작계 5015'로 발전시켰다. 작계 5015는 방어와 동시에 공격하여 유사시 우리 측 피해를 최대한 줄이도록 북한 정권 수뇌부에 대한 정밀타격으로 조기에 승전하는 것을 목표로 하고 있다.[22]

이 작계의 성공적 시행을 위해서는 무엇보다도 항공력의 보완이 시급하다. 전략적 마비를 수행하기 위한 필수조건은 첫째, 적의 중력 중심인 적절한 표적을 선정할 수 있는 표적정보 획득능력의 구비다. 둘째, 표적을 공격할 수 있는 무기체계를 장착하고, 적 표적에 안전하게 도달할 수 있는 침투능력의 확보다. 셋째, 위의 건설된 전력을 효과적으로 활용하여 항공우주공간에 대한 공중우세나 공중제패 같은 통제권을 확보하는 것이다.[23]

그러나 한국군의 전력증강은 가시적으로 나타난 육군의 헬기 사업과 지대지 자산 획득 추진과 한국 공군의 F-X 항공력 전력증강 사업을 비교해볼 때 상대적으로 지나치게 지연되었고, 더디게 진행되고 있는 실정이다.

---

22) 유용원, "남침 대비 작전계획 5015, 기존 5027과 무엇이 다른가", 『조선일보』, 2015년 10월 7일, A3면.

23) 박덕희 편, 『항공전략 이론의 이해』, p. 23.

그리고 육군의 전력증강 노력은 공군의 전력증강 대비 상대적으로 양호했다. 그럼에도 불구하고 지상전력은 여전히 북한군에 열세라는 주장이 제기되고 있다.[24]

또 하나 의문시되는 점은 한국 육군이 건설하고 있는 헬기와 전술유도탄체계의 효과성이다. 그 이유는 미군의 전쟁경험에 비춰볼 때 미 육군이 보유한 지대지미사일과 헬기전력은 효용성이 지극히 저조했다는 사실이다.[25] 따라서 한국 육군의 전력증강 방향을 재고할 필요가 있다.

한국 같은 전구(theater) 차원의 전쟁은 항공작전과 지상작전 중심으로 진행된다. 해상에서 지상을 겨냥해 발사하는 화력은 항공작전으로 통합된다. 이는 한반도 같은 전쟁에서의 합동 전역계획이 공군과 육군의 주요 작전으로 구성된다는 의미다.

전면전은 동맹의 전력과 함께 수행하지만, 적어도 우리가 의도한 일정한 영역에서 미군의 도움 없이 우리의 의지대로 작전을 수행하려 한다면 다음과 같은 전력들에 우선 투자해야 한다. 첫째, 한국 육·해·공군이 합동작전으로 전략적 마비전을 수행하려면 가장 필요한 자산은 표적정보를 관리할 수 있는 정찰·감시 자산이다. 그리고 표적정보는 전구 차원에서 공군이 관리해야 한다.

북한 깊숙한 곳에 있는 정보는 인공위성이나 고고도 무인정찰기로 확보해야 하는데, 한국은 이러한 장비의 부재로 미 공군에 전적으로 의존하고 있다. 한국군이 표적정보를 관리하지 못한다면, 전술 수준의 작전을 펼 수는 있겠지만, 작전적 수준 이상의 체계적인 표적식별과 관

---

24) 양욱, "국방비 37배 쏟아붓고도 여전히 북한군에 열세?", pp. 12-16; 김정익(2012), "지상군 감축과 한반도 안보", pp. 28-33; 김정익, 『한국군의 합동작전개념』, p. 191.

25) 권영근, 『한국군 국방개혁의 변화와 지속』, pp. 369-374.

리, 표적배당을 할 수 없게 된다.[26]

따라서 전구 차원에서 육·해·공군의 합동성을 강화하려면 가장 시급한 것이 표적의 효과를 이해하고, 표적에 맞는 타격자산을 보유하는 것이다. 표적 획득 능력과 표적 우선순위를 정할 수 있는 합리적 판단능력과 정확한 정보가 없다면, 한국은 공군기지와 전투부대를 제공하면서도 미군이 수행하는 작전에 들러리 역할밖에 할 수 없게 된다.[27]

이런 역할을 가능하게 해주는 비행체가 글로벌호크 무인정찰기다.[28] 따라서 공군용 고고도 무인정찰기와 육군용 프레데터급[29] 무인정찰기의 중복투자에 유의하면서 작전운영의 합리성을 제고할 수 있는 대안을 찾을 필요성이 있다.[30]

둘째, 전략마비전을 수행할 수 있는 항공력에 대한 투자다. 한국군이 전략적 마비 개념으로 작전계획 5015를 수행하려면 한국 공군의 감시정찰능력과 타격력을 증강시켜야 할 필요성이 있다. 장비를 현대화시키고, 운영 효율성을 증가시켜야 한다. 그 핵심적인 무기체계가 공중급유기였다.[31]

---

26) 이정훈, "국방개혁 2020 수정안과 공군의 전력증강", pp. 303-305.

27) 이정훈, 『연평도 통일론』, p. 235.

28) 방위사업추진위원회에서 북한 전역을 24시간 감시할 수 있는 고고도 무인정찰기(HUAV)인 글로벌호크 4대를 구매하기로 의결했다. 군이 2003년 6월 제200차 합동참모회의에서 2009년 전력화를 목표로 HUAV 도입을 결정한 후 11년 만이다. 박성진(2014), "배보다 배꼽이 더 큰 글로벌호크 연간 유지비 850~3,000억 원", 『주간경향』, 통권 1070호(04.08), pp. 38-39; 김호준, "군, '킬체인' 핵심 글로벌호크 도입 사실상 확정", 『연합뉴스』, 2013년 11월 1일.

29) 중고도 장기체공 무인기로, '중고도 무인기(MUAV)'로도 불린다. MUAV, 전장 13m, 전폭 25m, 전고 3m, 엔진 1,200마력, 최대고도 45,000ft(13.7km), 운용시간 24시간 등이다.

30) 이정훈, "국방개혁 2020 수정안과 공군의 전력증강", pp. 303-305.

31) 이정훈, 『연평도 통일론』, p. 223.

그러나 2012년 9월 11일 당시 김관진 국방부 장관 주재로 열린 제60회 방위사업추진위원회에서 긴급소요로 제기된 '현무' 탄도미사일은 반영된 반면, 공중급유기 사업 예산은 전액 삭감했다.[32] 공중급유기 도입은 1993년 합동참모회의에서 소요가 결정된 이후 예산 부족을 이유로 11차례나 순연되었다.[33]

한국 공군의 전투기들은 유사시 F-15K를 제외하고 평양-원산선 이북 공격도 어렵다. KF-16은 외부 연료탱크와 합동직격탄(JDAM)을 두 개씩 달면 연료 소모량이 급격해져 작전 반경이 370㎞에 불과하다.[34]

서산이나 중원에서 출격하면 평양-원산선 남쪽 표적을 두 개 정도밖에 공격할 수 없다. 그러나 공중급유기가 있으면 작전 반경 1.5배 확대, 무장탑재량 증가, 체공시간 증가 등 현존 전력의 효율성을 높일 수 있다.[35]

전력건설의 우선순위는 전구적 차원에서 위협의 전 스펙트럼에

---

32) 현무 미사일과 군단지휘소, 항재밍 GPS 체계, 휴대용 위성·공지 통신 무전기 등 신규 사업에 2,500억 원가량의 예산 중에서 2,153억 원이 '현무 2차 성능 개량' 예산이었다. 공중급유기는 2013년 요구 예산(안)에 당초 556억 원이 반영되었다. 김준옥, "'현무' 탄도미사일에 밀려 공중급유기 끝내 무산", 『중앙일보』, 2012년 9월 26일, 1면.

33) 20년이 지난 후 2013년 8월 국방부 방위사업추진위원회가 2017~2019년 4대를 도입하기로 결정했다. 오동룡, "'전투기 10대보다 더 절실' 공중급유기 도입 논란: 국방 예산 효율적으로 쓰고 있나", 『주간조선』, 통권 2347호. 2015년 3월 9일, pp. 17-19.

34) KF-16의 전투행동 반경은 M.95로 접근하고 2개의 공대공미사일 AIM-120(AMRAAM: Advanced Medium-Range Air-to-Air Missile), 2개의 열추적 미사일 AIM-9, 공대공 무장을 장착했을 때 360km, 4발의 레이저 유도폭탄을 장착했을 때 GBU-12(500lbs, 227kg), 공대지 무장을 장착했을 때 490km 정도다. 체공시간은 강릉에서 출격, 고도 2.5M, 속도 M0.9, 공중전투 최대 출력(AB: After Burner)을 발휘하여 전투기동을 할 경우 5분 정도다.

35) 안승범은 "육·해·공군의 전력증강 사업의 우선순위는 각 군 간 힘 대결 양상을 보이며, 단군 이래 최대 사업으로 알려진 8조 원 규모의 공군 F-X 3차 사업도 사실상 육군의 K-9 자주포와 K-21 장갑차 사업(11조 원 규모)에 미치지 못했고, 지금 한창 전력증강 사업이 펼쳐지고 있는 차기전투기(FX)와 한국형전투기(KFX) 사업도 합참을 사실상 장악한 육군의 견제로 20년 이상 끌며 장기 사업에서 중기로 정상적으로 전환하지 못했다"고 지적했다. 위의 책.

대처할 수 있는 자산을 우선 건설해야 한다. 불확실한 글로벌 안보환경 하에서 한국의 생존과 번영을 위해서는 글로벌 이슈들에 대한 적극적인 개입에서부터 실제의 전투행위에 이르기까지 매우 광범위한 군사활동을 수행할 능력을 보유해야 한다.[36]

이러한 측면에서 합참의 전력투자 우선순위는 전구적 차원에서 회전익기보다는 고정익기에 우선 투자하는 것이 바람직하다. 회전익기는 전략적 차원에서 고정익기보다 활용하기 어렵기 때문이다.

셋째, 무기 중복 구매현상 최소화로 국방예산을 효율적으로 집행해야 한다. 무기도입 중복현상은 육군과 공군의 무인항공기, 북한 특수부대 차단 임무를 수행하기 위한 육군의 대형 공격헬기와 해군의 함정화력 보강 사업 등에서 일어나고 있다. 무기 도입을 둘러싸고 육군 패권주의와 해·공군의 반발이 충돌하는 양상을 보이고 있다.[37]

전구 차원의 징후경보능력을 개선하기 위해 공군의 글로벌호크(Global Hawk) 고고도 무인정찰기[38] 도입 계획이 채택되었음에도 육군은 사단급 중고도 무인정찰기 도입을 추진했다. 이 과정에서 육군은 작전요구성능(ROC: Required Operational Capability)[39]을 과도하게 설정했는데, 이는

---

36) 김종하, 『미래전, 국방개혁 그리고 획득전략』(서울: 북코리아, 2008), p. 127.

37) 김종대, "합동작전은 무슨, 우리 무기부터 사 달라: 육군 무기 도입 패권주의에 해·공군 반발과 충돌 심화", 『주간동아』, 제841호, 2012년 6월 19일, pp. 20-21.

38) 노스럽 그러먼(Northrop Grumman)사의 RQ-4 글로벌호크(Global Hawk)는 미 공군에서 정찰기로 사용되는 무인 항공기(unmanned aerial vehicle, UAV)다. 고고도 장기체공기라고 하여 'HALE기'라고 불린다. 야전지휘관에게 전역의 전체적인 상황 정찰과 특정한 목표에 대한 정밀 정찰을 제공할 수 있다. 글로벌호크는 목표지점에서 오랫동안 체공하며, 넓은 지역에 걸쳐 고해상도의 합성개구레이더(SAR: Synthetic Aperture Radar)를 활용하여 영상과 전자-광학/적외선(EO/IR) 영상을 제공할 수 있다. 글로벌호크는 대규모 전쟁이나 지역분쟁, 위기 상황 등에서 다양한 범위에 걸친 폭넓은 첩보 수집이 가능하다.

39) 군사전략목표 달성을 위한 획득이 요구되는 무기체계의 운영개념을 충족시킬 수 있는 성능 수준과 무기체계의 작전운용상 필수적으로 요구되는 능력을 구체적으로 제시한 것

공군의 글로벌호크 작전 영역과 중첩될 소지가 있다.

북한군과의 양적 경쟁만 의식해 지상군 중심의 과도한 병력구조를 유지한다면 한국군은 군사적·경제적 측면에서 매우 비효율적인 군대가 될 수밖에 없다. 실제 전투상황에서는 양이 질을 압도하는 경우도 많지만, 반대로 질적 우세가 양적 우세를 압도할 수 있다. 현재의 과도한 지상군 인력구조를 유지한다면 주변국들의 첨단화된 전력에 대처할 수 없게 된다.[40]

한국의 군사력은 한국전쟁 이후 지금까지 꾸준히 성장했지만, 아직까지 독자적인 전쟁수행능력이 미흡한 편이다. 전면전은 연합 및 동맹국가로부터 도움을 받는다 하더라도 1개 전역 정도에서는 우리의 의지로 싸울 수 있는 독자적인 작전수행능력을 갖춰야 한다.[41]

한국군은 미군에 의존하는 병력 중심의 군대에서 벗어나 자주국방과 동맹 사이에서 전력건설의 균형점을 찾아낼 때 비로소 전시작전권 환수도 의미가 있게 될 것이라고 생각한다. 그 핵심에는 항공력의 증강이 있다. 정보자산 확충을 통한 평상시의 체계적인 표적정보의 관리와 전시에 변화하는 정보상황을 작전에 반영할 수 있도록 하는 것이다. 그리고 우리가 의도한 목표대로 그 표적을 공격할 수 있는 항공력에 의한 정밀타격능력을 확보해야 한다.

이다.

40) 김종하, 『미래전, 국방개혁 그리고 획득전략』, pp. 114-116.

41) 위의 책, p. 137.

제**6**장

결론

지금까지 미국과 한국의 국방개혁과정에서 나타난 조직정치 현상이 합동성 강화에 미친 영향을 설명했고, 이를 바탕으로 한국의 국방개혁 추진에 도움이 되는 시사점을 도출했다.

　본 연구를 시작한 계기는 "한국군은 합동성 강화를 위해 국방개혁을 지속적으로 추진했음에도 불구하고 왜 아직까지 합동성을 제대로 강화하지 못하고 있는가?"라는 의문점에서 출발했다.

　육·해·공군 모두 국방개혁을 통해 합동성을 강화하여 강군 건설의 필요성에 대해서는 이해하고 공감하면서도 군 구조를 조직화하는 실천과정에서 비합리성이 내재되어 있었다.

　국방개혁과정은 각 군의 관점과 이익에 따라 격렬한 논쟁으로 치달았고, 국방개혁의 결과는 성공적으로 추진되지 못했다. 이러한 문제점이 무엇인지 탐구하기 위해 제프리 페퍼와 샐런식의 자원의존이론에 주목했고, 국방개혁과정의 비합리성을 설명하기 위해 '조직정치'라는 개념으로 분석했다.

　자원의존이론의 기본시각은 '조직은 인간의 욕구와 맥락을 같이한다'는 점이다. 인간은 기본적으로 남을 지배하려는 권력욕구가 있으며, 타인에게 의존하지 않으려 하고, 가능하다면 타인을 지배하고자 하는 열망을 지니고 있다. 이러한 인간의 심리적 행위는 합리적 인간이라는 개념으로만 설명되지는 않는다. 때로는 감정적이며 충동적인 인간, 비합리적이고 비계산적인 인간, 주관적이며 인지적 인간이기도 하다.

　조직은 인간이 만든 구성체이고 인간이 운용 주체다. 따라서 조직이 인간의 욕구가 투영되어 비합리적으로 조직의 이익을 위해 움직일 때, 특정 사람이 조직 내에서 공식적으로 부여된 행동을 제외하고 자신의 이득을 얻고자 영향을 미치는 행동인 조직정치가 나타난다. 조직정치는 개인들 및 내·외부의 조직 등이 각 이해당사자들과의 갈등을 해결할 때, 순수한 행동이 아닌 정치적 행동이다. 즉, 이해당사자가 자신에게 부여된 권력을 이용하여 자신의 이해관계에 얽힌 의사결정에 영향을 미치는 비합리적인 행동을 의미한다.

이 책의 연구결과를 간략히 제시하면 다음과 같다. 첫째, '합동성'의 기본개념은 "전투력의 상승효과를 위한 전력의 통합운용"이라는 말로 정의할 수 있다. 여기서 '통합'은 'integration'과 'unification'이라는 의미 중에서 전자의 의미로 '운용을 통한 효과성의 추구'이며, '조직 구조를 통일하는 단일화'의 의미는 아니었다.

둘째, 조직정치가 미군의 합동성 강화에 미친 영향은 다음과 같았다. 평시 국방조직에 나타난 조직정치로 인한 조직결함과 전시의 작전 실패는 서로 긴밀히 연계되어 있었다. 각 군 간의 규모가 거의 대등한 미군의 경우, 공익보다 자군의 이익을 위한 타군과의 치열한 경쟁은 합동성 강화에 부정적 영향을 끼치고 있었다.

월남전에서 이러한 사례가 나타났다. 합동참모회의는 각 군 총장으로 구성되는 단순한 위원회에 불과했고, 통합작전의 기능과 역할을 수행할 책임이 있는 합참은 마비상태나 다름없었다. 월남전에 참전했던 각 군의 지나친 조직정치 추구는 자군 이기주의 및 타군과의 상호경쟁을 유발했다. 그 결과 각 군 간의 불화로 통합작전이 불가능했고, 결국 이는 군사조직의 효과성을 제한하는 요인이 되었다.

그 이후에도 G-N법 제정 이전까지 이러한 현상은 지속되었다. 1980년 이란 인질구출작전에서 작전계획의 질은 합참 수준에서 공익을 달성하기 위해 효과 중심으로 수립된 것이 아니라 각 군의 조직정치 현상이 반영된 타협의 산물이었다. 그 결과 작전은 실패할 수밖에 없었다.

1983년의 레바논 사태에서 나타난 부적절한 대응은 복잡한 지휘계통과 현지상황에 무지하고 작전지역에서 이격되어 있는 고위사령부들 사이의 타협과 흥정을 통한 조직정치의 산물이었다. 1983년의 그레나다 침공작전의 실패도 지상작전을 해군화했던 관료적 조직정치가 각 군의 분리주의 때문에 노력의 통합과 통합활동에 장애가 되었다.

위의 사례들은 미군 법제도의 모순이 각 군의 조직적 이기주의와 결합되어 지휘계통의 혼란과 통합작전기획을 실행해야 하는 합참 조직의 기능과 역할에 미친 영향을 잘 보여주고 있다. 각 군의 조직정치로 인한 합참의 기능과 역할의 마비는 군사조직을 가장 비효율적으로 만들었다. 이는 전쟁에 적절하게 적응하기 위한 국방조직의 효과성을 심각하게 제한했다.

미군은 조직정치 현상을 제한하고 합동성을 강화하기 위해 G-N법의 제정을 통해 합참의장의 권한을 강화하고, 각 군의 통합(integration)과 관련된 모든 부분을 강화했다.

G-N법은 합참의장이 지휘계선상에서 국방부 장관의 권한과 지시와 통제하에 합참의장을 매개하여 총사령관들(CINC)까지 운용되도록 했다. 합참의장이 최고 군사수석자문관과 군사기획분야 최고 책임을 가지고 역할을 수행하도록 했고, 전투사령부 작전에 대해 감독할 책임과 기획분야에서 전투사령부의 입장을 대변할 수 있도록 했다.

G-N법은 각 군과 전투사령관 간에 작전에 대한 책임을 명확히 구분하여 전력의 조직, 그리고 훈련 및 장비에 대한 책임을 각 군에게, 작전의 기획과 시행의 권한을 전투사령관에게 부여했다. 이와 같이 전투사령관에게 군사작전을 준비하고 운영할 수 있는 권한을 보장해줌으로써 각 군의 간섭에서 벗어나 전력의 기획, 발전, 훈련 및 전개 등의 권

한을 활용해 작전운영을 효율화시킬 수 있었다.

미군의 합동성 강화는 각 군의 조직정치 현상을 제한함으로써 통합활동이 상부구조에서 합참의장을 중심으로 유연하게 운영되도록 했으며, 합참의장이 각 군과의 협력을 통해 통합군사령부를 지원하게 함으로써 통합활동의 결과가 하부구조에서 구현되도록 '군 운용성'을 강화한 것이었다. 그 결과, 오늘날 전투사령관은 통합활동의 구심점이 되어 전쟁을 수행할 수 있게 되었다. G-N법의 효과는 1989년 파나마 전역, 1991년 걸프전, 이후 계속된 미군 주도의 각 전쟁에서 승리할 수 있는 원동력이 되었다.

셋째, 한국군의 경우 조직정치가 합동성 강화에 미친 영향은 다음과 같았다. 한국군은 합동성 강화를 통해 계속되는 북한의 국지도발을 효과적으로 억제하기 위해 국방개혁을 지속적으로 추진해왔다. 그러나 2016년 1월의 수소폭탄 실험 등 최근까지도 북한의 국지도발은 계속되고 있다.

이 중에서도 북한의 2010년 3월 천안함 피격과 같은 해 10월의 연평도 포격은 인명의 살상과 민간시설을 타격했다는 점에서 그냥 넘어갈 수 없었음에도 불구하고 가시적인 군사적 대응은 매우 미흡했다는 비판을 받았다. 그 배경에는 특정 군 중심으로 편중된 합참의 무능력과 바다에서 일어나는 사건에 대해 제대로 대처하지 못한 전문성 결여에서 그 원인을 찾을 수 있었다.

천안함 피격 시 발생한 문제로, 첫째 바다에서 일어난 사건인 경우 합참으로부터 국방부 장관에게 제공되는 자문과 현장 지휘의 질이 매우 부족했으며, 둘째 합참 지휘부는 '예고 없이 시작된 일'에 의사결정권을 행사할 수 있는 준비가 부족했다. 같은 해 연평도 포격에 대한 대응에서도 준비부족과 의사결정지연이라는 유사한 문제가 반복되었다.

합참은 3군의 시각과 전문성을 바탕으로 문제를 다양한 시각으로 바라볼 수 있는 육·해·공으로 구성된 균형 잡힌 체계를 구성하고 상호 협조하여 서로가 부족한 부분은 협력하도록 했어야 했다. 한국의 합참은 이러한 전문성 보강이나 운영성 향상이 시급한 문제였다.

그러나 이런 내용은 개혁안에서 누락되었다. 한국군이 추진한 '국방개혁 2020'은 육군의 병력감축에 대신하여 오히려 육군전력을 대거 보강했다는 비판을 받고 있었다. 2009년의 '국방개혁 2020 수정안' 역시 북한의 재래식 위협에 대비한다는 명분으로 지상군을 더욱더 강화하려 한 것이나 다름없었다.

천안함 피격과 연평도 포격사건의 대응책으로 검토된 2011년의 '국방개혁 307' 역시 각 군에 대한 통제와 지배력을 더욱 강화하는 '조직의 구조화 논리'로 접근한 것이었다.

한국군은 유사시에 대비하여 현실적인 군사력을 활용한 군사대비태세를 유지하고 국가안보에 대한 경각심을 촉구할 필요가 있었다. 계속되는 북한의 행태로 볼 때 천안함 피격과 연평도 포격은 아직도 끝나지 않았다.

한국군의 국방개혁 문제는 군사력의 '작전 효율성을 제고하려는 합동성 강화'를 위해 군 구조의 개혁 필요성을 인정하면서도 구체적인 군구조의 정립방법에 대해서는 찬반논쟁의 대립구도가 계속되고 있다.

그 해법을 쉽게 찾지 못하는 원인 중에는 각 군의 이익을 위한 조직정치가 자리 잡고 있었다. 천안함 피격, 연평도 포격 등 연이은 안보위기는 육·해·공군이 자군의 이익을 확산시킬 토양을 조성했고, 각군은 이를 이용해 자군의 확장을 위한 치열한 노력을 했다. 각 군은 자군의 이익을 위해 조직정치를 통해 안보위기를 활용하고 있었다.

한국군은 미군이 합동성 강화를 추진한 방법을 참고하여 국방개혁 방향을 상부 지휘구조의 통합화보다는 하부구조의 운영성 향상에 두어야 한다. 한국군은 미군이 합동성 강화를 위한 '통합'의 개념을 작전적 수준에서 구성군 또는 전력지휘관의 과업으로 설명하고 있으며, 하부구조인 전투사령부의 작전 운영성을 향상시켰음에 주목해야 한다.

합동성은 목표 그 자체가 아니라 미래 위협의 불확실성과 신속성에 대처하기 위한 수단임을 인식하고, 최상의 전투효과를 산출하기 위해 육·해·공군이 보유한 역량을 효율적·효과적으로 통합(integration)해야 한다. 이 과정에서 각 군 간의 신뢰와 이해는 진정한 합동성의 기초를 다질 수 있게 된다.

이러한 측면에서 '작전계획 5015'는 지상군 중심으로 수행 가능한 독자적인 작전개념이 아니라, 전구 차원에서 해군·공군과의 합동전투 개념으로 접근해야 한다. 공군이나 해군은 육군의 보조 또는 지원전력이 아니라 한국군이라는 하나의 팀으로서 함께 싸워야 한다는 점이다. 따라서 지상군 중심으로 편중된 공지전투개념에서 벗어날 필요성이 있었다.

따라서 화력지원협조선(FSCL) 확장권한과 종심작전과 연계된 합동교리는 수정되어야 한다. FSCL의 확장은 지상전력과 항공력이 전구 차원에서 협조하고, 종심작전은 항공력의 역량을 이용하도록 재조정되어야 한다.

한국 육군의 공격헬기와 ATACMS의 유용성에 대해서는 미군의 전훈분석을 토대로 면밀한 재평가가 필요하며, 한국 육군이 합참을 통해 통제해온 합동표적협조위원회(JTCB) 기능을 연합합동화력실(CJFE)에서 공군구성군 사령관에게 다시 위임해야 한다.

　다음으로 한국군이 미군으로부터 배워야 할 시사점은 다음과 같다. 첫째, 미군이 전쟁을 통해 획득한 생생한 전쟁경험이다. 미군은 전쟁을 통해 지상전력과 항공력 간에 신뢰의 필요성을 체득한 반면, 한국 공군은 육군과 함께 실제 전쟁을 수행한 경험이 없다. 따라서 아직도 한국 육군은 한국 공군이 합동전장에서 필요한 자원을 제공할 것이라고 신뢰하지 못하고 있다. 이러한 점은 한국군이 미군처럼 혁신하지 못하는 원인이 되고 있다.

　둘째, 전쟁경험과 각 군의 경쟁을 통해 끊임없이 국가의 전쟁수행 능력을 발전시키는 미군의 태도다. 미군의 각 군은 자군의 이익을 위해 노력했다. 그리고 이 과정에서 조직정치 현상도 나타났다. 타군과 자원 할당을 위해 상호경쟁하며, 자군이 더 많은 것을 확보하기 위해, 때로는 감축되지 않기 위해 심각한 갈등도 일으켰다.

　그러나 미군은 여기에서 멈추지 않았다. 미군은 각 군 간의 치열한 토론과 생존을 위한 노력으로 서로를 보완하고, 경쟁을 통해 전문성을 발전시켰다. 그리고 국가 차원에서 상호협력을 통해 미군 전체의 전쟁수행 능력을 발전시켰다.

　최종 결론은 합동성을 강화하기 위해서는 상부구조의 구조화보다는 하부구조의 운용성을 향상시켜야 한다는 것이다. 하부구조의 운용성 향상은 인적자원의 질이 핵심이다. 그중에서도 전투사령관이 군종을 넘어서 군사력을 활용하여 국가이익을 창출하는 헌신과 노력의 질적 수준이다.

　본 연구의 가치는 비록 미군과 한국군이 처한 국방환경, 보유한 군사력, 조직문화가 다르지만 미군이 직접적인 전쟁경험을 통해 습득한 전훈분석과 전쟁수행 원리를 이해하여 한국의 국방환경에 창의적으로 적용시키는 데 도움이 되는 간접경험과 지식을 제공할 수 있다는 데 있다.

참고문헌

국내문헌

1) 단행본

Allard Kenneth(1999), 『미래전 어떻게 싸울 것인가』, 권영근 역, 서울: 연경문화사, (원저) Command, Control, and The Common Defence (1996)

Allison Graham, & Zelikow Philip(2005), 『결정의 에센스』, 김태현 역, 서울: 모음북스. (원저) *Essence of Decision: Explaining the Cuban Missile Crisis* (1999)

Binnendijk Hans 편저(2004), 『미래전에 대비하여 미국은 어떻게 군사력을 변환시키고 있는 가?』, 배달형 · 하광희 · 김정익 · 문대철 역, 서울: KIDA. (원저) Transforming America's Military (2004)

Boot Max(2013), 『Made in War: 전쟁이 만든 신세계』, 송대범 · 한태영 역, 서울: 플래닛미디어, 7판. (원저) War Made New (2006)

Desportes Vincent(2013), 『프랑스 장군이 바라본 미국의 전략문화』, 최석영 역, 서울: 21세기 군사연구소.

Drew Dennis M. & Snow Donald M.(2000), 『전략은 어떻게 만들어지나?』, 김진항 역, 서울: 연경문화사.

Forsyth Donelson R.(1991), 『집단역학』, 홍성열 역, 서울: 양서원. (원저) Introduction to Group Dynamics, 1983; 참고. Forsyth Donelson R. (2009), 『집단역학』 남기덕 외 역, 서울: Cengage Learning. (원저) Group Dynamics, 4th Edition, 2006.

Hallion Richard P.(2001), 『현대전의 알파와 오메가』, 백문현 · 권영근 역, 서울: 연경문화사. (원저) Storm over Iraq: air power and the gulf war (1992)

Hart Liddel(2004), 『전략론』, 주은식 역, 서울: 책세상.

Huntington, Samuel P.(1990), 『군인과 국가』, 서울: 병학사. (원저) Huntington S., *The Soldier and the State*, The Belknap Press of Havard University Press, Cambridge MA (1998)

Lederman Gordon Nathaniel(2007), 『합동성 강화: 미 국방개혁의 역사』, 김동기 · 권영근 역, 서울: 연경문화사; (원저) *Reorganizing the Joint Chiefs of Staff: The Goldwater–Nichols Act of 1986* (1999)

Means Howard(1994), 『Colin Powell』, 김용주 역, 서울: 삼우.

Pfeffer Jeffrey & Salancik Gerald R.(1988), 『장외영향력과 조직』, 이종범 · 조철옥 역, 서울: 정음사. (원저) *The External Control of Organization* (1978)

Pfeffer Jeffrey(2014), 『권력의 기술』, 이경남 역, 서울: 청림출판, 2014. (원저) *Power: Why Some People Have It and Others Don't* (2010)

Smith Edward A.(2006), 『전승의 필수 요건: 효과기반작전(Effects-Based Operation)』, 권영근 · 정구돈 · 강태원 공역, 서울: KIDA Press.

Snow Donald M.(2003), 『미국은 왜? 전쟁을 하는가』, 권영근 역, 서울: 연경문화사. (원저) From Lexington to Desert Strom and Beyond: The America Experience at War (2000)

Summers, Harry G.(1983), 『미국의 월남전 전략』, 민평식 역, 서울: 병학사. (원저) On Strategy: The Vietnam War in Context

Toffler Alvin and Heidi(1994), 『전쟁과 반전쟁』, 이규행 역, 서울: 한국경제신문사. (원저) War and Anti-war (1993)

Waltz Kenneth(2007), 『인간 국가 전쟁』, 정성훈 역, 서울: 아카넷. (원저) Man, The State, War, 1959

Warden Ⅲ John A.(2001), 『The Air Campaign』, 박덕희 역, 서울: 연경문화사.

_____(1997), 『항공전역(The Air Campaign)』, 박덕희 역, 대전: 공군대학.

강진석(1996), 『전쟁의 철학』, 서울: 평단문화사, 1996.

공군대학(2003), 『공군력의 이해』, 대전: 공군대학.

공군본부(1991), 『걸프전쟁 분석』, 서울: 공군본부.

_____(1999), 『유고슬라비아에 대한 NATO 항공전역 분석』, 계룡: 공군본부.

_____(2006), 『한국공군 EBO 발전방향』, 계룡: 대전.

_____(2011), 『공군기준교리 32(작전)』, 계룡: 공군본부.

_____(2011), 『공군기준교리 O-2(조직 및 편성)』, 계룡: 공군본부.

_____(2013), 『외국 군 구조 편람』, 통권 제8호, 계룡: 공군본부.

_____(2015), 『공군기본교리』, 기본교범, 계룡: 공군본부.

공군사관학교 군사교육훈련처 편(2006), 『항공력 이론과 교리』, 청주: 공군사관학교. (원저) *Air Power theory and doctrine*

국방대학교(1993), 『안전보장이론(Ⅱ)』, 서울: 국방대학교.

국방부(2013), 『정예화된 선진강군』, 정책자료집 – 국방(2008.2~2013.2), 서울: 국방부.

권영근(2006), 『합동성 강화 전시작전통제권 전환의 본질』, 서울: 연경문화사.

_____(2013), 『한국군 국방개혁의 변화와 지속: 818계획 국방개혁 2020 국방개혁 307을 중심으로』, 서울: 연경문화사.

권영근 · 김종대 · 문정인 공저(2015), 『김대중과 국방』, 서울: 연세대학교 대학출판문화원.

권영근 · 이석훈 · 최근하(2004), 『미래 합동작전 수행개념 고찰』, 서울: 국방대학교.

김기정 · 이성훈 · 김순태 편(2006), 『세계적 국방개혁 추세와 한국의 선택』, 서울: 오름.

김동한(2014), 『국방개혁의 역사와 교훈』, 서울: BookLab.

김성만(2011), 『천안함과 연평도』, 서울: 상지피앤아이.

김인수(2013), 『거시조직이론』, 서울: 무역경영사.

김종대(2013), 『시크릿 파일 서해전쟁』, 서울: 메디치.

김종하(2008), 『미래전, 국방개혁 그리고 획득전략』, 서울: 북코리아.

김진항(2010), 『화력마비전』, 서울: 시선.

김훈상(2013), 『Ends Ways Means 패러다임의 국가안보전략』, 서울: 지식과감성.

노나카 이쿠지로(野中都次郎) 외 4명(2006), 『전략의 본질』, 임해성 역, 서울: 비즈니스맵.

대통령자문 정책기획위원회(2008), 『국방개혁 2020: 선진정예강군 육성을 위한 국방개혁 추진』, 참여정부 정책보고서 2-46,

대한민국해군발전협회(2015), 『군상부 지휘구조개혁안: 2015정책건의서』, 서울: 대한민국해군발전협회.

문정인 · 김기정 · 이성훈(2004), 『협력적 자주국방과 국방개혁』, 서울: 오름.

문정인 · 이정민 · 김현수 편(2004), 『신국방정책과 공군력의 역할』, 서울: 오름.

문희목 편역(1998), 『1986년 국방조직개편과 10년후의 평가』, 서울: 국방참모대학.

미합동참모본부(2003), 『미군의 통합활동』, 권영근 외 2명 역, 서울: 합참.

박기연(1998), 『기동전이란 무엇인가?』, 서울: 일조각.

박덕희 편(2000), 『항공전략이론의 이해』, 대전: 공군대학.

박창희(2013), 『군사전략론』, 서울: 플래닛미디어.

박휘락(2009), 『자주국방의 조건: 이론과 과제 분석』, 서울: 아트미디어(주) 다넷.

백기복(2004), 『조직행동연구』, 서울: 창민사.

庶西民 · 劉文瑞 · 幕雲伍(2011), 『조직과 의사결정』, 손지현 역, 서울: 시그마북스. (원저) 組織意決策

신유근(1998), 『신조직환경론』, 서울: 다산출판사.

안희남(2013), 『현대의 조직이론』, 서울: 대구대학교 출판부.

양참삼(1988), 『조직행동론』, 서울: 대영사.

오긍(2000), 『정관정요』, 정애리시 역, 서울: 소림.

오석홍(2003, 2014), 『조직이론』, 서울: 박영사.

오석홍 · 손태원 · 이창길 편저(2013), 『조직학의 주요이론』, 서울: 법문사.

윤용남(2008), 『입체고속 기동전: 도로견부 위주 종심방어』, 서울: 국방대학교.

윤종성(2011), 『천안함 사건의 진실』, 서울: 한국과 미국.

이명박(2015), 『대통령의 시간 2008-2013』, 서울: RHK.

이명환 · 이성만 · 허출 · 박대광 · 장은석(2008), 『항공전략론』, 청주: 공군사관학교.

이선호(1985), 『국방행정론』, 서울: 고려원.

_____(1992), 『한국군 무엇이 문제인가』, 서울: 팔복원.

이정훈(2013), 『연평도 통일론』, 서울: 글마당.

이진규(2010), 『국방선진화 리포트』, 서울: 랜드앤마린.

이창원 · 최창현 · 최천근 공저(2013), 『새조직론』, 서울: 대영문화사.

임창희 · 홍용기(2013), 『조직론』, 서울: 비엠앤북스.

장문석(1989), 『군 구조의 이론에 관한 연구』, 서울: 국방대학원.

장위국(1984), 『군제기본원리』, 정탁 역, 서울: 국군홍보관리소.

조기성(2001), 『국제법』, 서울: 이화여자대학교출판부.

징즈웬[景志遠] · 황징린[黃靜林](2011), 『간신론 인간의 부조리를 묻다』, 김영수 편역, 서울: 왕의 서재.

최병갑 외(1988), 『현대군사전략대강 I 』, 서울: 을지서적.

최항순(2015), 『신행정조직론』, 서울: 대명출판사.

한성주(2011), 『위헌적 모험 국방개혁 307계획』, 서울: 세창미디어.

합동조사결과 보고서(2010), 『천안함 피격사건』, 서울: 대한민국 국방부.

합동참모대학(2007), 『미국 군사기본교리』, 미 합동교범(2007. 5. 14 판) JP-1, 서울: 합동참모대학.

_____(2007), 『합동작전』, 미 합동교범 3-0 번역본(2006. 9. 17 판), 서울: 합동참모대학.

_____(2011), 『미 합동기본교리』, 미 합동교범(2009. 3. 20 판) JP-1, 서울: 합동참모대학.

_____(2003), 『미군의 통합활동』, 미합동교범 0-2 번역본(2001. 7. 10 판)

_____(2009), 『합동기본교리』, 합동교범 1, 서울: 합참.

_____(2010), 『합동 · 연합작전 군사용어사전』, 서울: 합참.

_____(2010, 2015), 『합동작전』, 합동교범 3-0, 서울: 합참.

_____(2011), 『미 국방부 군사용어사전』, 서울: 합참.

_____(2014), 『2021~2028 미래합동기본작전개념서』, 서울: 합참.

해군대학(2004), 『Effects Based Operations 이론과 실제』, 대전: 해군대학.

홍성표 · 김열수 · 한용섭 · 정경영(2006), 『21세기 한국군의 개혁: 과제와 전망』, 서울: 국방대학교 안보문제연구소.

2) 논문

(1) 박사학위논문

권영근(2013c), "한국군 국방개혁의 변화와 지속: 818계획, 국방개혁 2020, 국방개혁 307을 중심으로", 정치학과 박사학위논문, 연세대 대학원.

김건태(1986), "국방조직발전 모형에 관한 연구", 경영학 박사학위 논문, 경희대 대학원.

김동한(2009), "군 구조 개편정책의 결정 과정 및 요인 연구: 818계획과 국방개혁 2020을 중심으로", 정치학과 박사학위논문, 서울대 대학원.

김동화(2010), "군사혁신을 위한 국방정책 2020 추진의 영향요인분석", 행정학과 박사학위논문, 동국대 대학원.

김인태(2011), "한국군의 합동성 강화 방안 연구", 외교안보학과 박사학위논문, 경기대 정치전문대학원.

박재필(2011), "한국 군사력 건설의 주역 결정요인 및 논쟁 · 대립구조에 관한 연구", 군사학과 박사학위논문, 충남대 대학원.

박휘락(2007), "정보화시대 국방개혁에 관한 연구", 외교안보학과 박사논문, 경기대 정치전문대학원.

배이현(2015), "한국군 군제 발전에 관한 연구: 상부 지휘구조를 중심으로", 군사학과 박사학위논문, 대전대 대학원.

심세현(2005), "한국의 자주국방담론과 국방정책: 박정희, 노태우, 노무현 정부의 비교연구", 정치외교학과 박사학위논문, 중앙대 대학원.

안기석(2005), "한국군의 군사혁신 추진방향 연구", 외교안보학과 박사학위 논문, 경기대 정치전문대학원.

윤우주(2004), "한국의 군사제도 변천과 개혁에 관한 연구: 상부구조를 중심으로", 행정학과 박사학위논문, 경기대 대학원.

이선호(1985), "한국 국방체제 발전에 관한 연구: 현대 국방체제의 민군관계를 중심으로", 행정학과 박사학위 논문, 동국대학교 대학원, 1985.

이성호(2012), "한국군 상부 지휘구조 개편에 관한 연구", 경영학과 박사학위논문, 경희대학교.

이양구(2013), "국방개혁 정책결정과정 연구: 노무현 정부와 이명박 정부의 비교를 중심으로", 정치외교학과 박사학위논문, 경남대 대학원.

전일평(1993), "한국과 미국의 국방체제에 관한 비교연구: 조직구조와 행태를 중심으로", 행정학과 박사학위논문, 단국대 대학원.

조영기(2005), "국방조직구조 개혁의 분석틀과 대안연구", 행정학과 박사학위논문, 원광대 대학원.

(2) 학술논문

New Terry L. (2001), Lt. Col. UASF, "공지전투 시 공군과 지상군 간의 지휘권 관계", 『군사논단』, 제28호, 가을호, 권영근 역, pp. 46-71. (원저) "Where to Draw the Line between Air and Land," Airpower Journal, Sep. 1999. pp. 34-48.

Machos James A. (1985), "전술공군의 공지전투지원", 『공군평론』 제67호, 공군대학 편집실 (역), pp. 68-81. (원저) "Tacair Support For Airland Battle," *Air University Review* (May-June 1984)

고상두(2008), "미국의 군사변환과 주독 미군의 철수", 『국가전략』, 제14권, 3호, 통권 제45호 (가을), pp. 37 - 61.

권영근(2005), "미래 합동작전 수행 개념: 비전 · 전략 및 전역계획의 관계", 『군사논단』 제42호(여름호), pp. 125-148.

_____(2013d), "한국군 항공력 조직의 통폐합 필요성에 관한 고찰", 『항공우주력 연구』, 제1집(창간호), 대한민국 공군발전협회, pp. 147-175.

권태영(2005), "21세기 한국적 군사혁신과 국방개혁 추진", 『전략연구』, 제12권 제3호, 통권 35호, pp. 25-57.

김동한(2008), "노무현 정부의 국방개혁정책 결정과정 연구: 군 구조 개편과 법제화의 정치과정을 중심으로", 『군사논단』, 제53호, pp. 197-222.

_____(2009), "한국군 구조개편정책의 결정요인 분석", 『한국정치학회보』, Vol. 43 No. 4, pp. 351-377.

_____(2011), "역대 정부의 군 구조 개편 계획과 정책적 함의", 『군사전략』, Vol. 17. No. 1. 통권 제55호, pp. 67-92.

_____(2012), "미국의 안보전략과 한 · 미 군사관계 변화의 함의: 한국군 구조개편 사례를 중심으로", 『동북아연구』, Vol. 27 No. 2, pp. 167-194.

_____(2015), "이명박 정부의 군 상부 지휘구조 개편 계획과 교훈", 『사회과학연구』, Vol. 39 No. 1, pp. 55-84.

김열수(2011), "상부 지휘구조 개편 비판 논리에 대한 고찰", 『국방정책연구』, 제27권 2호, pp. 9-37.

김인국(2003), "합동성 제고를 위한 국방교육체계 발전방향 연구", 국방대 합참대학, pp. 4-5.

김재엽(2011), "'대만의 국방개혁'의 관건 및 추진전략", 『중소연구』, 제35권 제2호, 통권 130호 (여름), pp. 141-170.

김종대(2013), "민주적 통제를 받지 않는 군", 『인물과 사상』, 통권 183호, 7월호, pp. 100-111.

김종하 · 김남철(2011), "한국의 합리적 군운영을 위한 개혁방향", 『사회과학연구』, 제20집 1호, pp. 65-88.

김종하 · 김재엽(2011), "합동성에 입각한 한국군 전력증강 방향: 전문화와 시너지즘 시각의 대비를 중심으로", 『국방연구』, 제54권 제3호, 12월호, pp. 191-219.

김태효(2013), "국방개혁 307계획: 지향점과 도전요인", 『한국정치외교사논총』, 제34집, 2호, pp. 347-378.

노훈 · 조관호(2011), "군 상부구조 개편: 동기와 구현방향", 『전략연구』, 제18권 제1호, 통권 제51호, pp. 48-67.

문광건(2006b), "합동성 이론과 군 구조 발전방향: 합동성의 본질과 군사개혁방안(2)", 『군사논단』, 통권 제48호, pp. 4-28.

박영준 외(2011), "주요 선진국가의 국방개혁 연구", '11-15호 정책현안연구과제, 국방대학교 안보문제연구소.

박창권 · 이창형 · 송화섭 · 박원곤(2007), 『주변국 및 선진국의 국방개혁 추진방향과 시사점』, 서울: KIDA.

박휘락(2007), "국방개혁의 회고와 국방개혁 2020에 대한 교훈", 『전략논단』, 해병대전략연구소, 6권, pp. 165-183.

_____(2008), "정보화 시대의 요구와 국방개혁 2020", 『전략연구』, 통권 제43호, pp. 95-124.

_____(2011), "한국군의 합동성 수준과 과제", 『군사논단』, 제68호(가을호), pp. 96-118.

_____(2012), "이명박 정부의 군 상부 지휘구조 개편 분석: 경과, 실패 원인, 그리고 교훈", 『입법과 정책』, 제4권 제2호, 12월, pp. 1-28.

서재정(2007), "미국의 군사변환 전략: 기원, 성과, 평가", 『국가전략』, 제3권, 3호, pp. 27-54.

신범철 · 노훈(2011), "군사에 관한 헌법 원칙과 군 상부 지휘구조 개편", 『국방정책연구』 제27권 제1호, 통권 제91호(봄호), pp. 55-79.

이근욱(2008), "한국 국방개혁 2020의 문제점: 미래에 대한 전망과 안보", 『신아세아』, 제15권 4호, pp. 93-114.

이상호(2009), "국방개혁 2020 군사전략 측면에서 평가", 『세종정책연구』, 제5호 2호, pp. 109-140.

이성만(2011), "국방개혁과 합동성 강화 평가", 『공사논문집』, 제62집 제2권, 공군사관학교항공우주연구소, pp. 99-117.

이양구(2014), "이명박 정부의 국방개혁 정책결정과 지배적 권력중추의 역할", 『군사』, 제93호, 12월호, pp. 349-388.

이원양 · 장문석(1989), "군 구조이론에 관한 연구", 교수연구보고서, 서울: 국방대학원.

임중택(2013), "미래 합동작전 환경에서의 합동성 강화 방안", 『군사평론』, 제421호, pp. 74-

87.

장은석 · 이성만 · 박대광(2008), "항공력 등장 이후 전쟁에서의 합동성 효과 사례 연구", 『공사 논문집』, 제59집, 제2권, pp. 115-140.

최창현(2010), "군지휘체계 개편안에 관한 소고", 『선진화 정책연구』, 제3권 2호, pp. 1-25.

홍규덕(2005), "안보전략환경의 변화와 국방개혁 추진의 전략적 연계", 『전략연구』, 통권 35호, 11월호, pp. 7-24.

_____(2012), "국방개혁 기본계획(2012-2030) 주요 특징과 의제", 『국제문제』, 10월호, 통권 506호.

홍성균(2005), "프랑스 국방개혁 교훈을 통해 본 한국군 개혁방향", 『신아세아』, 제12권 제4호, pp. 125-156.

황선남(2015), "육 · 해 · 공군의 합동성 강화를 위한 '통합'개념의 발전적 논의에 관한 연구", 『사회과학연구』, 통권 24호, 한남대학교 사회과학연구소, pp. 5-24.

황종수 육군대령(2007), "국방방위의 중심군을 지향하는 지상전력 건설방향", 『군사평론』, 제 389호, pp. 147-181.

(3) 간행물

『국군조직법』 법률 제10821호, 시행 2011. 10. 15.

『국방개혁에 관한 법률 시행령』, 대통령령 제20675호, 시행 2008. 2. 29.

『국방개혁에 관한 법률』, 법률 제10217호, 시행 2010. 7. 1.

『정부조직법』, 법률 제13593호, 시행 2016. 1. 1.

『합동참모본부 직제』, 대통령령 제26102호, 시행 2015. 2. 16.

D&D FOCUS 편집부(2011), "이명박 보수정권 등에 업고 육군 지상주의 부활하다", 『D&D FOCUS』, 6월호, pp. 90-95.

강영오(2014), "합참의장은 작전에서 손 떼고 국방부 장관만 보좌하라", 『월간조선』, 통권 제 411호, 6월호, pp. 234-237.

국회사무처, "북 연평도 화력 도발관련 보고", 『국방위원회회의록』, 제294회-국방 제5차(2010 년 11월 24일).

권영근(2001), "전력통합: 작전지역중심 통합과 목표중심 통합", 『합참 제17호』, 7월호, pp. 112-121.

김국헌(2011), " '국방개혁 307계획' · '軍 지휘구조 개편', 이것이 핵심이다: '훈련용 감독'(참 모총장), '경기용 감독'(합참의장) 따로 두어야 하나?", 『월간조선』, 통권 제376호(7월), pp. 240-259.

김동신, "20년 버텨온 상부 지휘구조 개혁 시급 3군 참모총장에 작전지휘권 줘야", 『시사』, 2186호, 2011년 12월 19일, 김동신 전 국방부 장관 인터뷰 기사.

김정익, "종심작전과 근접작전의 보완적 발전을 위한 제언", 『주간국방논단』, 제1176호(07-46), 2007년 11월 5일.

김종대(2010), "한국형 공격헬기 개발계획의 속내", 『신동아』, 606호, 3월호, pp. 314-321.

_____(2011), "40년간 논의하다 원 위치! 국방개혁", 『주간동아』, 2011. 12. 30 817호, pp. 16-18.

_____(2011), "김국헌 대담자료: 정치와 군 통수를 혼동하는 사람들이 통합군 논란을 왜곡하고 있다", 『D&D FOCUS』, 4월호, pp. 32-38.

_____(2011), "바다와 공중을 모르는 합참의 육군인사 20년간 '지는 전쟁' 추종", 『D&D FOCUS』, 5월호, pp. 54-59.

_____(2012), "합동작전은 무슨, 우리 무기부터 사 달라: 육군 무기 도입 패권주의에 해 · 공군 반발과 충돌 심화", 『주간동아』, 제841호(6.19), pp. 20-21.

_____(2013), "민주적 통제를 받지 않는 군", 『인물과 사상』, 통권 183호, 7월호, pp. 100-111.

_____(2013), "이길 수 없는 전투 도발하고 질 수 없는 도발에 당했다. 왜? 서해에 수장된 남북교전의 진실", 『신동아』, 10월호, 649호, pp. 174-181.

_____(2011), "전문성이 희생당하는 이상한 국방개혁", 『시사저널』, 4월 4일.

박성진(2014), "배보다 배꼽이 더 큰 글로벌호크 연간 유지비 850~3,000억 원", 『주간경향』, 통권 1070호(04.08), pp. 38-39.

박휘락(2011), "비판을 수용할 수 있어야 국방개혁이 성공한다", 『군사세계』, 10월호, pp. 15-17.

양욱(2015), "국방비 37배 쏟아붓고도 여전히 북한군에 열세?: '한국 對 북한 전력 2 對 11' 헤리티지재단 발표로 본 한국군의 허실", 『주간조선』, 통권 2347호(03-09), pp. 12-16.

오동룡(2009), "무너지는 韓美동맹: 한미연합사, 이대로 해체되나", 『월간조선』, 30권 6호, 통권 제351호, pp. 62-84.

_____(2015), "'전투기 10대보다 더 절실' 공중급유기 도입 논란: 국방 예산 효율적으로 쓰고 있나", 『주간조선』, 통권 2347호(03.09), pp. 17-19.

윤연(2010), "권한을 행사하지 못하는 지휘관은 지휘관 자격이 없다", 『월간조선』, 31권 6호, 통권 363호, 6월호, pp. 84-101.

윤우주(2011), "작전 통합성이 '위헌'이라는 이상한 주장은 자군 이기주의의 변종", 『D&D 포커스』, 3월호, pp. 48-51.

이문호(2011), "합동군사령부 신설보다 합참 체제 보완이 바람직", 『월간조선』, 2월호, pp. 580-581.

이선호(2010), "국방개혁의 당면과제는 무엇인가?: 한국국방체제 이대로는 절대로 안 된다", 『군사세계』, 통권 177호, 7월호, pp. 48-56.

이선희(2011), "국방개혁, 제도가 아닌 사람의 운영이 문제", 『D&D FOCUS』, 6월호, pp. 56-59.

이정훈(2009), "육군은 숨통, 해·공군 전략증강은 연기", 『주간동아』(2009. 7. 7), 제693호, pp. 48-49.

이한호·안병태(2011), "군 상부 지휘구조 개편, 해·공군은 이렇게 본다", 『월간조선』, 통권 제377호, 8월호, pp. 194-206.

장성(2011), "국방 문제는 '제도'가 아닌 '사람'의 문제 교각살우 자행하는 국방부", 『D&D Focus』, 2011년 6월호, pp. 44-48.

정희산, "MB 정권의 '수상한 계획'에 군심 뿔났다", 『시사IN』, 2011년 5월호, pp. 30-33.

조성식(2012), "날자 날자꾸나, 보라매여: 공중급유기·한국형 전투기 무산… 독도, 이어도 영공방어에 구멍", 『주간동아』, 통권 858호(10.23), pp. 12-15.

_____, "'이상희 국방' 리더십 & 정책: '장관이냐 군 지휘관이냐' 리더십 논란, 육군 편중 정책에 해·공군 반발", 『신동아』, 10월호, 제589호, pp. 180-199.

최수동(2011), "미국의 Goldwater-Nichols 국방개혁 법률과 시사점", 『주간국방논단』, 제1366호(11-26), 6월 27일.

황일도(2005), "'국방개혁 2020'을 비판한다: '큰 그림' 없이 모아놓은 각론, 각 군 이해관계에 상처투성이", 『신동아』, 48권 11호, 통권 554호(11월호), pp. 184-192.

_____(2011), "육군 출신 이너서클에 갇힌 MB, 최악의 개악하고 있다: 안병태 전 해군참모총장의 '국방개혁 307계획' 직격비판 〈인터뷰〉", 『신동아』, 54권 4호, 통권 제619호, pp. 250-261.

(4) 세미나·포럼·학술회의

Benjamin Lambeth (2005), "미 항공작전 협력방안", 『제11회 국제항공전략 심포지엄 논문집』, 합동작전, 대전: 공군대학.

Gen(R) Horner Charles A. (2008), "협력에 대한 공군 구성군 시각", 『제14회 국제항공전략 심포지엄 논문집』, Jointness: a war experience, 대전: 공군대학.

김열수(2011), "상부 지휘구조 개편: 비판과 재비판의 논리", 『국가안보와 국방개혁 세미나』, 육해공군해병대 예비역대령연합회, 6월 30일, pp. 34-72.

김종하(2011), "국방개혁 기본계획 11-30(국방개혁 307계획) 문제점 진단: 상부 지휘구조 개편을 중심으로", 『한반도 선진화재단 금요정책세미나』, pp. 1-8.

김태우(2011), "북한의 안보위협에 대한 군사적 대책: 국방 선진화 개혁 방안", 『2011년 한반도 안보상황과 대책 외교안보 세미나 발표 논문』, 한국경제연구원, pp. 69-103.

박휘락(2009a), "국방개혁 2020의 근본적 방향 전환: '구조 중심'에서 '운영 중심'으로", 『KRIS 정책토론회 발표 논문』, 2월. pp. 53-74.

심경욱(2006), "국방개혁과 합동성의 강화: 한국과 프랑스 사례", 2006년 국방안보학술회의, pp. 61-83.

임중택(2013), "육·해·공군의 합동성 강화를 위한 '합동전장 편성' 수정 제언", 『합동포럼』,

제55호, 서울: 합참, pp. 57-61.

(5) 기타(일간지/방송)

권대열(2011), "이 대통령 · 정부 대응", 『조선일보』, 11월 24일, 종합A5면.

김민석 외(2010), "군 개혁 10년 프로그램 짜자 ① 육해공 3군 균형 체제 만들자", 『중앙일보』, 6월 22일, 2면.

김준옥(2012), "'현무' 탄도미사일에 밀려 공중급유기 끝내 무산", 『중앙일보』, 9월 26일, 1면.

김호준(2013), "군, '킬체인' 핵심 글로벌호크 도입 사실상 확정", 『연합뉴스』, 11월 1일.

남기선 편(2014), "군단이 소(小)야전군 역할… 작전의 중심으로", 『국방일보』, 2014~2030 국방개혁 바로알기 〈3〉 부대구조 개편, 3월 28일 10면.

박병수 · 석진환(2014), "전작권 전환 사실상 무기연기… 박근혜 정부 '군사 주권' 포기", 『한겨레』, 10월 24일, 1면.

박병진(2014), "연평도 포격 도발 소극 대응, MB지시였나 美서 막았나", 『세계일보』, 6월 3일, 8면.

유용원(2011), "국회 안에선 김장수, 국회 밖에선 남재준… 반대여론 주도: 육사동기인 靑특보 설득도 안 통해", 『조선일보』, 7월 27일, A6면.

_____(2011), "대한민국이 공격당했다", 『조선일보』, 11월 24일, 종합 A1면.

_____(2011), "지금 군은 선수 뽑는 감독과 작전 짜는 감독 따로 있는 셈", 『조선일보』, 5월 23일, 종합 A5면.

_____(2015), "71분 지나 대응포격… 원점타격도 없었다", 『조선일보』, 8월 21일, 종합 A3면.

_____(2015), "남침 대비 작전계획 5015, 기존 5027과 무엇이 다른가", 『조선일보』, 10월 7일, A3면.

_____(2015), "전시엔 무능한 군 지휘관들", 『조선일보』, 8월 19일, A31면.

_____(2015), "천안함은 끝나지 않았다", 『조선일보』, 8월 11일, 종합 A1면.

유용원 · 전현석(2015), "南 어디서든 北전역 타격 가능한 800㎞ 미사일 개발 끝낸 듯", 『조선일보』, 9월 12일, 종합 A5면.

이동한(2012), "무장공비 소탕작전 지휘 못한 육군참모총장", 『조선일보』, 3월 5일, 35면.

이용수 외(2016), "모란봉악단 철수, 김양건 돌연 사망… 그리고 '핵실험 버튼'", 『조선일보』, 1월 7일, 종합 A2면.

이용수(2016), "대북확성기 방송 오늘부터 재개", 『조선일보』, 1월 8일, 종합 A1면.

전현석 · 유용원(2016), "육군, 북 점령 시 '안정화 작전' 첫 훈련", 『조선일보』, 1월 22일 종합 A8면.

정용수 · 전수진(2016), "북, 서북도서 도발 가능성… 한 · 미, 작계 5015 첫 적용", 『중앙일보』,

3월 8일, 종합 3면.

최경운(2011), "국회 안에선 김장수, 국회 밖에선 남재준… 반대여론 주도: 육사동기인 靑특보 설득도 안 통해",『조선일보』, 7월 27일, 종합 A6면.

최현묵(2013), "임기 중 가장 가슴 아팠던 건 천안함 폭침… 北 연평도 도발 땐, 공군 됐다 뭐하냐고 했다",『조선일보』, [이명박 대통령 인터뷰], 2월 5일, 종합 A6면.

편집부(2010), "군, 군사기밀 노출 대응책 마련 착수",『연합뉴스』, 4월 19일.

_____(2011), "3군 밥그릇 싸움과 육군의 과욕",『동아일보』, 1월 7일, A31면.

합참 전력발전부(2014), "2014~2030년 국방개혁 바로알기: 군 구조 개편 개요와 경과",『국방일보』, 3월 26일, 10면.

황일도(2013), "국방개혁, 정권 바뀔 때마다 전(前) 정부안 백지화… 40년째 제자리",『동아일보』, 4월 19일, A8면.

2. 영문

1) 단행본

AFCS JCSOS (1993), *The Joint Staff Officer's Guide 1993*, Hampton: AFCS.

AFDD 1 (2011), *Air Force Basic Doctrine Organization, and Command*, 14 October.

Art Robert J., Davis Vincent, Huntington Samuel P. (1985), *Reorganizing Americana's Defense*, Pergamon-brassey's International Defense Publishers.

Barrett Archie D. (1983), *Reappraising Defense Organization*, Washington D. C.: National Defense University Press.

Biddle Stephen (2002), *Afghanistan and the Future of Warfare: Implications for the Army and Defense Policy*, Carlisle, Pennsylvania: Strategic Institute, U. S. Army War College.

Blackwell Jr. James A. & Blechman Barry M. (1990), *Making Defense Reform Work*, New York: brassey's (US).

Borklund Carl W. (1966), *Men of the Pentagon*, New York: Frederick A. Praeger.

ClarkⅣ Asa A., Chiarelli Peter W., McKitrick Jeffrey S., Reed James W. (1984), *The Defense Reform Debate*, Baltimore: The Johns Hopkins Univ. Press.

Cole. Alice G., Goldberg Alfred, Tucker Samuel A., and Winnacker Rudolph A. ed. (1978), *The Department of Defense:Documents on Establishment and Organization 1944-1978*, Washington D. C.: Office of The Secretary of Defense Historical Office.

Cordesman Anthony H. (2000), *The Lessons and Non-Lessons of the Air and Missile Campaign in*

Kosovo, Washington D. C.: Center for Strategic and International Studies (August, 2000, revised).

Drew Dennis M. & Snow Donald M. (1988), *Making Strategy*, Alabama: Air University Press.

Durand Etienne De, Michel Benôit, Tenenbaum Elie (2012), Helicopter Warfare: *The Future of Airmobility and Rotary Wing Combat*. Paris Cedex France: Laboratoire de Recherche sur la Defense, January.

FM 100 - 5 (1993), *Operations*, Washington D. C.: Headquarters(HQ) Department of the Army (DOA), June 1993.

FM 1-100 (1997), *Army Aviation Operations*, Washington D. C.: HQ, DOA, 21 February.

FM 1-112 (1997), *Army Helicopter Operations*, Washington D. C.: HQ, DOA. 2 April.

FM 3-0 (2001), *Operations*, June, Washington D. C.: HQ, DOA.

_____(2008), *Operations*, February, Washington D. C.: HQ, DOA.

FM 6-20-30 (1989), *Tactics, Techniques, and Procedures for Fire Support for Corps and Division Operations*, October 18, Washington D. C.: HQ, DOA.

Goldwater–Nichols Department of Defense Reorganization Act of 1986, Title 10, Armed Forces: Subtitle A. General Military Law.

Hartman Frederick H., Wendzel Robert L. ed. (1990), *Defending America's Security*, New York: brassey's.

Heyns Terry L., ed. (1983), *Understanding U. S. Strategy: A leader*, Washington. D. C.: National Defense University press.

Joint Chief of Staff (1994), *Department of Defense Dictionary of military and Associated Terms*, Washington D. C.: The Joint of Staff.

Kaufman Daniel J., McKitrick Jeffery S., Leney Thomas J. ed. (1985), *U. S. National Security*, Massachusetts: Lexington Books.

Krulak Victor H. (1983), *Organization for National Security: a Study*, Washington D. C.: United States Strategic Institute.

Pfeffer Jeffrey (1992), *Managing with Power*, Boston: Harvard Business School Press.

Pirnie, Bruce R., Vick Alan, Grissom Adam, Mueller Karl P., Orletsky David T. (2005), *Beyond Close Air Support*, Santa Monica CA: RAND.

Rosati. Jerel A. (1999), *The Politics of United states Foreign Policy*, Hartcourt Brace College Publishers.

United States Code Annotated, Title 10 (West Publishing Co., 1983), Armed Forces $$ 1 to 835.

2) 학술논문 및 간행물

Colonel Benson Bill U. S. Army (2012), "Unified Land Operations: The Evolution of Doctrine for success in the 21st Century," *Military Review*, March-April, pp. 1-12.

Bloger Daniel P. (1988). "Operation urgent fury and its critics", *Military Review*, Vol. 66, No. 7, July. pp. 58-69.

Byman Daniel L. & Waxman Mathew C. (2000), "Kosovo and the Great Air Power Debate," *International Security*, Vol. 24, No. 4. Spring, pp. 5-38.

Captain Frederick L., "Fifty Questions Every Airman Can Answer," USAF Headquarters, Air Force Doctrine Center. (출처) http://www.au.af.mil.

Cardwell Thomas A. (1984), "The Quest for unity of Command", *Air University Review*, Vol. 35, No. 4, May-June, pp. 25-29.

Carlson Kenneth G. (1987), "Connecting the Levels of War," *Military Review*, Vol. 67, June. pp. 81-83.

Chiarelli Peter W. (1983), "Beyond Goldwater-Nichols," *JFQ*, Autumn, pp. 71-81.

Colonel Benson Bill, U. S. Army (2012), "Unified Land Operations: The Evolution of Doctrine for success in the 21st Century," *Military Review*, March-April, pp. 1-12.

Crossman Elaine M. (2001), "The halt Phase Hits a Bump," *Air Force Magazine*, April, pp. 34-36.

D'Amico Robert J. (1999), "Joint fires Coodination: Service Competencies and Boundary Challenges," *JFG* (Spring), pp. 70-77.

Davis Mark G. (2004), "*Operation Anaconda: Command and Confusion in Joint Warfare, thesis,*" School of Advanced Air and Space Studies, Air University,

Deptula David A. (2001), *Effects-Based Operations: Change it the Nature of Warfare, Arlington*, Virginia: Aerospace Education Foundation.

Gorden Michael R. and Trainor Bernard E. (1995), *The Generals' War: The Inside Story of the Conflict in the Gulf*, Boston: Little, Brown and Company.

Gordon IV John and Sollinger Jerry (2004), "The Army's Dilemma," *Parameters*, Summer, pp. 33-45.

Gray David L. (1986), "In the name of Jointness," *Air Force Magazine*, 8월호, p. 8.

Gruetzner James K. and Caldwell William (1987), "DOD Reorganization," *Proceeding/Naval Review*, pp. 136-145.

Hall Dwayne P. (1997), *Integrating Joint Operations Beyond the FSCL: Is Current Doctrine Adequate?* Maxwell AF Base, Ala.: Air Uni., Air War College, April.

Holzer Robert and LeSueur Stephen C. (1994), "JCS Chairman's Rising Clout Threatens

Civilian Leaders," *Defense News*, June, 13-19, p. 29.

Hornor John P. Major USAF (1997), "The Fire Support Coordination Line: Optimal Placement for Joint Employment," Daytona Beach, Florida: Mas. Embry-Riddle Aeronautical University.

Hosmer Stephen T. (2001), *The Conflict Over Kosovo: Why Milosevic Decided to Settle When He Did*, Santa Monica, Calif: RAND Corporation, MR-1351-AF.

Jacobs Jody, Johnson David E., Comanor Katherine, Jamison Lewis, Joe Leland, Vaughan David (2009), *Enhancing Fires and Maneuver Capability Through Greater Air-Ground Joint Interdependence*, Santa Monica CA: RAND.

Johnson David E. (2007), *Learning Large Lessons: The Evolving Robe of Ground Power and Air Power in the Post-Cold War Era*, Rand Project Air Force (PAF), Santa Monica CA: Rand corporations. (번역) 현대전의 교훈을 통해 본 지상전력과 항공력의 변화(계룡: 공군전투발전단, 2010)

JP 0-2 (2001), *Unified Action Armed Force* (UNAAF), 10 July.

JP 1 (2000), *Joint Warfare of the Armed Forces of the United States*, 14 November, Washington D. C.: The Joint of Staff.

_____(2013), *Doctrine for Armed Forces of the United States*, 25 March.

JP 3-0 (2006), *Joint operations*, 10 September, Washington D. C.: The Joint of Staff.

_____(2010, 2011), *Joint operations*, 11 August, Washington D. C.: The Joint of Staff.

JP 3-03 (2011), *Joint Interdiction*, 14 October, Washington D. C.: The Joint of Staff.

JP 3-09 (2014), *Joint Fire Support*, 12 December, Washington D. C.: The Joint of Staff.

Kaufman Daniel J. (1987), "National Security: Organizing the Armed Forces," *Armed Forces and Society*, Vol. 14. No. 1, Fall, pp. 85-96.

Korb Lawrence J. (1976), *The Joint Chiefs of Staff: The First Twenty-Five Years*, Bloomington & London: Indiana Univ. Press.

Lambeth Benjamin S. (2005), *Air Power Against Terror*, Santa Monica, CA: RAND Corporation.

_____(2001), "Storm Over the Desert: A New Assessment," *Joint Force Quarterly*, Winter 2000-2001, pp. 30-34.

Luttwak Edward N. (1984), *The Pentagon and The Art of War*, New York: Simon and Schuster Publication.

Mangum Ronald S. (2004), "Joint Force Training: Key to Rok Military Transformation," *The Korean Journal of Defense Analysis*, Vol. 16, No. 1(Spring), pp. 131-132.

Mangum Ronald S. (2004), "Joint Force Training: Key to Rok Military Transformation," *The Korean Journal of Defense Analysis*, Vol. 16. No. 1(Spring).

Maynard Wayne K. (1993), "The New American Way of War," *Military Review*, 11월호, p. 6.

McCaffrey Barry R. (2000-01), "Lessons of Desert Storm," *JFQ*, Winter, 2000-01, pp. 12-17.

Reimer Dennis J. and Fogleman Ronald R. (1996), "Joint Warfare and the Army-Air Force Team," *Joint Force Quarterly*, Spring, pp. 9-15.

Riggins James and Snodgrass David E. (1999), "Halt Phase Plus Strategic Preclusion: Joint Solution for a Joint Problem," *Parameters*, Autumn, pp. 70-85.

Robert Holzer and Stephen C. LeSueur (1994), "JCS Chairman's Rising Clout Threatens Civilian Leaders," *Defense News*, June, 13-19, p. 29.

Rosen Stephen Peter (1993), "Service Redundancy: Waste or Hidden Capability?" *Joint Force Quarterly*, Summer, pp. 36-39.

Schoenhals Kai P. and Melson Richard A. (1985), "*Revolution and intervention in Grenada: the new jewel movement, the United States, and the Caribbean,*" Boulder: Westview Press Inc.

Skinner Douglass W. (1988), "Airland Battle Doctrine," Alexandria Virginia, Center For Naval Analyses, pp. 1-45.

Taw, Jennifer M., Leicht Robert C. (1992), "The Doctrinal Renaissance of Operations Short of War?," Santa Monica: RAND.

Thornburg Todd G. (2009), *Army Attack Aviation Shift of Training and Doctrine to Win the War of Tomorrow Effectively*, Quantico, Virginia: U. S. Marine Corps Command and Staff College Marine Corps University.

TRADOC Pam 525-3-1 (2010), *The U. S. Army Operating Concept, 2016-2028*, 19 August.

Vick Alan, Orletsky David, Prime Bruse, and Jones Seth (2002), *The Stryker Brigade Combat Team: Rethinking Strategic Responsiveness and Assessing Deployment Options*. Santa Monica, Calif.: RAND Corporation, MR-1606-AF.

Wells Gordon M. (1996), "Deep Operations, Command and Control, and Joint Doctrine: Time for a Change?" *Joint Force Quarterly*, Winter 1996-1997, pp. 101-105.

Yuknis, Christopher Allan (1992), "The Goldwater-Nichols Department of Defense Reorganization Act of 1986: An Interim Assessment"(Pennsylvania: USAWC), p. 29.

부록: 약어

ACC	Air Component Commander 공군구성군 사령관
AFBDOC	Air Force Basic Doctrine Organization, and Command 공군기본교리 조직, 지휘
AFAC	Airborne Forward Air Controller 공중전방항공통제관
AFDD	air force doctrine document 공군교리
AFDO	Advanced Full Dimensional Operations 완전한 범위의 작전
AFM	Air Force Manual 공군교범
AHB(R)	Attack Helicopter Battalion(Regiment) 공격 헬기 대대(연대)
AI	Air Interdiction 항공차단
ALB	Air Land Battle 공지전투
ALO	Air Land Operation 공지작전
AOR	Area of Responsibility 책임지역
AO	Area of Operation 작전지역(통상 지상군 작전지역)
ATACMS	Army TACtical Missile System 육군전술미사일체계
ATO	Air Tasking Order 항공임무명령서
AWPD-1	Air War Plans Division, Plan 1 공중전기획 1
BAI	Battlefield Air Interdiction 전장항공차단
BCE	Battle Coordination Element 전투협조반
BCL	Battlefield Coordination Line 전장협조선
C4ISR	Command, Control, Communications, Computers, Intelligence, Surveillance, and Reconnaissance 지휘통제 · 통제 · 컴퓨터 · 정보 및 감시 · 정찰
CAOC	Combind Air Operation Center 연합항공작전본부

CENTCOM	Central Command 중부사령부
CFACC	Combined Forces Air Component Commander 연합군공군구성군 사령관
CINC	Commander in Chief [Unified/ Specific Command] 총사령관, 통합군 및 특수군 사령부 지휘관
CJFE	Combined Joint Fire Element 연합합동화력실
CJTF	Combined Joint Task Force 연합합동임무군
CJCS	Chairman of the Joint Chief of Staff 합동참모의장, 합참의장
DAFUS	Doctrine for Armed Forces of the United States 미 군사교리
DBSL	Deep Battle Synchronization Line 종심전투 통합선
DIME	Diplomacy(외교), Information(정보), Military(군사), Economy(경제)
DMZ	Demilitarized Zone 비무장지대
DoD	Department of Defense 국방성
EBO	Effected Based Operation 효과기반작전
FB	Forward Boundary 전방전투지경선
FEBA	Forward Edge of the Battle Area 전투지역전단
FLOT	Forward Line of Own Troops 전선, 부대진출선
FM	Field Manual 야전교리
FSCL	Fire Support Coordination line 화력지원협조선
IFOR	Implementation Force 수행군
ITO	Integrated Tasking Order 통합임무명령서
JCS	Joint Chiefs of Staff 합동참모본부(합참)
JCSC	Joint Chiefs of Staff Council 합동참모회의
JDAM	Joint Direct Attack Munition 합동정밀폭탄
JFACC	Joint Fire Air Component Commander 합동군공군구성군 사령관
JFLCC	Joint Fire Land Component Commander 합동군지상군구성군 사령관
JFA-K	Joint Fire Area-Koera 한국합동화력지역
JFC	Joint Force Commander 합동군 사령관, Joint Forces Command 합동전력사령부
J-fire	Joint Application of Firepower 통합화력운용
JFLCC	Joint Force Land Component Commander 합동군지상구성군 사령관
JFOS	Joint Fires Operations System 합동화력운용체계
JIPTL	Joint Integrated Prioritized Target List 합동우선순위통합표적목록

JOA	Joint Operations Area 합동작전지역
JOPES	Joint Operation Planning an Execution System 합동작전 기획 및 집행체계
JROC	Joint Require Oversight Committee 합동소요검토위원회
JSCP	Joint Strategic Capabilities Plan 합동전략능력기획서
JSOP	Joint Strategic Objective Plan 합동전략목표기획서
JSP	Joint Strategic Plan 합동(군사)전략기획(서)
JSPS	Joint Strategic Planning Systems 합동전략기획체계
JSPD	Joint Strategic Planning Document 합동전략기획문서
JSR	Joint Strategic Review 합동전략검토
JSTARS	Joint Surveillance Target Attack Radar System 합동감시표적공격레이더체계
JROC	Joint Require Oversight Committee 합동소요검토위원회
JTCB	Joint Target Coordination Board 합동표적협조위원회(연합사 소속)
JWCA	Joint Warfare Capability Assesment 합동전능력평가
KLMD	Korea Air and Missile Defense 한국형 미사일방어체계
KTO	Korea Theater Operations 한국 전구작전
KUH	Koeran Utility Helicopter 한국형기동헬기
LAH	Light Armed Helicopter 소형무장헬기
LCC	Land Component Commander 지상구성군 사령관
MLRS	Multiple Launcher Rocket System 다연장로켓체계
NCA	National Command Authorities 국가통수기구
NCMA	National Command and Military Authorities 국가통수 및 군사지휘기구
NCW	Network Centric Warfare 네트워크 중심전
NMAC	National Military Adviser Council 국가군사자문기구
NMSD	National Military Strategy Document 국가군사전략문서
NSoS	New System of System 신시스템 복합체계
NSA	National Security Agency 국가안전보장국
NSC	National Security Council 국가안전보장회의
OCA	Offensive Counter Air 공세적 제공
OEF	Operation Enduring Freedom 항구적 자유작전
OIF	Operation Iraqi Freedom 이라크 자유작전

ONA	Operation Net Assessment 운용체계 평가
OODA	Observation[관측]-Orient[판단]-Decision[결심]-Action[행동]
POM	Program Objective Memorandum 계획목표각서
PPBS	Planning, Programming and Budgeting System 기획계획예산체계
RDO	Rapid Decisive Operation 신속결정작전
RT-BOX	Artillery-Box 장사정포 표적구역
SEAD	Suppression of Enemy Air Defenses 대공제압
SOF	Special Operations Forces 특수작전부대
TACC	Tactical Air Control(Command) Center 전술항공 통제(지휘) 본부
TICN	Tactical Information Communication Network 전술정보통신체계
UAV	Unmanned Aerial Vehicles 무인항공기
WMD	Weapons of Mass Destruction 대량살상무기
WCMD	Wind Corrected Munition Dispenser 바람수정 확산탄
X-ATK	Airborne alert-Attack 공중대기 화력전
X-INT	Airborne alert-Interdiction 공중비상대기 항공차단

찾아보기

저자 소개

□ **황선남**

정치학 박사

□ **학력**

대전 출생
대전고등학교 졸업(63회)
공군사관학교 졸업(36士) 전산과학 전공(이학사)
국방대학원 졸업(군사전략 전공, 안전보장학 석사)
한남대학교 대학원 졸업(정치학 박사)

□ **주요 교육경력**

공군대학 초급지휘관참모과정 수석수료
공군대학 고급지휘관참모과정 수석수료
미국 플로리다 주립대 원격교육 실무연수
네덜란드 국방대학교 오리엔테이션과정 연수
일본방위대학교 14회 국제 공군 교육세미나 논문 발표
한국리더십센터 FT(facilitator) 과정 수료

□ 주요 근무경력

공군대학 CSC/SOC 교관

제2신병 훈련대대장

공군대학 교수부 교학처장

국방일보 병영칼럼 필진(2008년 1분기, 2012년 2분기)

공군 보라매 리더십센터 리더십 교관

현 공군 보라매 리더십센터 상담교육팀장

□ 주요 논문

1994. "Goldwater-Nichols 미국 국방조직 개편법에 관한 연구 — 합참의 기능과 역할의 변화
　　　를 중심으로 분석", 군사전략 전공, 국방대학원 안전보장학 석사논문.

2000. "중 · 미 패권경쟁이 동북아 안보에 미치는 영향", 공군대학, CSC 졸업논문.

2016. "육 · 해 · 공군 합동성 강화를 위한 '통합'개념의 발전적 논의에 관한 연구",『사회과학연
　　　구』, 통권 24호, 한남대학교.

2016. "북한의 국지도발 억제를 위한 공격원점 타격의 문제점과 대응책",『공사논문집』, 제66
　　　권 제2호, 공군사관학교.